轻而易剪

剪映 视频剪辑与创作实战从入门到精通（电脑版）

胡杨 编著

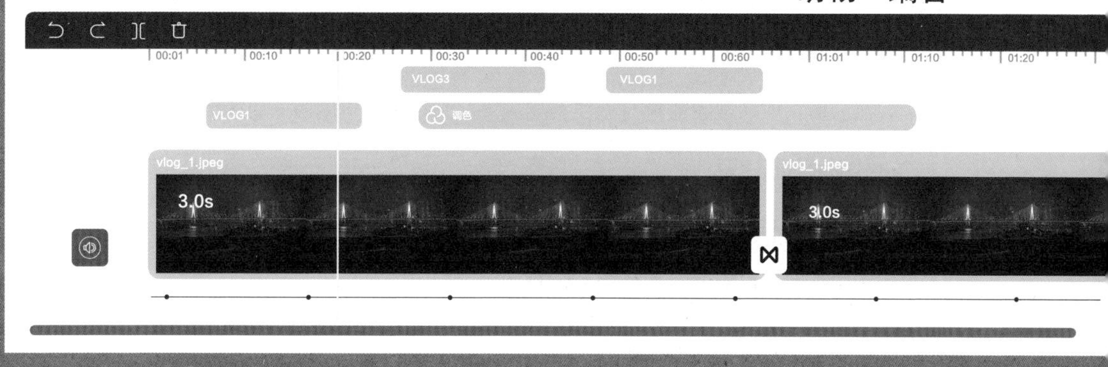

清華大学出版社
北　京

内容简介

本书通过65个抖音热门案例，介绍了剪映的核心内容，包括新手剪辑入门、滤镜调色技巧、字幕和贴纸样式、音乐和卡点方法、抠图抠像功能、蒙版合成和关键帧技术、转场和变速技巧、片头片尾案例、动感相册新玩法等。书中设置的综合案例，完整地介绍了短视频制作的全流程：从导入素材、添加音乐、添加动画、添加特效、添加文字，到设置比例和背景，最终导出高清视频。由于剪映电脑版更便于中长视频的剪辑，书中特意安排了4个中大型案例的创作，包括日转夜延时视频、旅游广告视频、图书宣传视频、年度总结视频，帮助读者学习更高阶的剪映技巧。

为便于读者学习和训练，书中附赠全部案例的素材文件、效果文件，以及同步教学视频，扫描书中二维码即可观看。

本书适合从事短视频拍摄与剪辑相关工作的人员阅读，也可作为摄影、影视、后期等专业的教材。

图书在版编目(CIP)数据

轻而易剪：剪映视频剪辑与创作实战从入门到精通：电脑版 / 胡杨编著 . —北京：清华大学出版社，2021.11 (2024. 2 重印)

ISBN 978-7-302-59388-1

Ⅰ. ①轻… Ⅱ. ①胡… Ⅲ. ①视频编辑软件 Ⅳ. ① TN94

中国版本图书馆 CIP 数据核字 (2021) 第 210291 号

责任编辑：李　磊
封面设计：杨　曦
版式设计：孔祥峰
责任校对：马遥遥
责任印制：丛怀宇

出版发行：清华大学出版社
网　　址：https://www.tup.com.cn，https://www.wqxuetang.com
地　　址：北京清华大学学研大厦A座　　邮　　编：100084
社 总 机：010-83470000　　邮　　购：010-62786544
投稿与读者服务：010-62776969，c-service@tup.tsinghua.edu.cn
质 量 反 馈：010-62772015，zhiliang@tup.tsinghua.edu.cn
印 装 者：北京嘉实印刷有限公司
经　　销：全国新华书店
开　　本：170mm×240mm　　印　　张：14.25　　字　　数：304千字
版　　次：2021年11月第1版　　印　　次：2024年2月第4次印刷
定　　价：79.00元

产品编号：093164-01

前 言

剪映电脑版是功能强大、易于使用的桌面端剪辑软件，无论是短视频还是长视频，它都能够轻松处理。得益于强大的工具和齐全的功能，剪映电脑版比手机版和其他视频剪辑软件在操作上更为方便与快捷。随着软件的不断升级，新版本增加了更多功能，因此本书的写作契机也就应运而生。

新版剪映的亮点：一是开启了智能功能，二是高阶功能的优化。智能功能的开启具体体现在一键操作上，如“视频防抖”和“智能抠像”等功能的开启和更新，用 AI 的方式提升了用户的创作空间，减少了很多繁复的操作，更重要的是节约了创作时间，让视频剪辑更加智能和高效。高阶功能的优化，覆盖了剪辑全场景，可满足用户的各类剪辑需求，主要体现在短视频和长视频都能轻松剪辑，而且能够处理多种复杂的编辑项目。

本书在软件版本更新的基础上，从抖音、快手短视频中精选出 65 个爆款视频案例，用图解和教学视频的形式帮助大家全面掌握软件的功能，做到学用结合。

抖音热门视频更新速度很快，因此案例视频也需要与时俱进。本书在编写中，搜集了几百个案例并精选出经典、热门的视频，来满足读者的学习及创作需求。希望大家都能融会贯通，轻松掌握这些功能，从而创作出专属于自己的热门视频。

本书包含 900 多张照片、图解和 65 个全步骤案例，并提供教学视频和素材文件。其中，素材文件包含多种场景的照片和视频，风光、人像素材应有尽有，且都为作者近期拍摄；最后一章的总结视频包含了 25 个延时视频，画面精美、构图艺术，供广大读者使用。详细的图解与步骤演练，帮助大家在剪映中从基础到进阶，一步步掌握功能和技巧。读者可扫描右侧二维码获取全书的素材文件、案例效果和教学视频；也可直接扫描书中二维码，观看案例效果和教学视频，随时随地学习和演练，让学习更加轻松。

视频资源

本书介绍了 14 个视频剪辑的专题内容，包含基础操作、滤镜调色、字幕贴纸、音乐卡点、抠图和蒙版等功能。书中知识按功能分章节，由基础到进阶，科学排列，帮助大家更快、更好地学习理论内容，基本掌握剪映电脑版的使用技巧，从而制作出理想的视频效果。

书中的 65 个实战剪辑技巧，包含 60 个技能小案例和 5 个综合大案例，无论是基础的短视频剪辑，还是商业短视频的制作方法，都能全面覆盖。尤其是后面 5 个大案例，包含了爆款短视频、延时视频、旅游广告视频、图书宣传视频和年度总结视频，案例更加专业化和商业化，实用性也更强。这些视频案例能够帮助大家快速掌握剪映电脑版的核心要点，从而制作出各种各样的精美短视频。

特别提示：本书在编写时，是基于当前剪映软件截取的实际操作图片，但书从编写到出版需要一段时间，在这段时间里，软件界面与功能会有调整和变化，比如有些功能被删除了，或者增加了一些新功能等，这些都是软件开发商进行的更新。若图书出版后相关软件有更新，请以更新后的实际情况为准，根据书中的提示，举一反三进行操作即可。

本书由胡杨编著。提供视频素材和拍摄帮助的人员有邓陆英、向小红、燕羽、苏苏、巧慧、徐必文、黄建波和谭俊杰等，在此表示感谢。

由于作者知识水平有限，书中难免存在不足之处，恳请广大读者批评、指正。

编　者

2021 年 8 月

目 录

CONTENTS

第 1 章

新手剪辑入门

本章为新手入门基础操作部分，主要内容涉及导入和导出素材、缩放和变速素材、定格和倒放素材、旋转和裁剪素材、设置视频比例、设置视频背景、视频防抖技巧，以及磨皮瘦脸技巧等。学会这些操作，稳固基础，才能在后续的视频处理过程中更加得心应手，打开学习剪映的大门。

实战001 导入和导出素材

【效果展示】：在剪映 Windows 版中导入素材，对视频进行分割和删除处理，从而来剪辑视频，在导出时通过选择高帧率、高分辨率等选项，让视频的画质更高清，效果如图 1-1 所示。

案例效果

教学视频

图 1-1 导入和导出素材效果展示

下面介绍在剪映中导入和导出素材的操作方法。

步骤 01 进入视频剪辑界面，在“媒体”功能区中单击“导入素材”按钮，如图 1-2 所示。

步骤 02 弹出“请选择媒体资源”对话框，❶选择相应的视频素材；❷单击“打开”按钮，如图 1-3 所示。

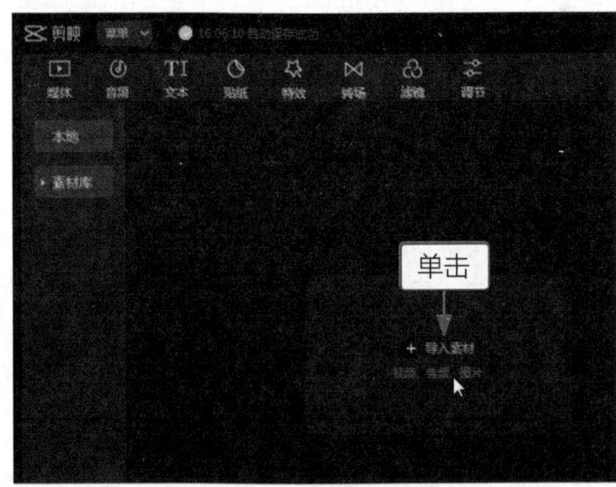

图 1-2 单击“导入素材”按钮

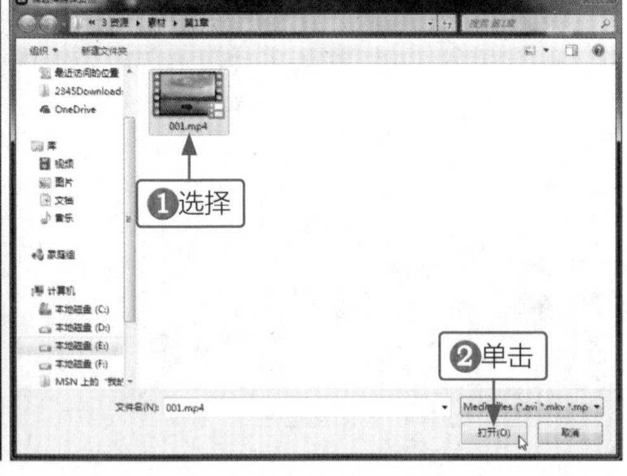

图 1-3 选择视频素材并打开

步骤 03 将视频素材导入“本地”选项卡中，单击视频素材右下角的⊕按钮，将视频素材导入视频轨道中，如图 1-4 所示。

步骤 04 ❶拖曳时间指示器至 00:00:01:11 的位置；❷单击“分割”按钮，如图 1-5 所示。

步骤 05 ❶拖曳时间指示器至 00:00:02:22 的位置；❷单击“分割”按钮，如图 1-6 所示。

步骤 06 ❶选择分割出来的第二段视频；❷单击“删除”按钮，即可删除多余的片段，如图 1-7 所示。

图 1-4 导入视频素材

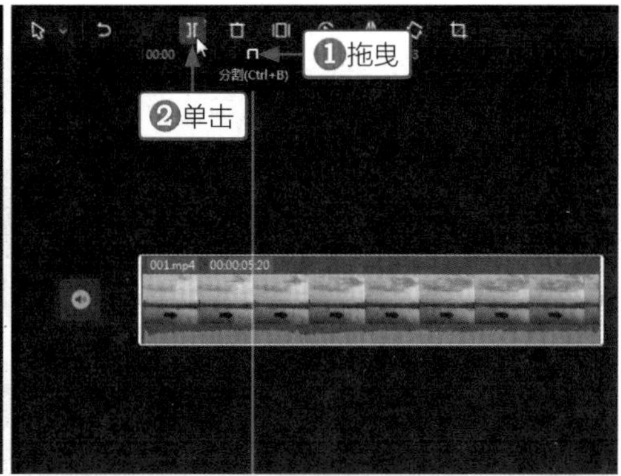

图 1-5 分割视频

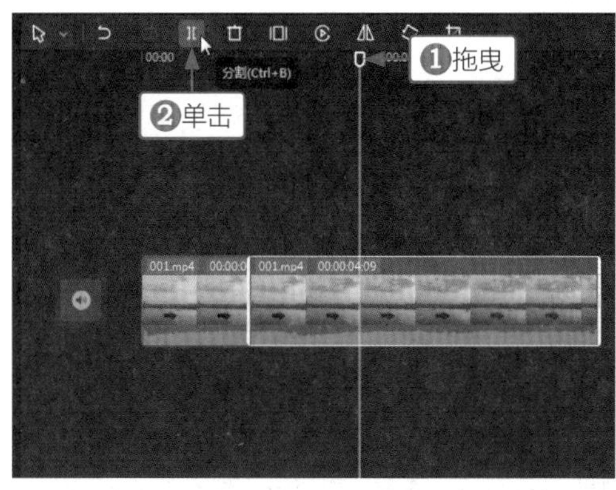

图 1-6 再次分割视频

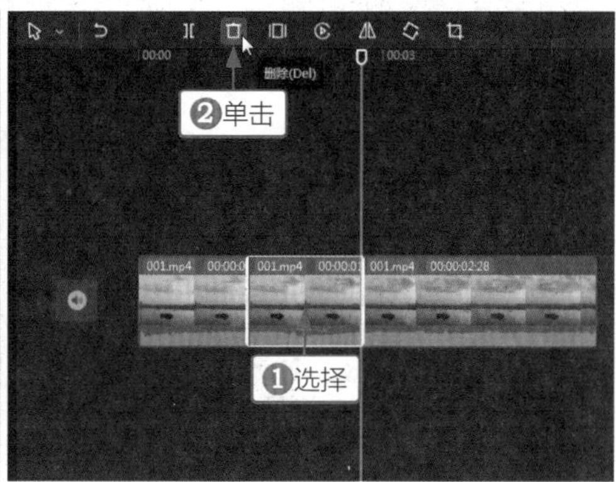

图 1-7 删除多余片段

步骤 07 在“播放器”面板下方可以看到视频素材的总播放时长变短了，如图 1-8 所示。

步骤 08 视频剪辑完成后，会显示视频的草稿参数，如作品名称、保存位置、导入方式和色彩空间 (只有前面两个参数可以更改)，单击界面上方的“导出”按钮，如图 1-9 所示。

图 1-8 预览播放视频

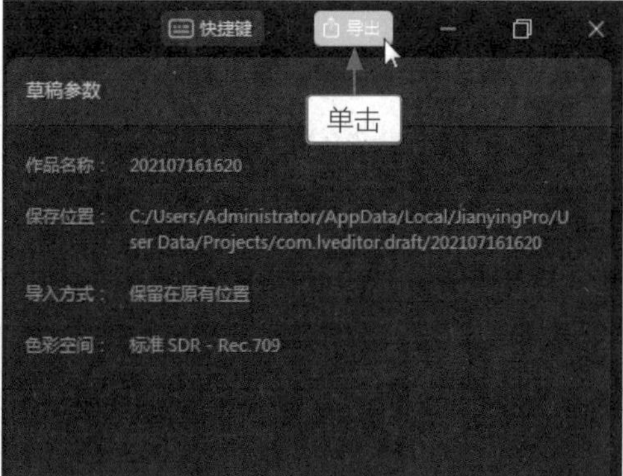

图 1-9 单击“导出”按钮

步骤 09 ❶在“导出”对话框的“作品名称”文本框中更改名称；❷单击“导出至”右侧的按钮▣，如图 1-10 所示。

步骤 10 在弹出“请选择导出路径”对话框中，❶选择相应的保存路径；❷单击“选择文件夹”按钮，如图 1-11 所示。

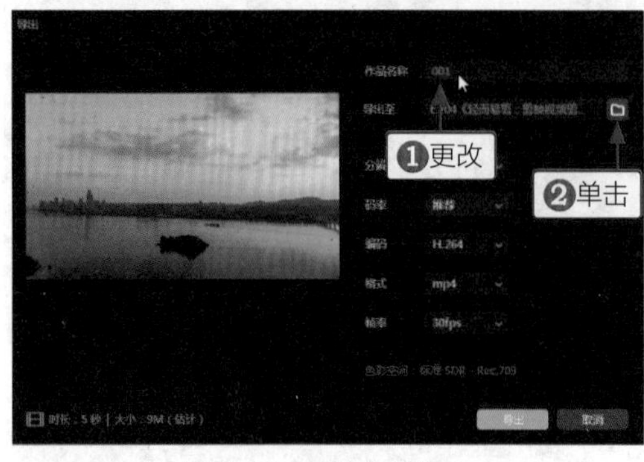

图 1-10　更改作品名称

❶选择
❷单击

图 1-11　选择保存文件夹

步骤 11 在“分辨率”下拉列表中选择 4K 选项，如图 1-12 所示。

步骤 12 在“码率”下拉列表中选择“更高”选项，如图 1-13 所示。

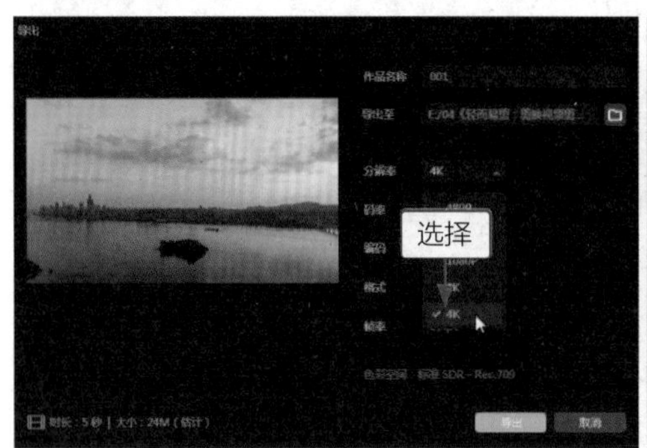

图 1-12　设置分辨率

图 1-13　设置码率

步骤 13 在“编码”下拉列表中选择 HEVC 选项，便于压缩，如图 1-14 所示。

步骤 14 在“格式”下拉列表中选择 mp4 选项，便于手机观看，如图 1-15 所示。

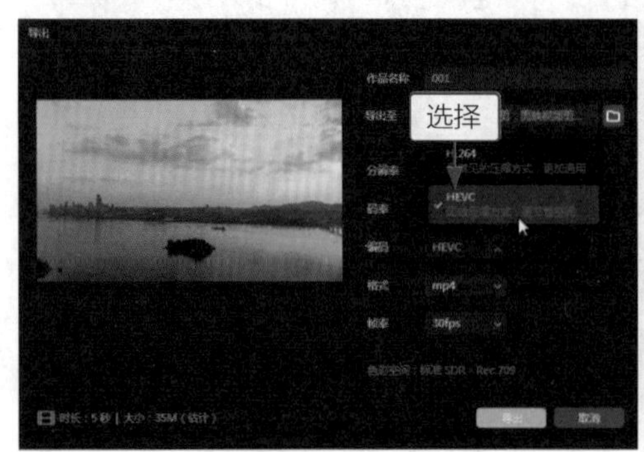

图 1-14　设置编码

图 1-15　设置格式

步骤 15 ❶在“帧率”下拉列表中选择 60fps 选项；❷单击“导出”按钮，如图 1-16 所示。

步骤 16 导出完成后，❶单击“西瓜视频”按钮，即可打开浏览器，发布视频至西瓜视频平台；❷单击“抖音”按钮，即可发布至抖音平台；❸如果用户不需要发布视频，单击“关闭”按钮，即可完成视频的导出操作，如图 1-17 所示。

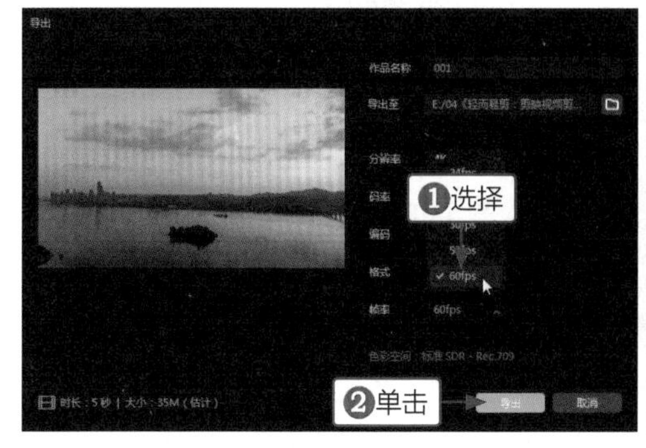

图 1-16　设置帧率并导出

图 1-17　视频发布 / 保存

步骤 17 导出并播放视频，如图 1-18 所示。通过分割和删除处理的视频时长变短了，设置相关参数后，导出的视频画质也变得高清了。

图 1-18　导出并播放视频

实战002　缩放和变速素材

【效果展示】：在剪映中，用户可以根据需要缩放视频，突出视频的细节，也可以对素材进行变速处理，让视频的播放速度变慢或变快，效果如图 1-19 所示。

案例效果

教学视频

图 1-19　缩放和变速素材效果展示

下面介绍在剪映中缩放和变速素材的操作方法。

步骤 01 在剪映中单击导入视频素材，单击视频素材右下角的⊕按钮，将素材导入视频轨道中，❶拖曳时间指示器至 00:00:02:20 的位置；❷单击“分割”按钮，如图 1-20 所示。

步骤 02 在操作区中的“画面”选项卡中拖曳“缩放”滑块至数值 175%，对分割出来的第二段素材进行缩放处理，如图 1-21 所示。

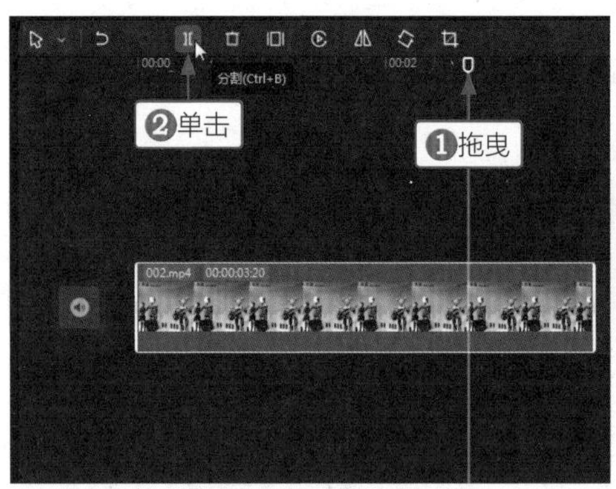

图 1-20　分割视频

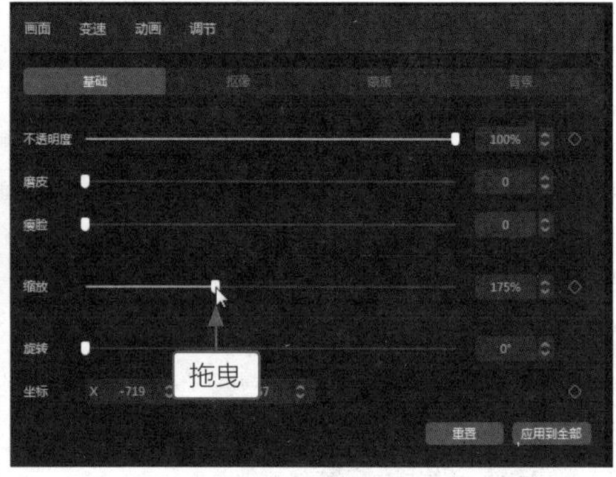

图 1-21　缩放处理

步骤 03 在预览窗口中调整画面的位置，突出细节，如图 1-22 所示。

步骤 04 ❶单击“变速”按钮；❷拖曳“倍速”滑块至数值 0.6x，对分割出来的第二段素材进行变速处理，如图 1-23 所示。

图 1-22　调整画面位置

图 1-23　变速处理

步骤 05 添加合适的背景音乐后，单击“导出”按钮，如图 1-24 所示。

图 1-24 单击“导出”按钮

步骤 06 导出并播放视频，如图 1-25 所示。可以看到，视频播放到后面会放大机器人的细节，并且播放速度也变慢了，整体效果非常有趣。

图 1-25 导出并播放视频

实战003 定格和倒放素材

【效果展示】：在剪映中，用户可以对视频进行定格处理，留取定格的画面，还可以对视频进行倒放处理，让视频画面倒着播放，如让前进的车流倒退行驶，效果如图 1-26 所示。

案例效果

教学视频

图 1-26 定格和倒放素材效果展示

下面介绍在剪映中定格和倒放素材的操作方法。

步骤 01 在剪映中单击视频素材右下角的⊕按钮，将素材导入视频轨道中，单击“定格”按钮▣，如图 1-27 所示。

步骤 02 向左拖曳定格素材右侧的白框，将素材时长设置为 1s，如图 1-28 所示。

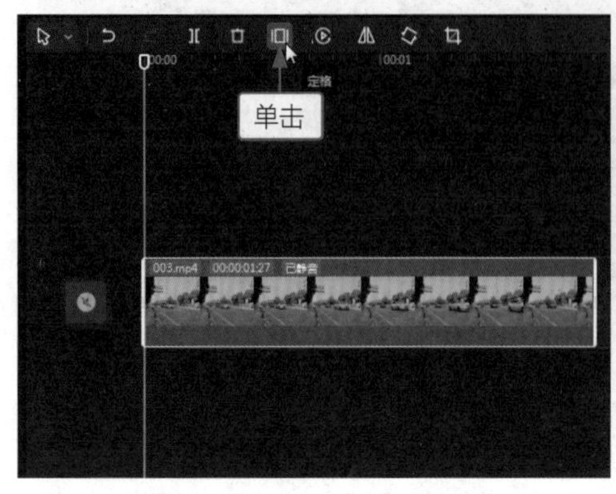

图 1-27　单击“定格”按钮

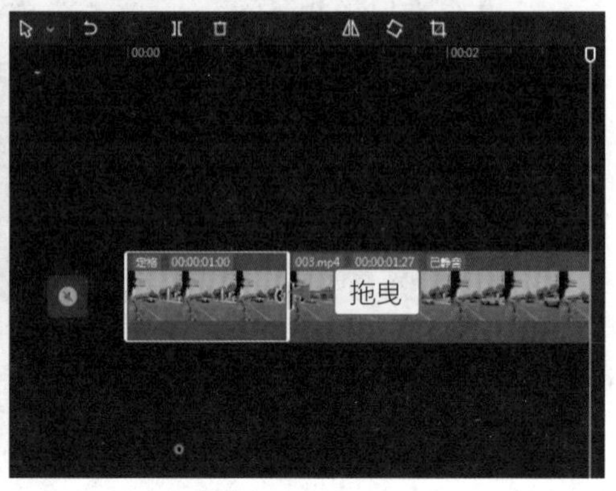

图 1-28　设置定格素材时长

步骤 03 ❶选中视频轨道中的第二段素材；❷单击“倒放”按钮◙，对素材进行倒放处理，如图 1-29 所示。

步骤 04 界面中会弹出片段倒放的进度对话框，如图 1-30 所示。

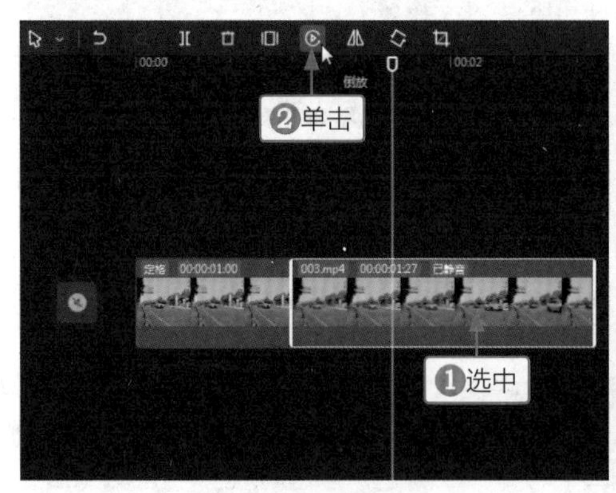

图 1-29　单击“倒放”按钮

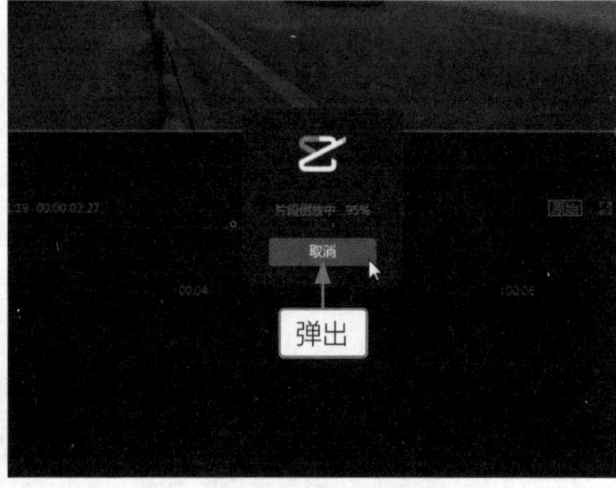

图 1-30　弹出进度对话框

步骤 05 操作完成后，添加合适的背景音乐，单击“导出”按钮，如图 1-31 所示。

图 1-31　单击“导出”按钮

步骤 06 导出并播放视频，如图 1-32 所示。视频一开始会有一秒的停顿，那是画面定格为 1s 的原因，1s 过后视频就开始倒放，车子处于后退的状态。

图 1-32　导出并播放视频

实战004　旋转和裁剪素材

【效果展示】：如果拍出来的视频角度效果不好，可以在剪映中利用旋转功能调整视频角度，还可以裁剪视频，截取想要的视频画面，也可以让竖版视频变成横版视频，效果如图 1-33 所示。

案例效果

教学视频

图 1-33　旋转和裁剪素材效果展示

下面介绍在剪映中旋转和裁剪素材的操作方法。

步骤 01 在剪映中单击视频素材右下角的⊕按钮，将素材导入视频轨道中，连续两次单击“旋转”按钮，将视频画面旋转 180°，如图 1-34 所示。

步骤 02 继续单击“裁剪”按钮，如图 1-35 所示。

步骤 03 在“剪裁比例”选项卡中选择 16 ：9 选项，把竖版视频变成横版视频，如图 1-36 所示。

步骤 04 ❶拖曳比例框至合适的位置；❷单击“确定”按钮，如图 1-37 所示。

步骤 05 ❶在预览窗口中单击“原始”按钮；❷选择 16 ：9 选项，使视频画面铺满预览窗口，如图 1-38 所示。

步骤 06 操作完成后，单击“导出”按钮，如图 1-39 所示。

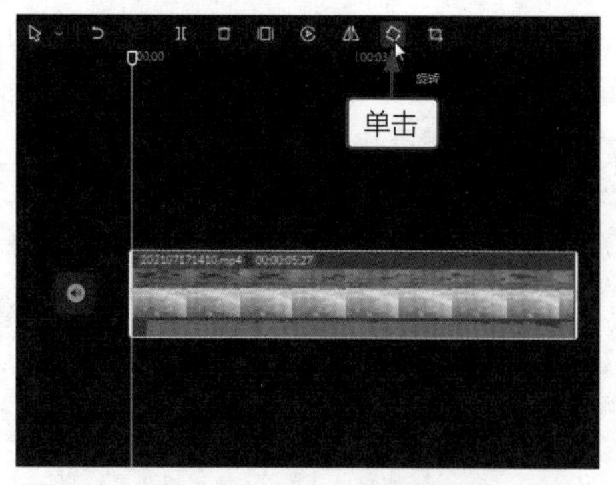

图 1-34　单击“旋转”按钮

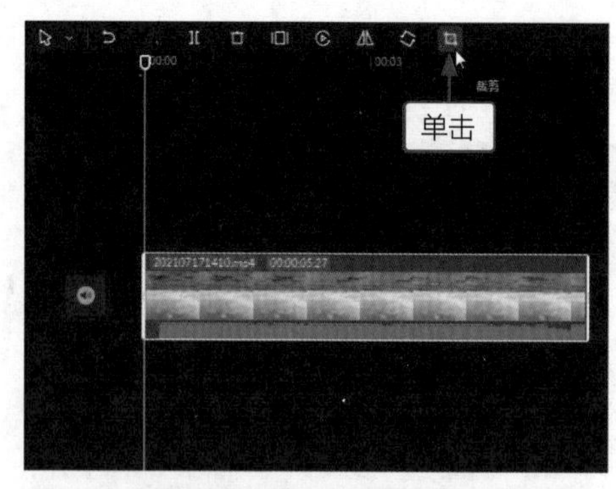

图 1-35　单击“裁剪”按钮

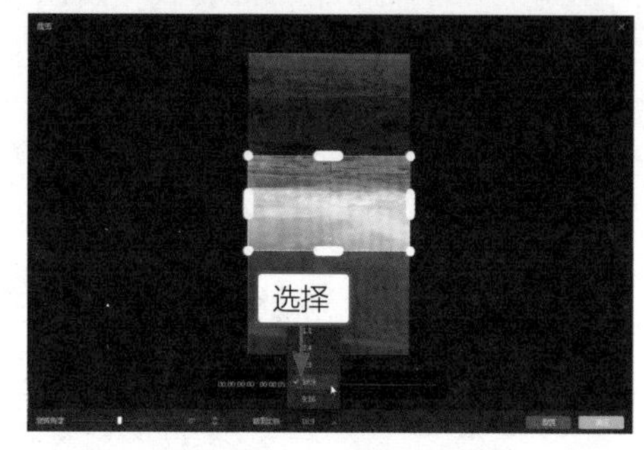

图 1-36　选择剪裁比例

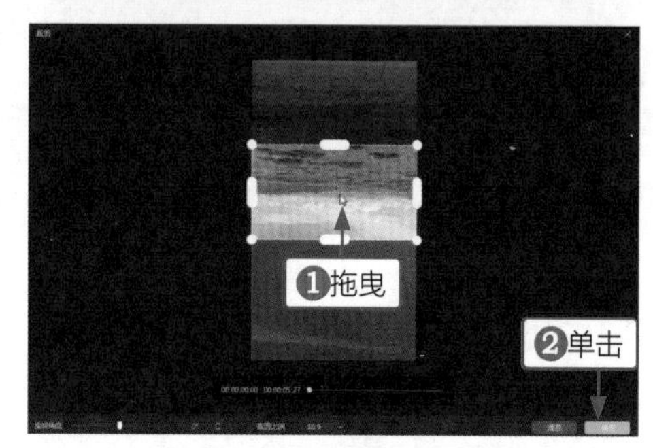

图 1-37　拖曳比例框

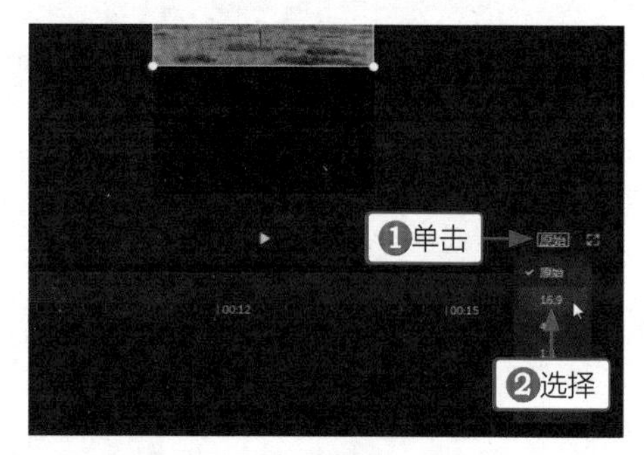

图 1-38　设置视频画面比例

图 1-39　单击“导出”按钮

步骤 07 导出并播放视频，如图 1-40 所示。裁剪后视频构图方式改变了，竖版视频变成了横版视频，画面变得简洁，视野也更加开阔。

图 1-40　导出并播放视频

实战005　设置视频比例

【效果展示】：在剪映中可以用设置比例的方式改变视频画面，把横版视频变成竖版视频，效果如图 1-41 所示。

案例效果

教学视频

图 1-41　设置视频比例效果展示

下面介绍在剪映中设置视频比例的操作方法。

步骤 01 导入视频素材，在预览窗口中单击“原始”按钮，如图 1-42 所示。

步骤 02 选择 9 ： 16 选项，如图 1-43 所示。

图 1-42　单击“原始”按钮

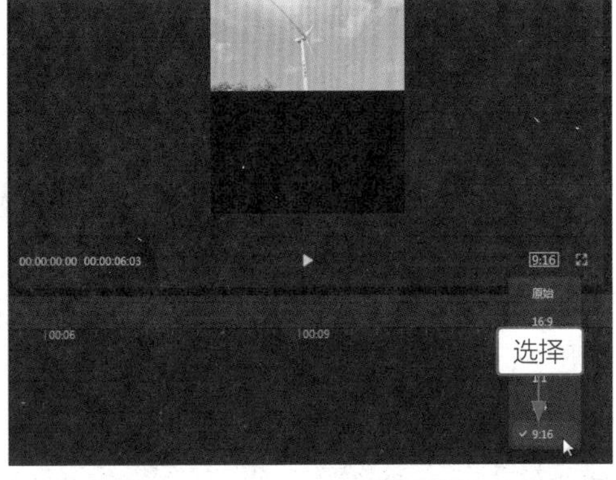

图 1-43　设置视频画面比例

步骤 03 单击“导出”按钮，导出并播放视频，如图 1-44 所示。可以看到视频的画面比例改变了，由横版视频变成了竖版视频。

图 1-44　导出并播放视频

实战006 设置视频背景

【效果展示】：在剪映中可以为视频设置好看的背景样式，让背景的黑色区域变成彩色，效果如图 1-45 所示。

案例效果

教学视频

图 1-45 设置视频背景效果展示

下面介绍在剪映中设置视频背景的操作方法。

步骤 01 打开上一案例中的效果视频，在操作区中的“画面”选项卡中，单击“背景”按钮，如图 1-46 所示。

步骤 02 在“背景填充”面板中选择“模糊”选项，如图 1-47 所示。

图 1-46 单击“背景”按钮

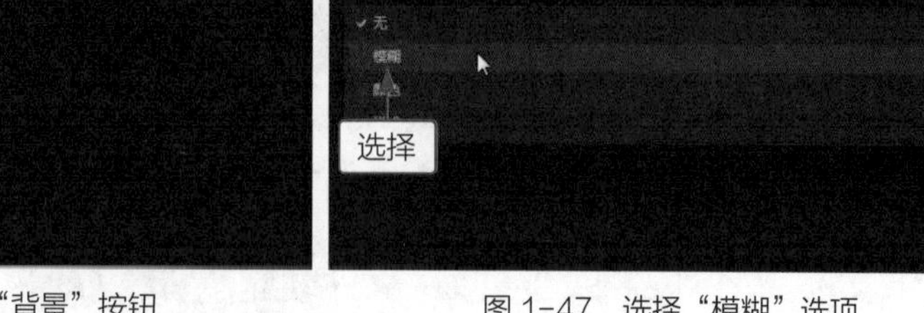

图 1-47 选择“模糊”选项

步骤 03 在“模糊”面板中选择第四个模糊样式，如图 1-48 所示。

步骤 04 此时可以在预览窗口预览精美背景，如图 1-49 所示。

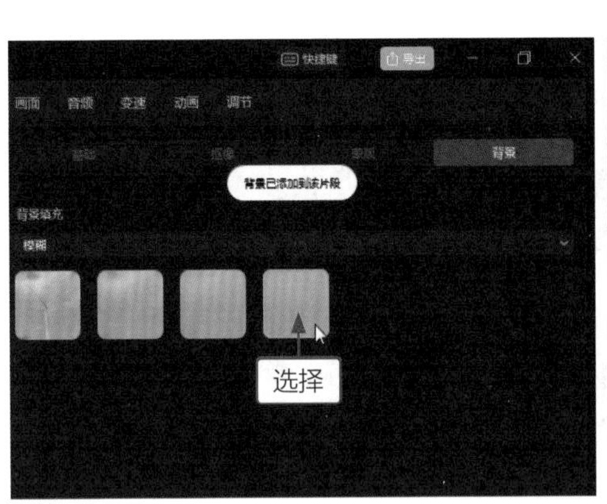

图 1-48　选择模糊样式

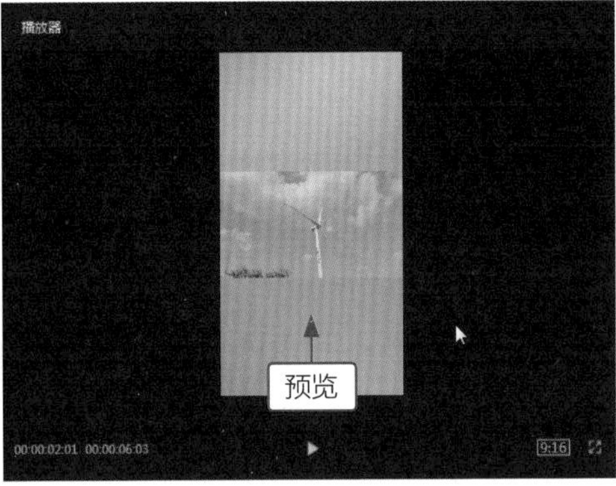

图 1-49　预览背景

专家提醒

选择背景填充效果时，除了“模糊”样式外，用户还可以选择“颜色”和“样式”选项进行背景填充。在剪映中，有几十种色彩丰富的“颜色”背景和几十种风格多样的“样式”背景供用户选择。

步骤 05 单击“导出”按钮，导出并播放视频，如图 1-50 所示。画面背景由黑屏变成了模糊样式，背景不再单调，画面也变得精美了。

图 1-50　导出并播放视频

实战007　视频防抖技巧

【效果展示】：如果在拍摄视频时设备不稳定，视频一般会产生抖动，这时就可以使用剪映新增的视频防抖功能，一键即可稳定视频画面，效果如图 1-51 所示。

案例效果

教学视频

图 1-51　视频防抖效果展示

下面介绍在剪映中设置视频防抖的操作方法。

步骤 01 导入视频素材，在操作区中选中底部下方的“视频防抖”复选框，如图 1-52 所示。

步骤 02 在下方展开的面板中选择“最稳定”选项，如图 1-53 所示。

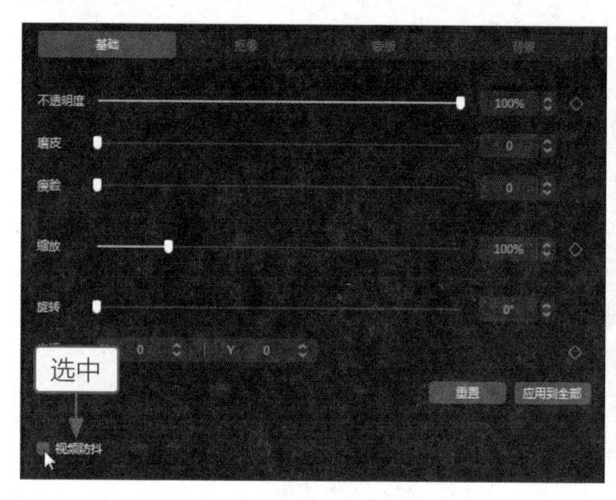

图 1-52　选中“视频防抖”复选框

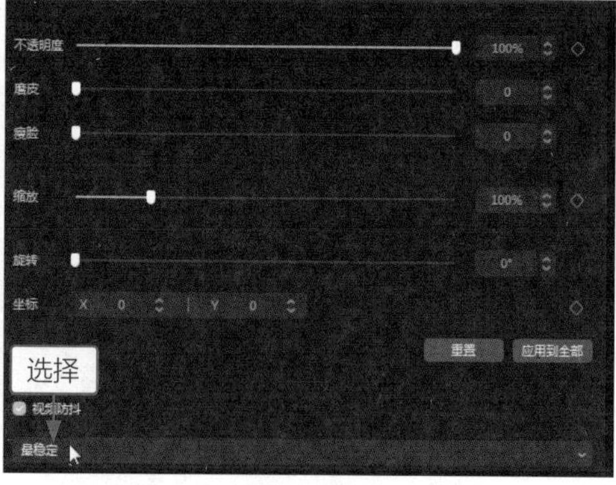

图 1-53　选择“最稳定”选项

步骤 03 单击“导出”按钮，导出并播放视频，如图 1-54 所示。如果一次防抖设置的效果不明显，可以导出视频后再导入，重复几次防抖设置，从而稳定画面。

图 1-54　导出并播放视频

实战008 磨皮瘦脸技巧

【效果展示】：在剪映中可以给视频中的人像进行磨皮和瘦脸，为人物做美颜处理，美化人物的脸部状态，效果如图 1-55 所示。

案例效果

教学视频

图 1-55　磨皮瘦脸效果展示

下面介绍在剪映中磨皮瘦脸的操作方法。

步骤 01 导入视频素材，❶拖曳时间指示器至 00:00:01:05 的位置；❷单击“分割”按钮，如图 1-56 所示。

步骤 02 在操作区中拖曳“磨皮”滑块至数值 100，如图 1-57 所示。

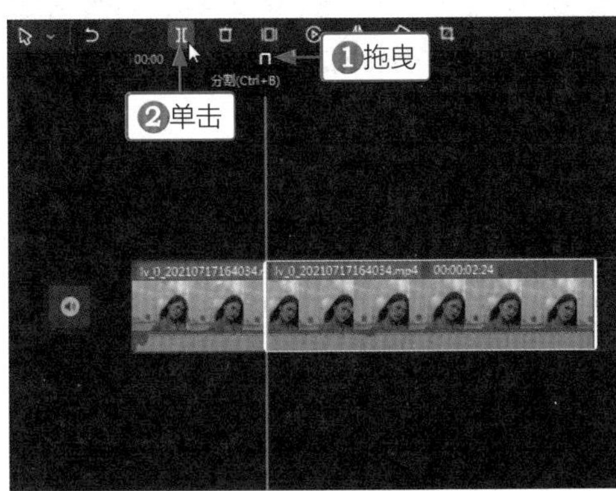

图 1-56　分割视频

图 1-57　拖曳“磨皮”滑块

步骤 03 拖曳“瘦脸”滑块至数值 100，如图 1-58 所示。

步骤 04 ❶单击“特效”按钮；❷在“基础”特效选项卡中添加“模糊”特效，如图 1-59 所示。

步骤 05 拖曳特效右侧的边框，调整时长为 1s 左右，如图 1-60 所示。

步骤 06 调整特效的位置，使其对齐第二段素材的开始位置，如图 1-61 所示。

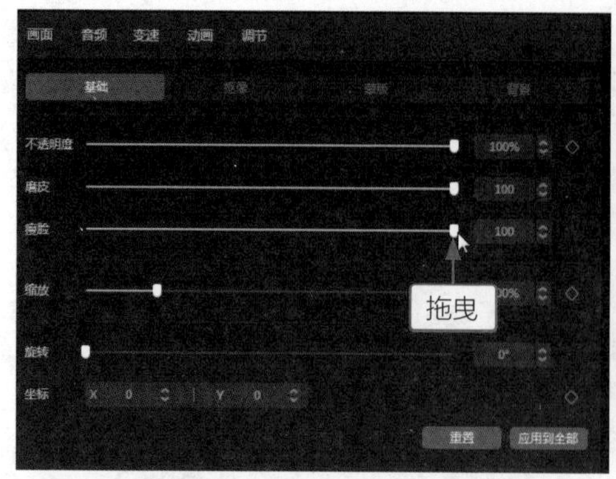

图 1-58　拖曳“瘦脸”滑块

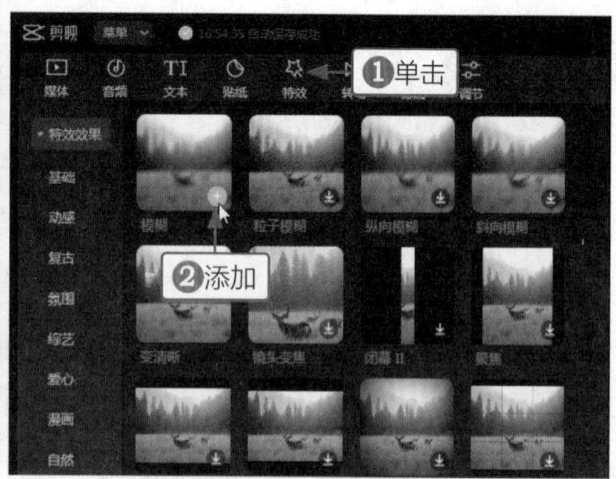

图 1-59　添加“模糊”特效

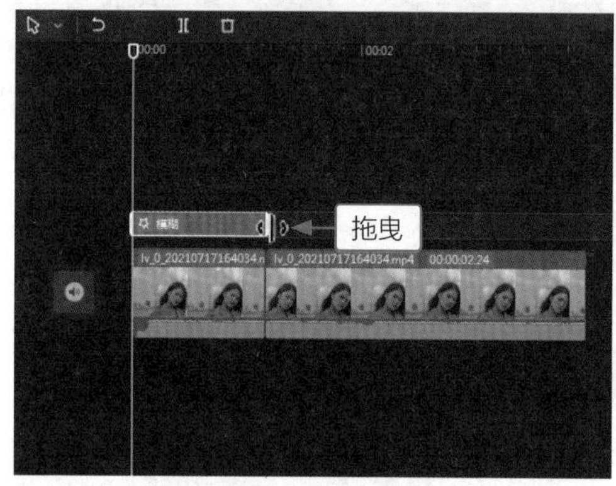

图 1-60　调整特效时长

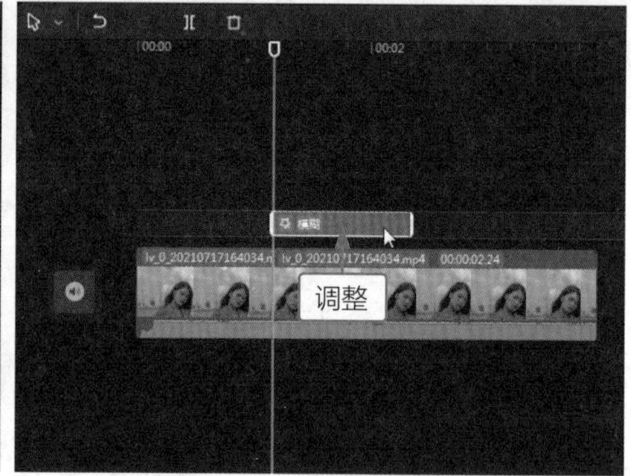

图 1-61　调整特效位置

步骤 07 单击“导出”按钮，导出并播放视频，如图 1-62 所示。可以看到人物美化前后的对比，经过磨皮瘦脸处理后，人物的皮肤不仅变得光滑了，脸部轮廓也变小了。如果想要效果更好，可以多重复几次该操作。

图 1-62　导出并播放视频

第 2 章

滤镜调色技巧

学前提示

调色是短视频剪辑中不可或缺的功能，调出精美的色调可以让视频更加出彩。本章主要介绍滤镜调色技巧，涉及安诺风格天空调色、灰橙质感街景调色、创意实用色卡调色、怀旧胶片复古调色、文艺清新日系调色、大气唯美夕阳调色和高画质的清晰调色。学会这些操作，用户可以制作出画面更加精美的短视频作品。

实战009 安诺风格天空调色

案例效果

教学视频

【效果展示】：在剪映 Windows 版中可以给素材添加滤镜调色，还可以设置调节参数来调色，二者可以结合使用，调出用户想要的效果。比如常见的天空视频，就可以用安诺天空调色方法，使视频画面中的蓝色更加突出，如图 2-1 所示。

图 2-1　安诺风格天空调色效果展示

下面介绍在剪映中调出安诺风格天空色调的操作方法。

步骤 01 在剪映中将视频素材添加到视频轨道中，❶单击“滤镜”按钮；❷在“精选”滤镜选项卡中单击“普林斯顿”滤镜右下角的⊕按钮，如图 2-2 所示。

步骤 02 ❶单击“调节”按钮；❷单击“自定义调节”右下角的⊕按钮，如图 2-3 所示。

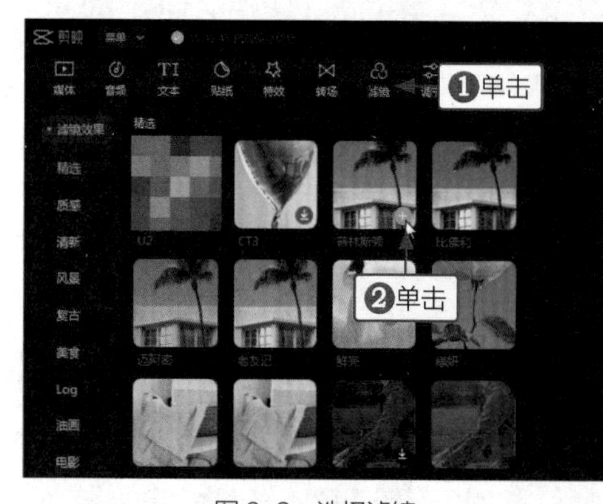

图 2-2　选择滤镜

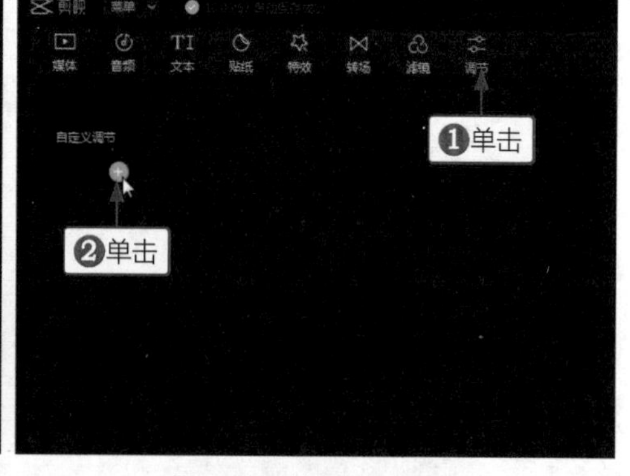

图 2-3　选择自定义调节

步骤 03 ❶拖曳“亮度”滑块；❷将参数设置为 6，如图 2-4 所示。

步骤 04 ❶拖曳“对比度”滑块；❷将参数设置为 20，如图 2-5 所示。

步骤 05 ❶拖曳“饱和度”滑块；❷将参数设置为 14，如图 2-6 所示。

步骤 06 ❶拖曳“高光”滑块；❷将参数设置为 12，如图 2-7 所示。

图 2-4　设置亮度参数

图 2-5　设置对比度参数

图 2-6　设置饱和度参数

图 2-7　设置高光参数

步骤 07 ❶拖曳“阴影”滑块；❷将参数设置为 18，如图 2-8 所示。

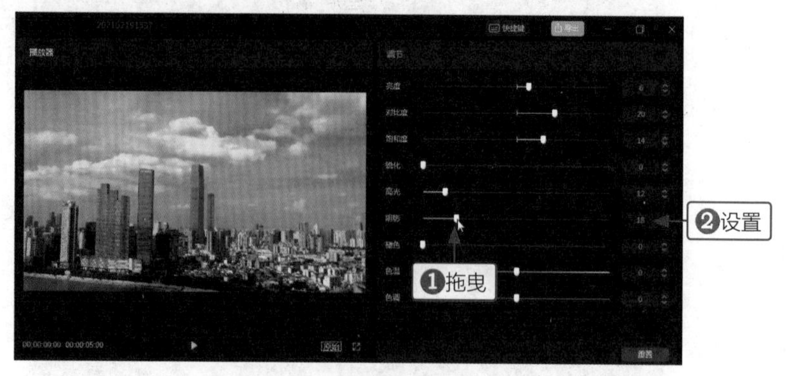

图 2-8　设置阴影参数

步骤 08 ❶拖曳“色温”滑块；❷将参数设置为 -30，如图 2-9 所示。

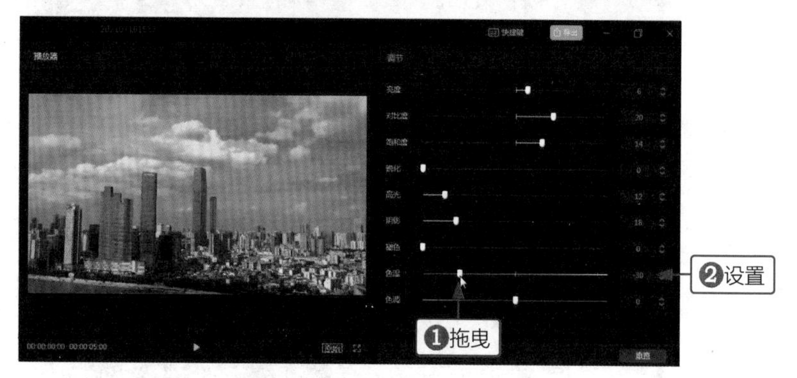

图 2-9　设置色温参数

步骤 09 ❶拖曳“色调”滑块；❷将参数设置为 31，如图 2-10 所示。设置完成后，视频画面的蓝色色彩变得突出，让暗灰的天空变成了天蓝色的天空。

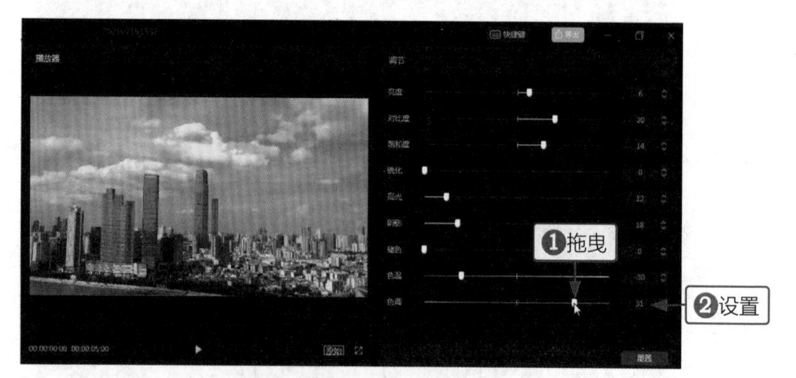

图 2-10　设置色调参数

步骤 10 执行操作后，可以看到时间线区域中显示了一条调节和一条滤镜素材，如图 2-11 所示。

步骤 11 调整调节和滤镜右侧的白色边框，使其与视频素材时长一致，如图 2-12 所示。

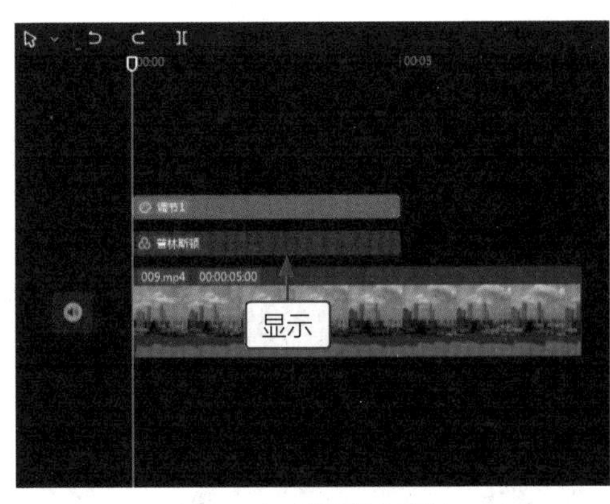

图 2-11　显示两条素材

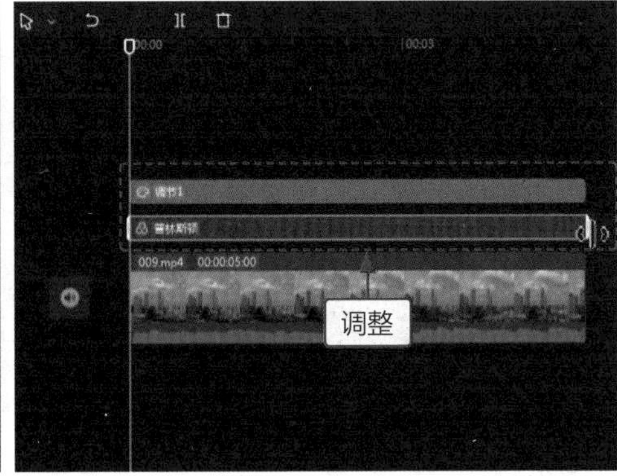

图 2-12　调整调节和滤镜的时长

步骤 12 单击“导出”按钮，预览视频前后的对比效果，如图 2-13 所示。

图 2-13　预览视频前后的对比效果

实战010 灰橙质感街景调色

【效果展示】：很多街景视频都适合调出具有质感的灰橙色调，画面的主色调主要是灰色和橙色，这款色调可以让复杂的构图变得简洁大气，保留建筑物中色彩最鲜明的细节，效果如图 2-14 所示。

案例效果

教学视频

图 2-14　灰橙质感街景调色效果展示

下面介绍在剪映中调出灰橙质感街景色调的操作方法。

步骤 01 在剪映中单击视频素材右下角的⊕按钮，将素材导入视频轨道中，如图 2-15 所示。

步骤 02 ❶单击“滤镜”按钮；❷切换至“风格化”滤镜选项卡；❸单击“黑金”滤镜右下角的⊕按钮，如图 2-16 所示。

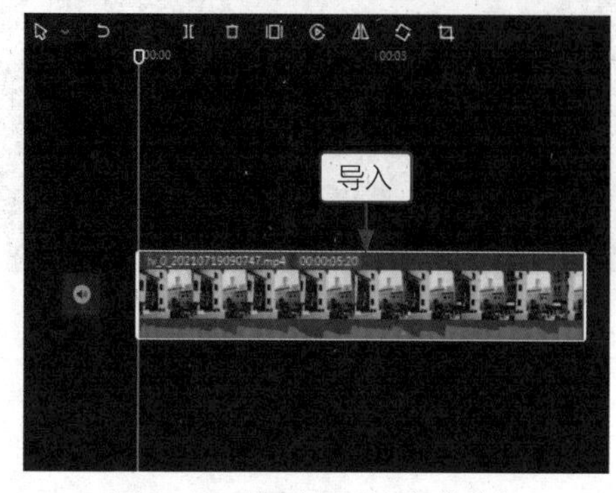

图 2-15　将素材导入视频轨道中

图 2-16　选择滤镜

步骤 03 ❶切换至“精选”选项卡；❷单击“普林斯顿”滤镜右下角的⊕按钮，如图 2-17 所示。

步骤 04 ❶单击“调节”按钮；❷单击“自定义调节”右下角的⊕按钮，如图 2-18 所示。

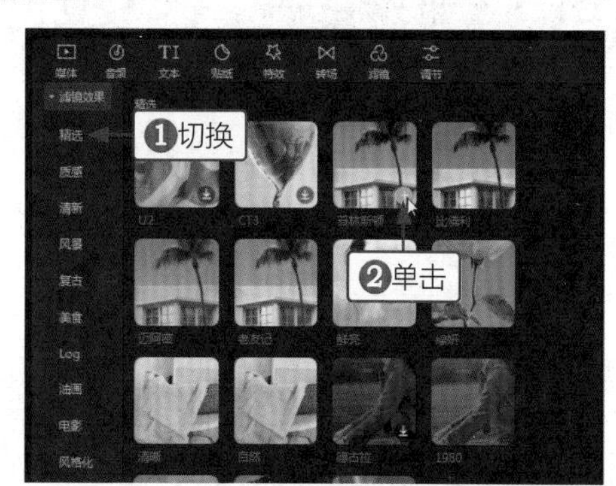

图 2-17　选择滤镜

图 2-18　选择自定义调节

步骤 05 ❶拖曳“亮度”滑块；❷将参数设置为 20，如图 2-19 所示。

图 2-19　设置亮度参数

步骤 06 ❶拖曳“对比度”滑块；❷将参数设置为 -8，如图 2-20 所示。

图 2-20　设置对比度参数

步骤 07 ❶拖曳“饱和度”滑块；❷将参数设置为 5，如图 2-21 所示。

图 2-21　设置饱和度参数

步骤 08 ❶拖曳“高光”滑块；❷将参数设置为 9，如图 2-22 所示。

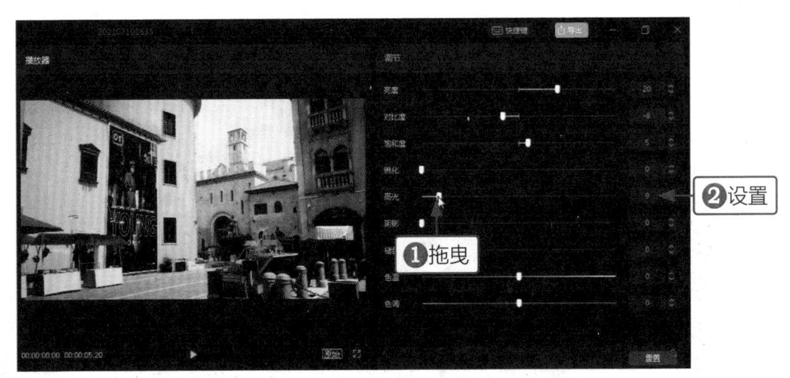

图 2-22　调节高光参数

步骤 09 ❶拖曳“色温”滑块；❷将参数设置为 -10，如图 2-23 所示。使画面中的灰色和橙色更加自然。

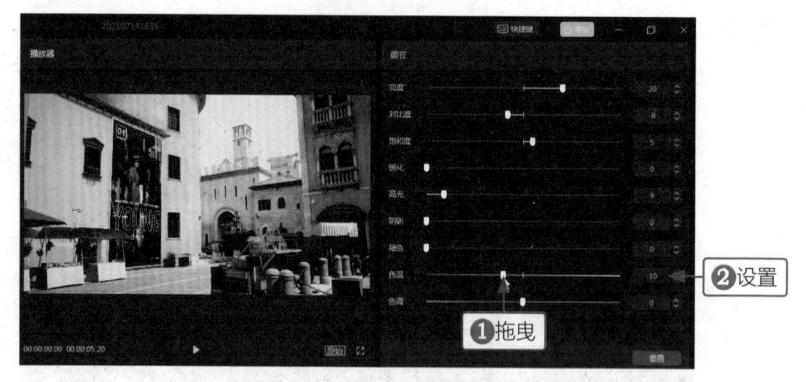

图 2-23　设置色温参数

步骤 10 拖曳两个滤镜和调节右侧的白色边框，使其时长对齐视频的时长，如图 2-24 所示。

步骤 11 操作完成后，单击“导出”按钮，如图 2-25 所示。

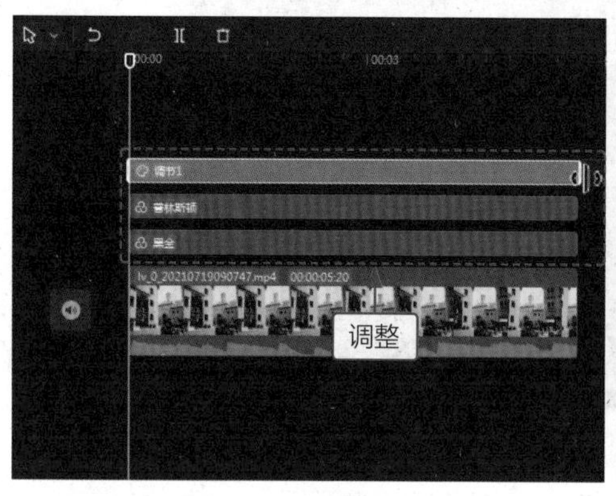

图 2-24　调整时长

图 2-25　单击“导出”按钮

步骤 12 预览视频前后的对比效果，如图 2-26 所示。视频画面中的灰色和橙色变得突出，画面变得简洁，瞬间提升了质感。

图 2-26　预览视频前后的对比效果

实战011　创意实用色卡调色

【效果展示】：色卡调色是最近流行的一种调色方法，不需要添加滤镜和调整参数，利用各种颜色的色卡就能调出相应的色调，效果如图 2-27 所示。

案例效果

教学视频

图 2-27　创意实用色卡调色效果展示

下面介绍在剪映中用色卡调色的操作方法。

步骤 01 在剪映中将照片素材添加到视频轨道中，添加背景音乐，再根据音乐的时长调整视频的时长，如图 2-28 所示。

步骤 02 将导入的色卡照片拖曳至画中画轨道中，并调整其位置，对齐视频素材的末尾位置，如图 2-29 所示。

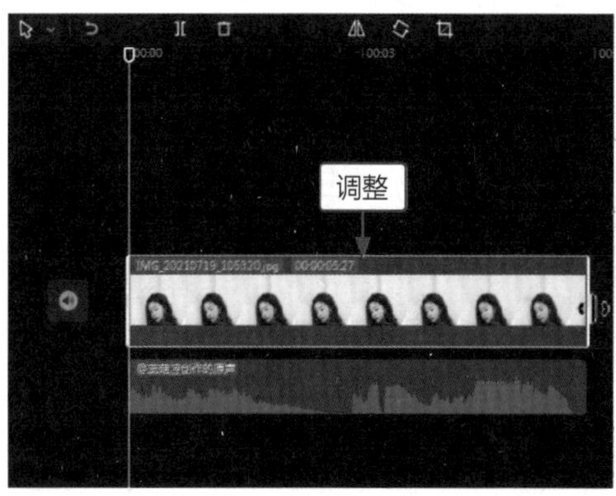

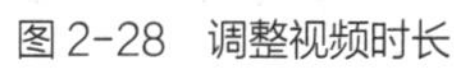
图 2-28　调整视频时长

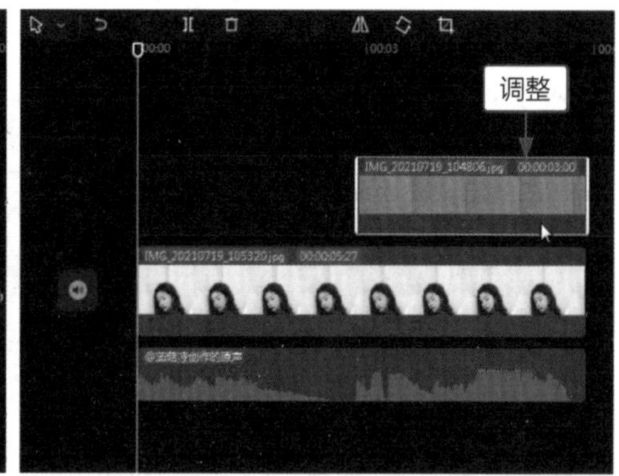

图 2-29　调整色卡照片的位置

专家提醒

添加背景音乐的方法在第 4 章有涉及，用户可前往第 4 章学习。

步骤 03 ❶拖曳“缩放”滑块；❷将参数设置为 181%，如图 2-30 所示。

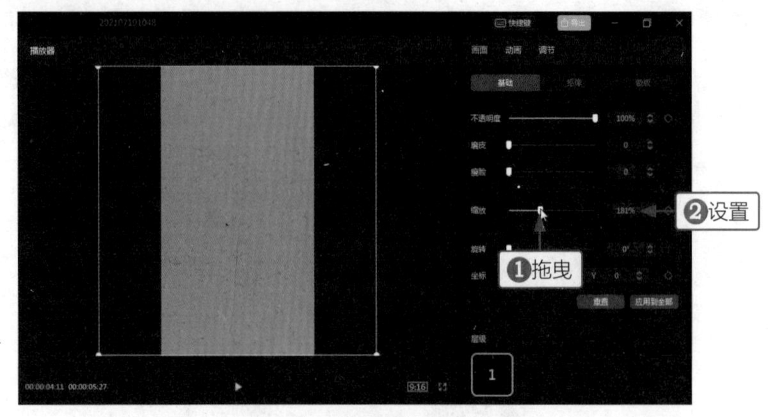

图 2-30　设置缩放参数

步骤 04 ❶拖曳“不透明度”滑块；❷将参数设置为 40%，如图 2-31 所示。

图 2-31　设置不透明度参数

步骤 05 ❶单击“特效”按钮；❷在“基础”特效选项卡中，单击“开幕 II”特效右下角的⊕按钮，如图 2-32 所示。

步骤 06 调整“开幕 II”特效的时长，在 1s 左右位置结束，如图 2-33 所示。

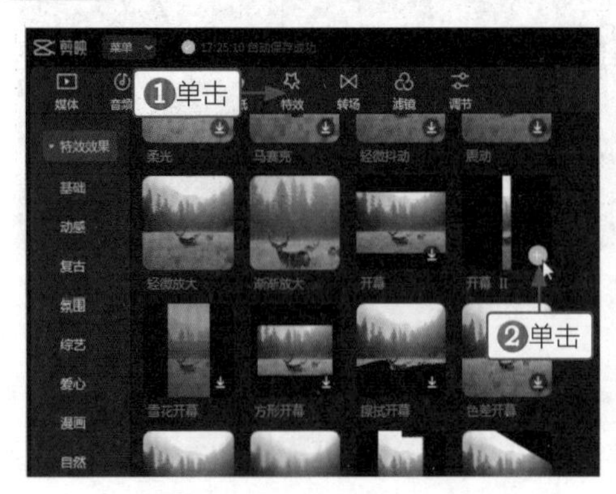

图 2-32　选择“开幕 II”特效

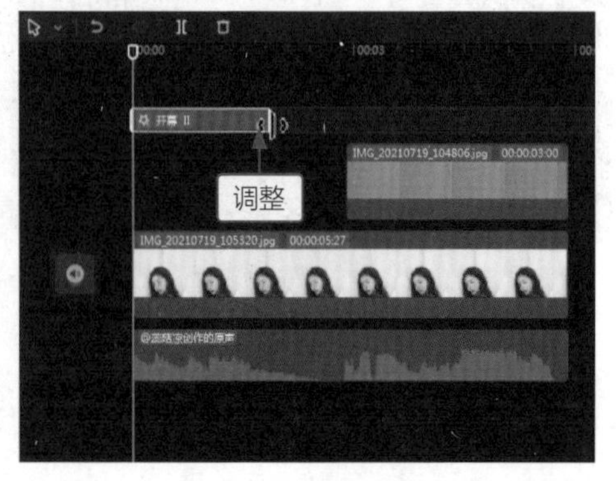

图 2-33　调整特效时长

步骤 07 拖曳时间指示器至“开幕 II”特效的末尾位置，单击“变清晰”特效右下角的⊕按钮，如图 2-34 所示。

步骤 08 调整“变清晰”特效的时长，在 3s 左右位置结束，如图 2-35 所示。

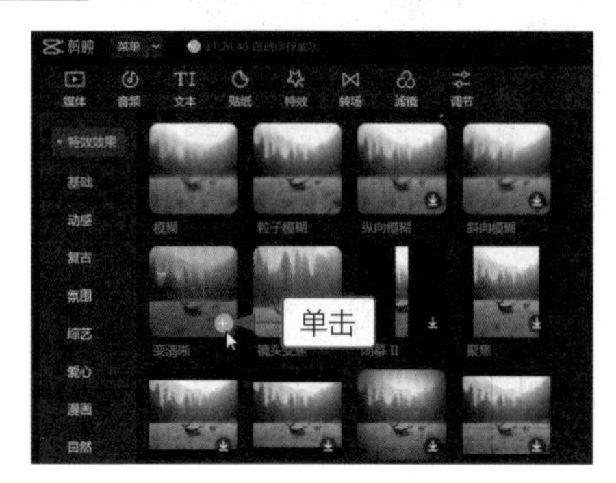

图 2-34　添加“变清晰”特效

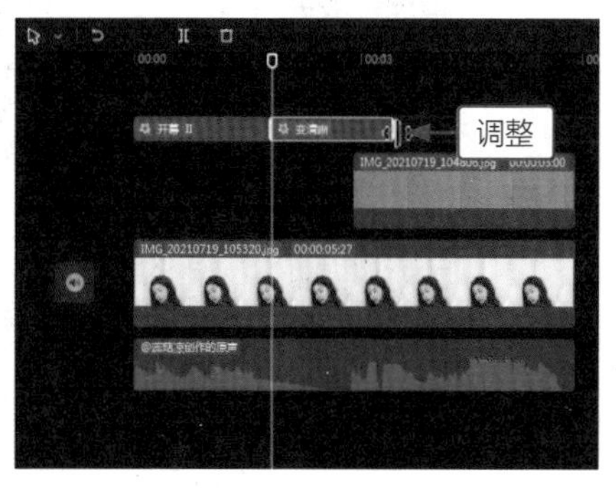

图 2-35　调整特效时长

步骤 09 拖曳时间指示器至“变清晰”特效的末尾位置，❶切换至“动感”特效选项卡；❷单击“心跳”特效右下角的⊕按钮，如图 2-36 所示。

步骤 10 调整“心跳”特效时长，对齐视频末尾位置，如图 2-37 所示。

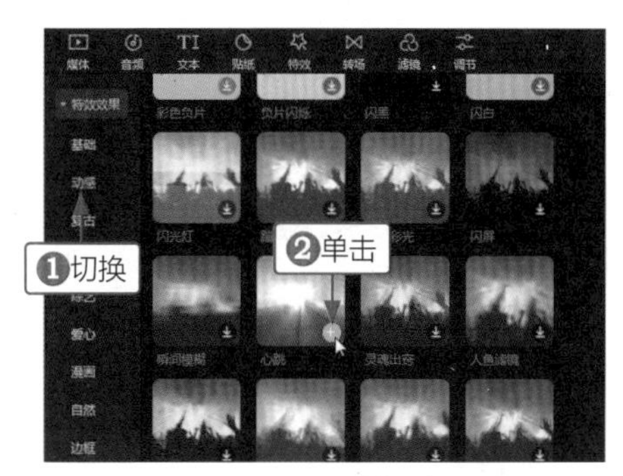

图 2-36　添加“心跳”特效

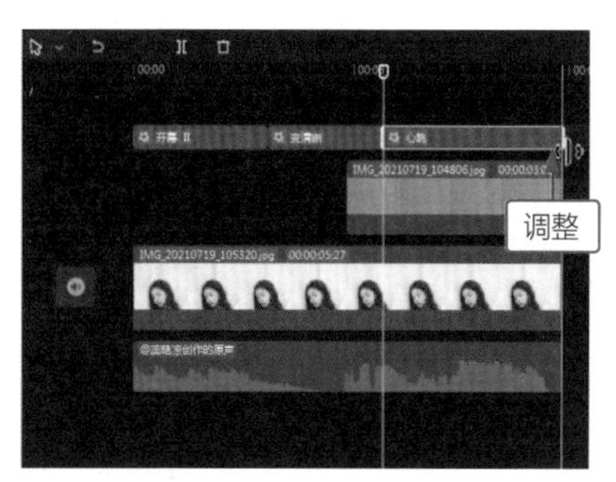

图 2-37　调整特效时长

步骤 11 ❶单击“贴纸”按钮；❷在“热门”贴纸选项卡中，单击 Good Bye 贴纸右下角的⊕按钮，如图 2-38 所示。

步骤 12 调整贴纸的时长，对齐视频末尾位置，如图 2-39 所示。

图 2-38　选择贴纸

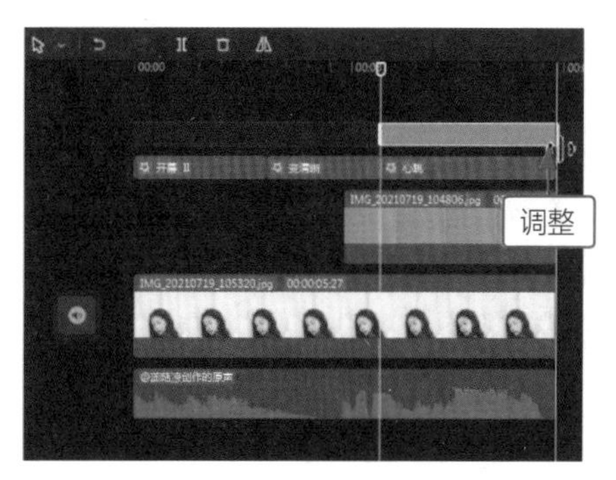

图 2-39　调整贴纸时长

步骤 13 ❶设置“缩放”参数为 175%；❷调整贴纸的位置，如图 2-40 所示。

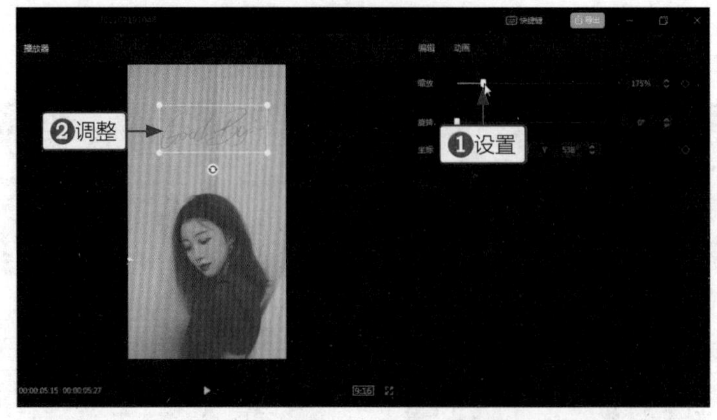

图 2-40　设置贴纸缩放参数并调整位置

步骤 14 单击“导出”按钮，预览视频前后的对比效果，如图 2-41 所示。色卡的颜色决定了画面的色调，无法调出的色调都可以用色卡实现。

图 2-41　预览视频前后的对比效果

实战012　怀旧胶片复古调色

【效果展示】：旧建筑、旧巷子和怀旧胶片复古调色非常适配，效果带有岁月的沧桑感，使视频中的建筑富有深沉感和历史感，如图 2-42 所示。

案例效果

教学视频

图 2-42　怀旧胶片复古调色效果展示

下面介绍在剪映中调出怀旧胶片复古色调的操作方法。

步骤 01 将素材导入剪映中，❶单击"滤镜"按钮；❷切换至"胶片"滤镜选项卡；❸单击 KU4 滤镜右下角的⊕按钮，如图 2-43 所示。

步骤 02 ❶单击"调节"按钮；❷单击"自定义调节"右下角的⊕按钮，如图 2-44 所示。

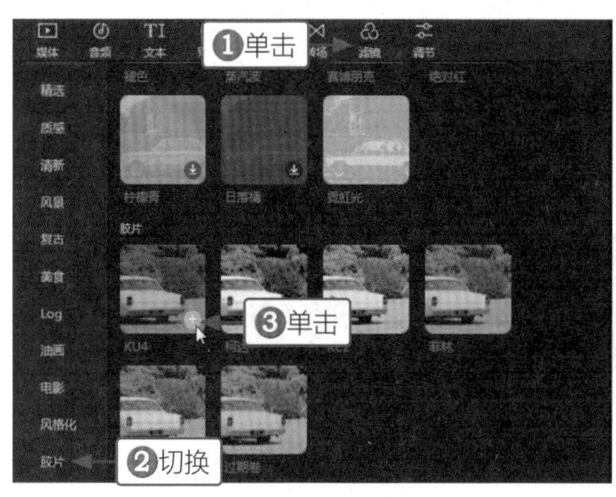

图 2-43　选择滤镜

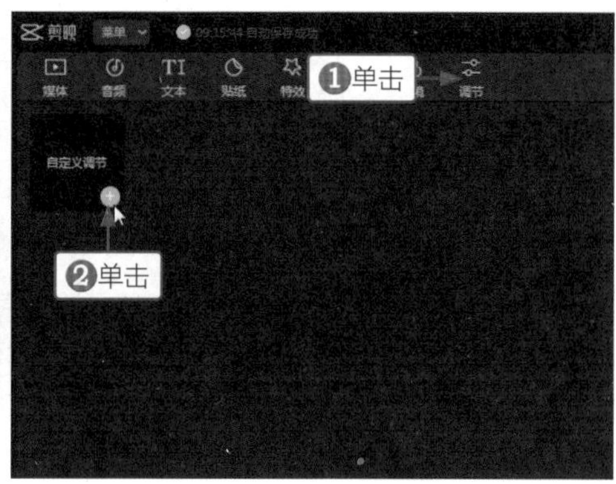

图 2-44　选择自定义调节

步骤 03 ❶拖曳"亮度"滑块；❷将参数设置为 -19，如图 2-45 所示。

图 2-45　设置亮度参数

步骤 04 ❶拖曳"对比度"滑块；❷将参数设置为 9，如图 2-46 所示。

图 2-46　设置对比度参数

步骤 05 ❶拖曳“饱和度”滑块；❷将参数设置为 8，如图 2-47 所示。

图 2-47　设置饱和度参数

步骤 06 ❶拖曳“高光”滑块；❷将参数设置为 22，如图 2-48 所示。

图 2-48　设置高光参数

步骤 07 ❶拖曳“阴影”滑块；❷将参数设置为 31，如图 2-49 所示。

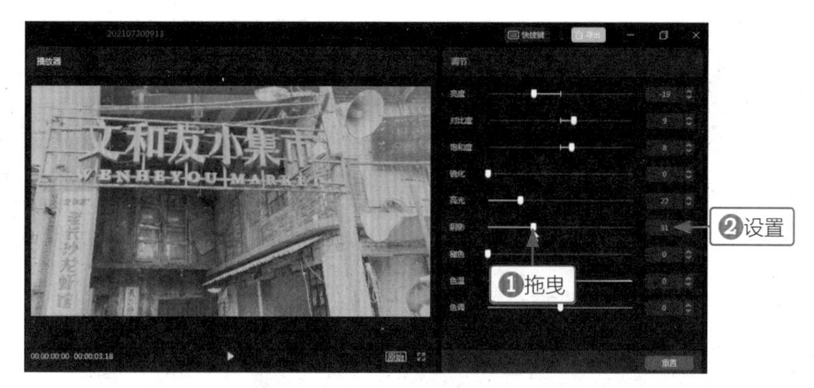

图 2-49　设置阴影参数

步骤 08 ❶拖曳“色温”滑块；❷将参数设置为 -21，如图 2-50 所示。

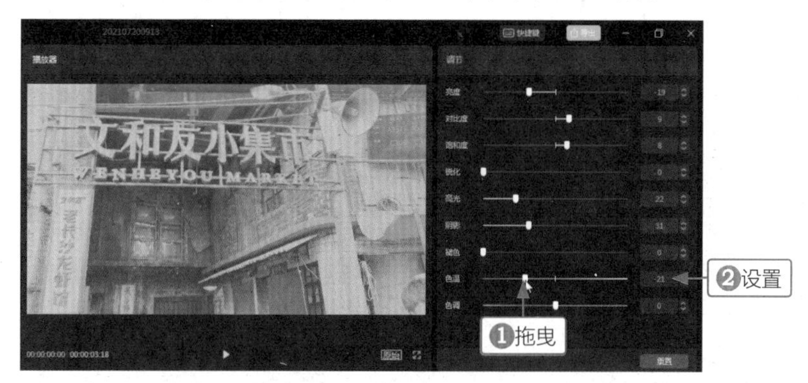

图 2-50　设置色温参数

步骤 09 ❶拖曳“色调”滑块；❷将参数设置为 27，如图 2-51 所示。使画面的影调偏蓝色，更加复古。

图 2-51　设置色调参数

步骤 10 调整滤镜和调节的时长，与视频素材的时长对齐，如图 2-52 所示。

步骤 11 ❶单击“特效”按钮；❷切换至“复古”选项卡；❸单击“胶片 III”特效右下角的+按钮，如图 2-53 所示。

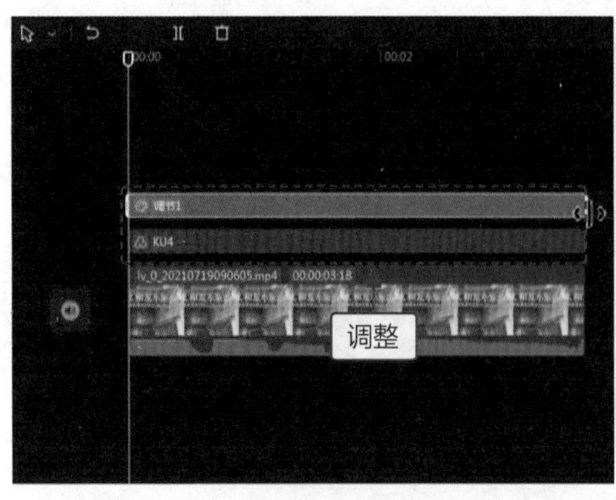

图 2-52　调整滤镜和调节的时长

图 2-53　选择特效

步骤 12 调整“胶片 III”特效右侧的白色边框，使其对齐视频素材的时长，如图 2-54 所示。

步骤 13 预览特效效果后，单击“导出”按钮，如图 2-55 所示。

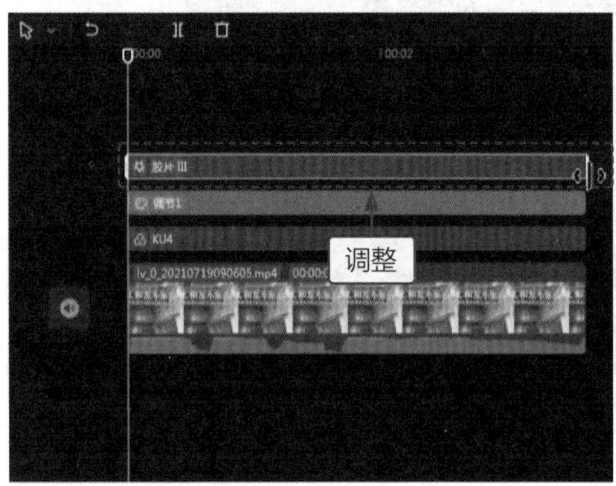

图 2-54　调整特效时长

图 2-55　预览特效效果

步骤 14 预览视频前后的对比效果，如图 2-56 所示。视频中的色彩不仅变得复古，而且更有质感，尤其加上胶片边框后，怀旧复古感就更加明显了。

图 2-56　预览视频前后的对比效果

专家提醒

复古胶片特效在剪映中还有很多选择，用户可以根据视频需要添加。

实战013　文艺清新日系调色

【效果展示】：日系调色非常文艺，也很清新，在许多风景类视频和人像视频中都很适用。特点就在于画面通透，色彩简洁，是让人看了就心旷神怡的一款色调，调色要点在于提高画面中的清透感，效果如图 2-57 所示。

案例效果

教学视频

图 2-57　文艺清新日系调色效果展示

下面介绍在剪映中调出文艺清新日系色调的操作方法。

步骤 01 将素材导入剪映中，❶单击“滤镜”按钮；❷切换至“清新”滤镜选项卡；❸单击“鲜亮”滤镜右下角的⊕按钮，如图 2-58 所示。

步骤 02 ❶单击“调节”按钮；❷单击“自定义调节”右下角的⊕按钮，如图 2-59 所示。

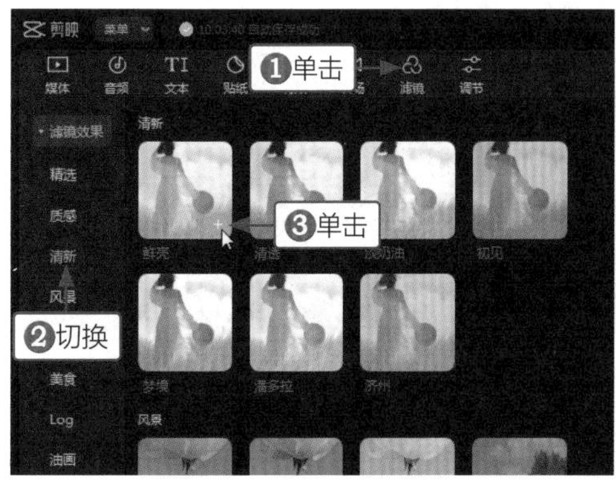

图 2-58　选择滤镜

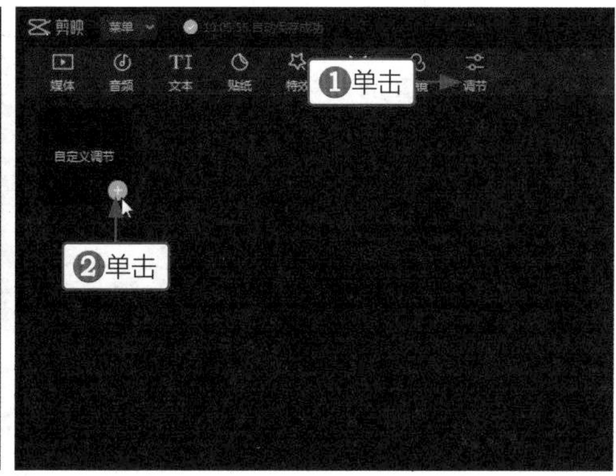

图 2-59　选择自定义调节

步骤 03 ❶拖曳“亮度”滑块；❷将参数设置为 13，如图 2-60 示。

图 2-60　设置亮度参数

步骤 04 ❶拖曳“对比度”滑块；❷将参数设置为 10，如图 2-61 所示。

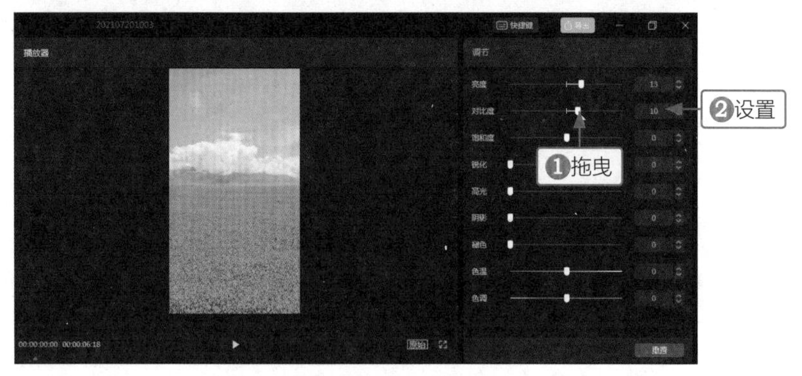

图 2-61　设置对比度参数

步骤 05 ❶拖曳“饱和度”滑块；❷将参数设置为 20，如图 2-62 所示。

图 2-62　设置饱和度参数

步骤 06 ❶拖曳“锐化”滑块；❷将参数设置为 3，如图 2-63 所示。

图 2-63　设置锐化参数

步骤 07 ❶拖曳“阴影”滑块；❷将参数设置为 20，如图 2-64 所示。

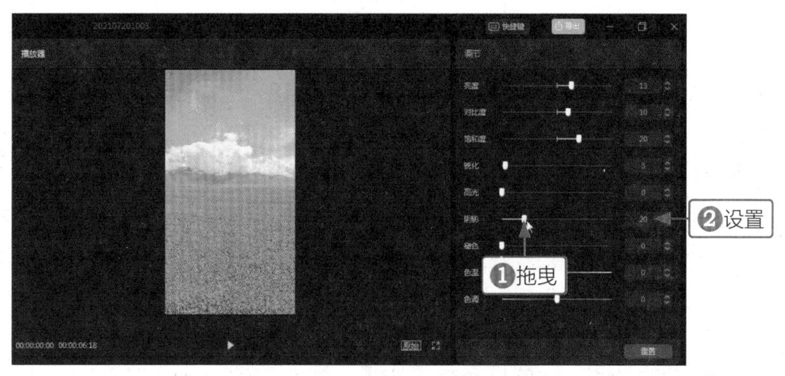

图 2-64　设置阴影参数

步骤 08 ❶拖曳“色温”滑块；❷将参数设置为 -10，如图 2-65 所示。

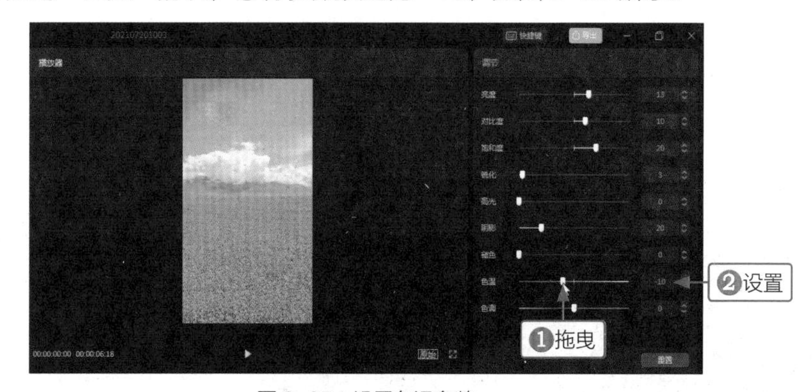

图 2-65　设置色温参数

步骤 09 ❶拖曳“色调”滑块；❷将参数设置为 -10，如图 2-66 所示。该操作可提高画面中黄色和蓝色的色度，让色彩变通透。

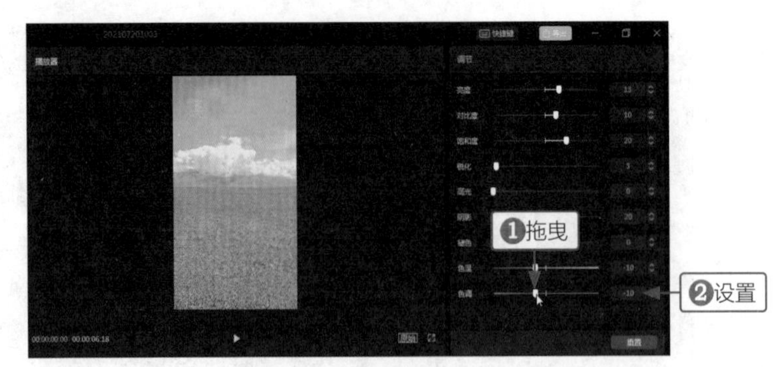

图 2-66　设置色调参数

步骤 10 调整滤镜和调节右侧的白色边框，对齐视频的时长，如图 2-67 所示。

步骤 11 ❶单击“特效”按钮；❷在“基础”特效选项卡中，单击“变清晰”特效右下角的⊕按钮，如图 2-68 所示。

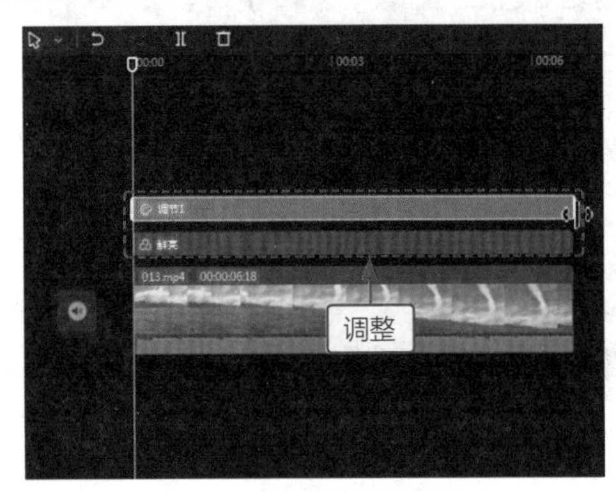

图 2-67　调整滤镜和调节的时长

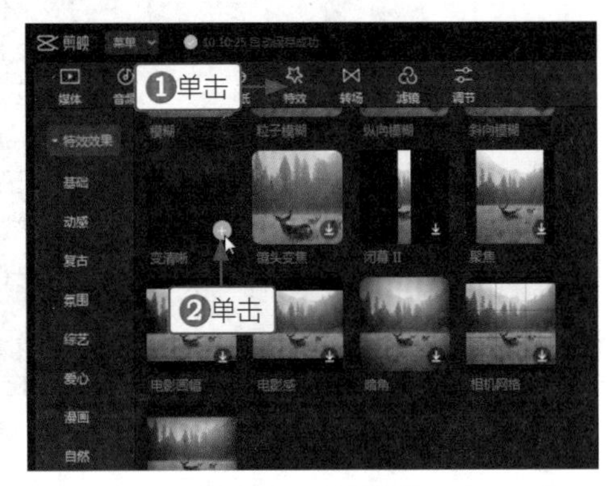

图 2-68　选择特效

步骤 12 拖曳时间指示器至视频 3s 位置，❶单击“贴纸”按钮；❷在“季节”贴纸选项卡中，单击贴纸右下角的⊕按钮，如图 2-69 所示。

步骤 13 调整贴纸的时长，对齐视频的末尾位置，如图 2-70 所示。

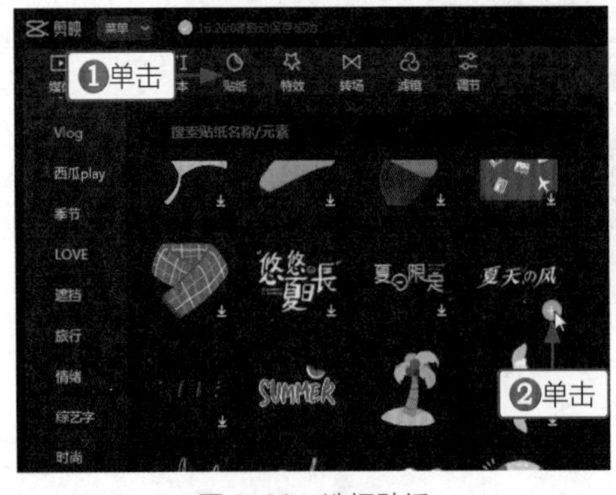

图 2-69　选择贴纸

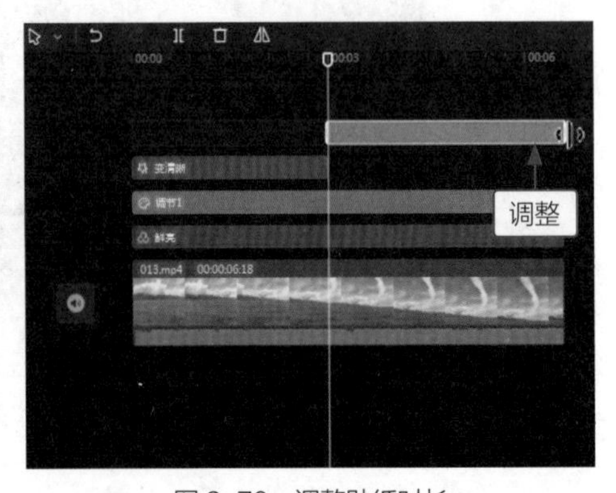

图 2-70　调整贴纸时长

步骤 14 单击“导出”按钮，预览视频前后的对比效果，如图 2-71 所示。原来视频有些浑浊，调色之后色彩变得清透，画面也变得简洁，好像由阴天变成了晴天。

图 2-71　预览视频前后的对比效果

实战014　大气唯美夕阳调色

【效果展示】：这款夕阳调色最近非常火爆，调色的方法也不复杂，有夕阳的视频都能调出这个效果。调色的原理是提高画面中冷色调和暖色调的对比，让天空变成深蓝色，把夕阳色彩的饱和度调高，整体效果大气而唯美，如图 2-72 所示。

案例效果

教学视频

图 2-72　大气唯美的夕阳调色效果展示

下面介绍在剪映中调出大气唯美夕阳色调的操作方法。

步骤 01 将素材导入剪映中，❶单击“滤镜”按钮；❷切换至“美食”滤镜选项卡；❸单击“暖食”滤镜右下角的+按钮，如图 2-73 所示。

步骤 02 ❶单击“调节”按钮；❷单击“自定义调节”右下角的+按钮，如图 2-74 所示。

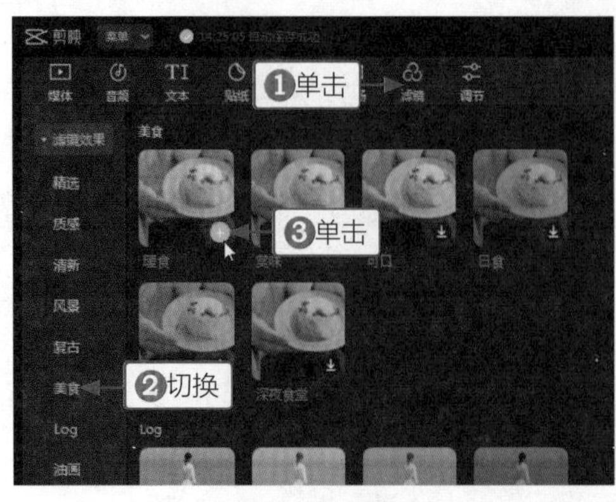

图 2-73　选择滤镜

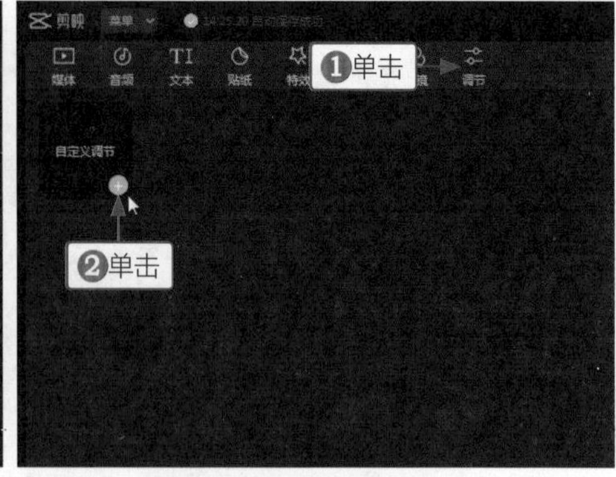

图 2-74　选择自定义调节

步骤 03 ❶拖曳“亮度”滑块；❷将参数设置为 -8，如图 2-75 示。

图 2-75　设置亮度参数

步骤 04 ❶拖曳“对比度”滑块；❷将参数设置为 6，如图 2-76 所示。

图 2-76　设置对比度参数

步骤 05 ❶拖曳“饱和度”滑块；❷将参数设置为 50，如图 2-77 所示。

图 2-77　设置饱和度参数

步骤 06 ❶拖曳“色温”滑块；❷将参数设置为 -25，如图 2-78 所示。

图 2-78　设置色温参数

步骤 07 ❶拖曳“色调”滑块；❷将参数设置为 27，如图 2-79 所示。该操作可增强画面中冷色调和暖色调的对比，让夕阳效果更加明显。

图 2-79　设置色调参数

步骤 08 调整滤镜和调节右侧的白色边框，对齐视频的时长，如图 2-80 所示。

步骤 09 操作完成后，单击“导出”按钮，如图 2-81 所示。

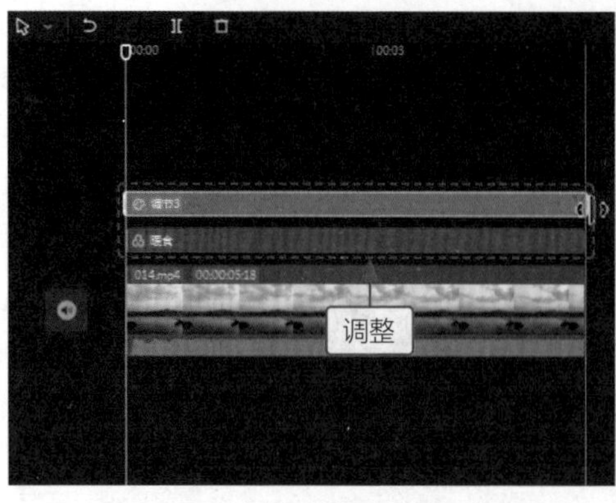

图 2-80　调整滤镜和调节的时长

图 2-81　单击“导出”按钮

步骤 10 预览视频前后的对比效果，如图 2-82 所示。之前的夕阳色彩比较暗淡，调色之后的夕阳不仅唯美，更显壮观，提升了作品的观赏性。

图 2-82　预览视频前后的对比效果

实战015　高画质的清晰调色

【效果展示】：如果拍出来的视频画质不清晰，可以用剪映中高画质的清晰调色方法改变画质，提升画面色彩饱和度和质感，让细节更加突出，让废片变佳片，效果如图 2-83 所示。

案例效果　教学视频

图 2-83　高画质的清晰调色效果展示

下面介绍在剪映中进行高画质清晰调色的操作方法。

步骤 01 将素材导入剪映中，❶单击“滤镜”按钮；❷切换至“风景”滤镜选项卡；❸单击“绿妍”滤镜右下角的⊕按钮，如图 2-84 所示。

步骤 02 ❶单击“调节”按钮；❷单击“自定义调节”右下角的⊕按钮，如图 2-85 所示。

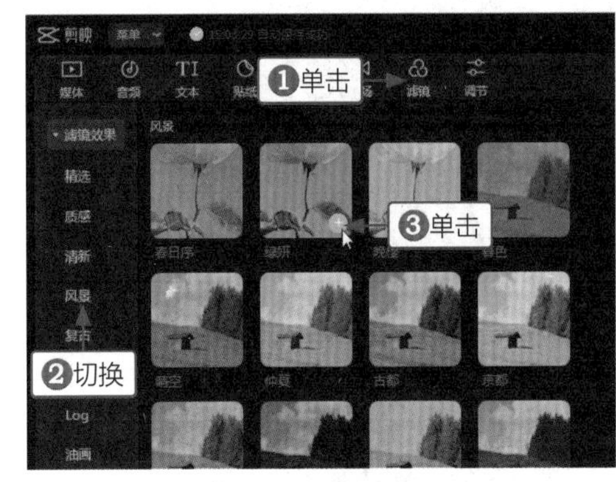

图 2-84　选择滤镜

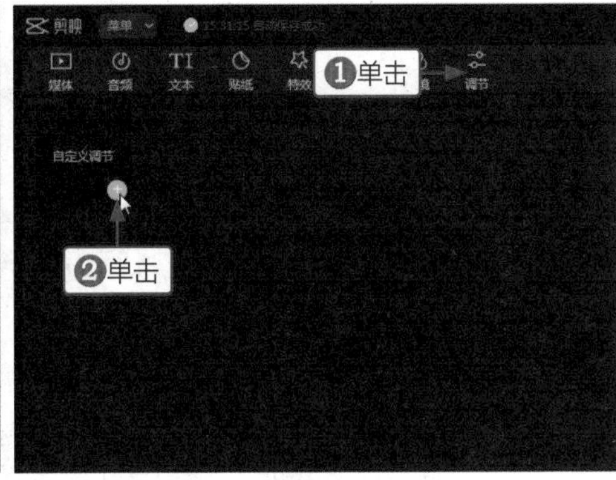

图 2-85　选择自定义调节

步骤 03 ❶拖曳“对比度”滑块；❷将参数设置为 33，如图 2-86 示。

图 2-86　设置对比度参数

步骤 04 ❶拖曳“饱和度”滑块；❷将参数设置为 21，如图 2-87 所示。

图 2-87　设置饱和度参数

步骤 05 ❶拖曳“锐化”滑块；❷将参数设置为 21，如图 2-88 所示。

图 2-88　设置锐化参数

步骤 06 ❶拖曳“色温”滑块；❷将参数设置为 -13，如图 2-89 所示。

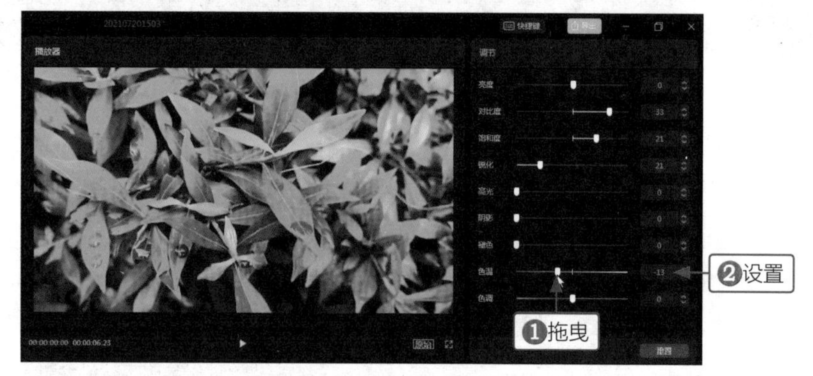

图 2-89　设置色温参数

步骤 07 ❶拖曳“色调”滑块；❷将参数设置为 -12，如图 2-90 所示。该操作使视频画面色彩变得饱和，细节更加突出。

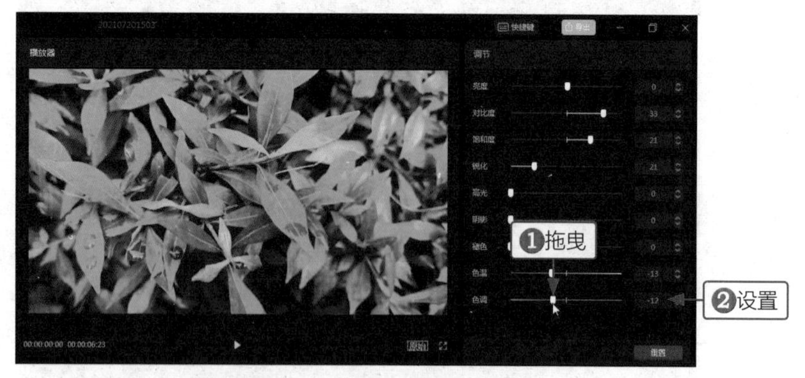

图 2-90　设置色调参数

步骤 08 调整滤镜和调节右侧的白色边框，使其对齐视频的时长，如图 2-91 所示。

步骤 09 操作完成后，单击“导出”按钮，如图 2-92 所示。

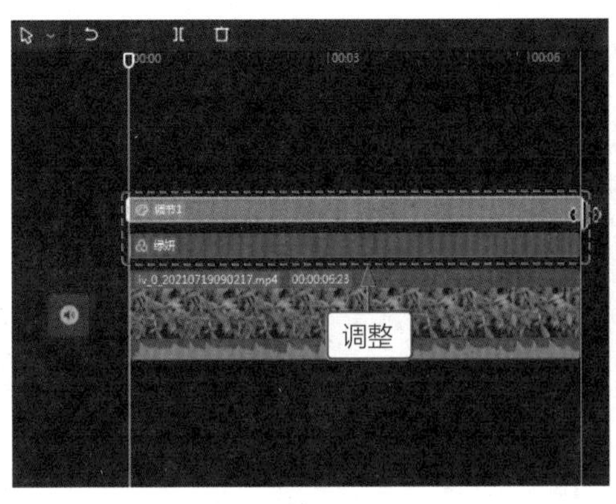

图 2-91　调整滤镜和调节的时长

图 2-92　单击“导出”按钮

步骤 10 预览视频前后的对比效果，如图 2-93 所示。视频中的叶子变得有光泽，画面色彩由暗淡变得饱和，细节也更加突出，还提升了视频整体画质。

图 2-93　预览视频前后的对比效果

专家提醒

要想画质更加清晰，可在导出步骤里设置更多参数，即可使画质效果更佳，设置的方法已在第 1 章的实战 001 版块中讲述，用户可以参考。

七月的风懒懒的

连云都变热热的

第 3 章

字幕和贴纸

我们在刷短视频的时候，常常会看到很多短视频中都添加了字幕效果，或用于歌词，或用于语音解说，让观众在短短几秒内就能看懂更多视频内容，同时这些文字还有助于观众记住发布者要表达的信息，吸引他们点赞和关注。本章将主要介绍怎样添加文字、添加花字和模板、添加贴纸、制作解说词和 KTV 字幕。

实战016　添加文本和设置样式

【效果展示】：在剪映 Windows 版中可以为视频添加文字，增加视频内容，添加文字后还可以设置样式和添加文字动画，丰富文字形式，让图文更加适配，效果如图 3-1 所示。

案例效果

教学视频

图 3-1　添加文本和设置样式效果展示

下面介绍在剪映中添加文本和设置样式的操作方法。

步骤 01 在剪映中导入视频素材，❶单击“文本”按钮；❷在“新建文本”选项卡中单击“默认文本”选项右下角的⊕按钮，如图 3-2 所示。

图 3-2　设置文本

步骤 02 在操作区的“文本”选项卡中删除原有的“默认文本”字样，输入新的文字内容，如图 3-3 所示。

图 3-3　输入新的文字内容

步骤 03 ❶选择一款喜欢的字体样式；❷选择一款文字颜色，如图 3-4 所示。

图 3-4　选择文字样式和颜色

步骤 04 ❶切换至“排列”选项区；❷选择第四款排列样式；❸调整文字的大小和位置，如图 3-5 所示。

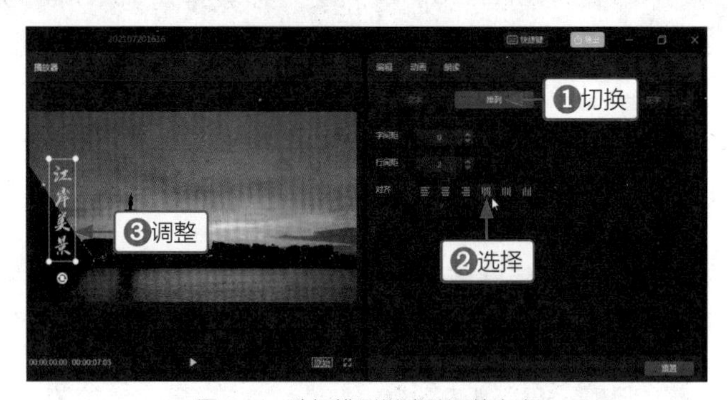

图 3-5　选择排列样式和调整文字

步骤 05 调整文字的时长，对齐视频素材时长，如图 3-6 所示。

步骤 06 ❶切换至“动画”选项卡；❷在“入场”选项区中选择“向上滑动”动画；❸设置“动画时长”为 3s，如图 3-7 所示。

图 3-6　调整文字时长

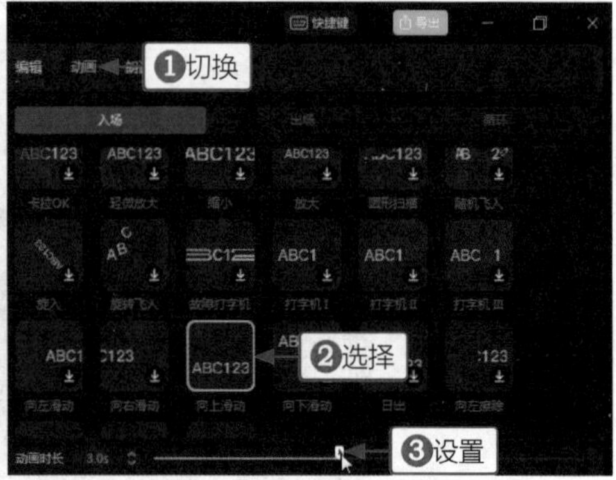

图 3-7　设置入场动画效果和时长

步骤 07 ❶切换至“出场”选项区；❷选择“溶解”动画；❸设置“动画时长”为 1s，如图 3-8 所示。

步骤 08 为文字添加动画效果后，单击“导出”按钮，如图 3-9 所示。

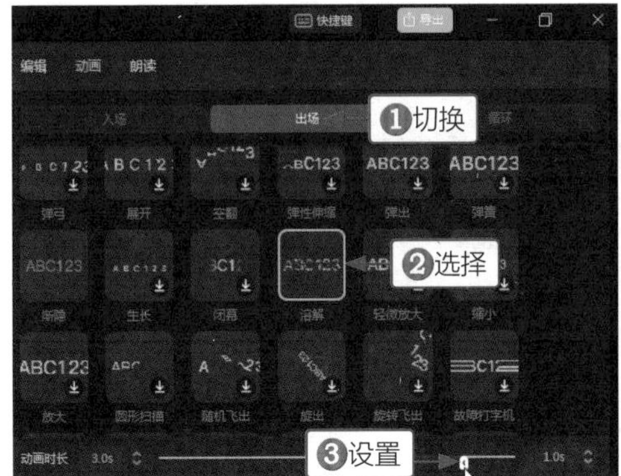

图 3-8　设置出场动画效果和时长

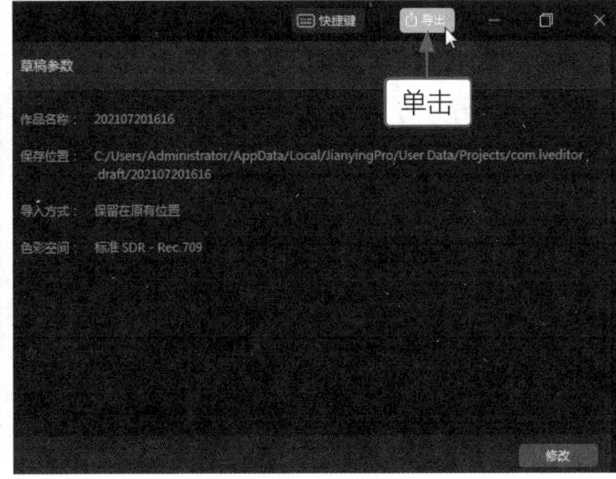

图 3-9　单击“导出”按钮

步骤 09 导出并播放视频，如图 3-10 所示。可以看到文字在左边从下往上升起，视频结束时溶解消失，添加文字可以丰富视频内容。

图 3-10　导出并播放视频

实战017　选择花字和添加模板

【效果展示】：如果视频中有一些瑕疵或者水印，可以添加花字和气泡，不仅可以遮挡，还可以丰富视频内容。剪映中自带了文字模板，款式多样且不需要设置样式，一键即可套用，非常方便，效果如图 3-11 所示。

案例效果

教学视频

图 3-11　选择花字和添加模板效果展示

下面介绍在剪映中选择花字和添加模板的操作方法。

步骤 01 在剪映中导入一段视频素材，如图 3-12 所示。

步骤 02 ❶单击“文本”按钮；❷在“新建文本”选项卡中单击“花字”按钮；❸单击所选花字右下角的⊕按钮，如图 3-13 所示。

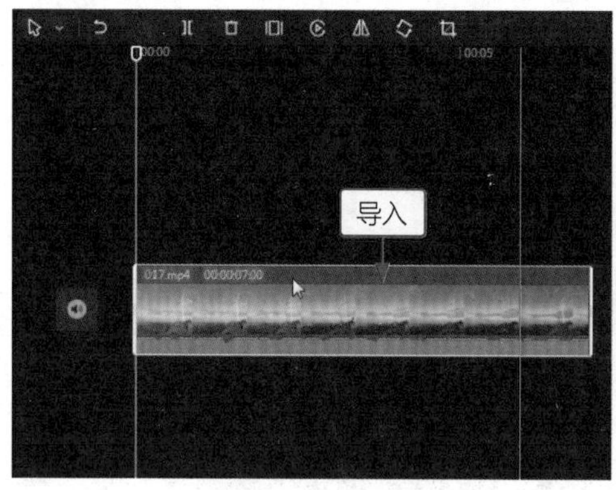

图 3-12　导入视频素材

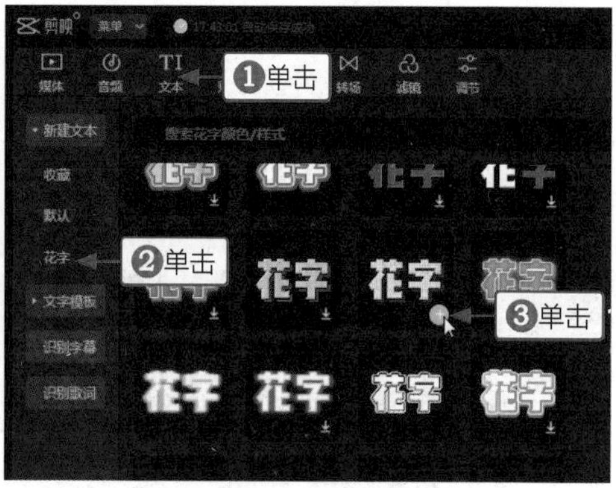

图 3-13　选择花字样式

步骤 03 在操作区的“文本”选项卡中删除原有的“默认文本”字样，输入新的文字内容，如图 3-14 所示。

图 3-14　输入新的文字内容

步骤 04 ❶切换至“气泡”选项区；❷选择一款气泡样式；❸调整气泡的大小和位置，如图 3-15 所示。

图 3-15　选择气泡样式并调整

步骤 05 ❶切换至“文字模板”选项卡；❷在“标记”选项区中选择一款模板；❸调整模板的大小和位置，如图 3-16 所示。

图 3-16　选择文字模板并调整

步骤 06 调整两条文字的时长，对齐视频素材的时长，如图 3-17 所示。

步骤 07 操作完成后，单击“导出”按钮，如图 3-18 所示。

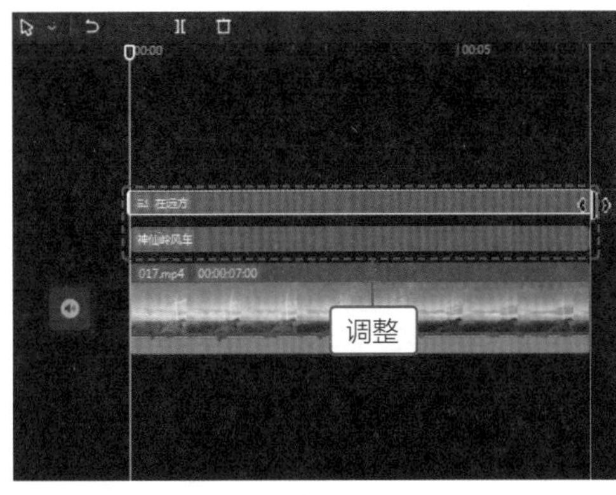

图 3-17　调整文字时长

图 3-18　单击“导出”按钮

步骤 08 导出并播放视频，如图 3-19 所示。可以看到原来的水印被遮挡住了，文字也透露出了视频的相关信息，具有指示作用。

图 3-19　导出并播放视频

实战018　添加贴纸为视频增加趣味

【效果展示】：在剪映中有非常多的贴纸，风格种类多样，用户可以根据视频的效果，添加相应类型的贴纸，比如搞笑视频就可以添加一些有综艺感的贴纸，增强视频的趣味性，效果如图 3-20 所示。

案例效果

教学视频

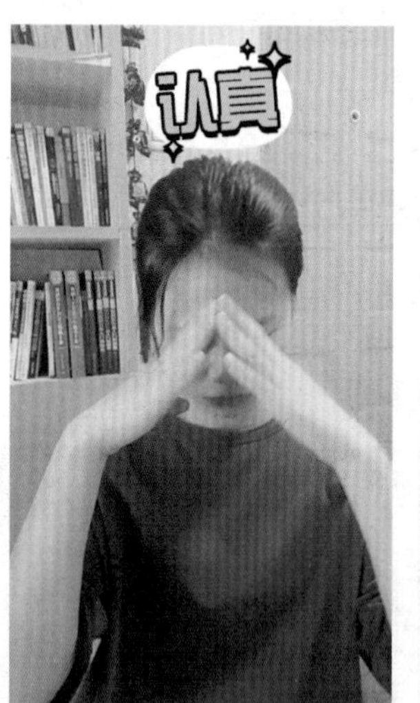

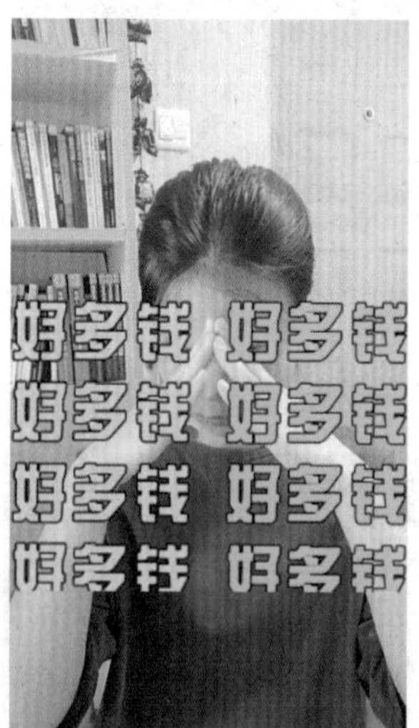

图 3-20　添加贴纸效果展示

专家提醒

本节会涉及添加音效的知识，读者可前往第 4 章学习具体操作方法。

下面介绍在剪映中添加贴纸的操作方法。

步骤 01 在剪映中导入一段视频素材，如图 3-21 所示。

步骤 02 ❶单击“贴纸”按钮；❷切换至“综艺字”选项卡；❸单击“认真”贴纸右下角的⊕按钮，如图 3-22 所示。

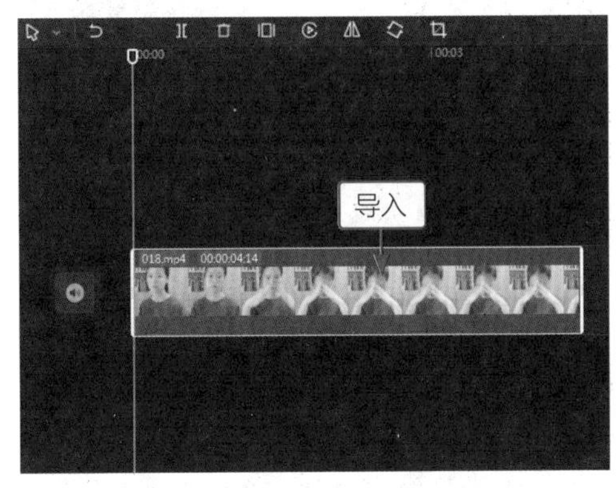

图 3-21 导入视频素材

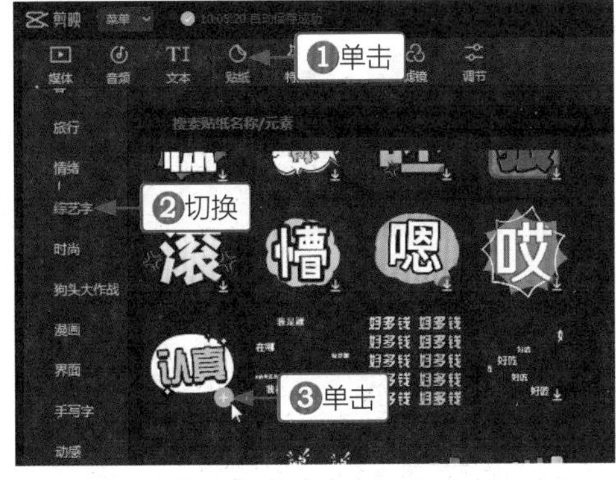

图 3-22 选择贴纸样式

步骤 03 调整贴纸的时长为 1s 左右，如图 3-23 所示。

步骤 04 拖曳时间指示器至“认真”贴纸的末尾位置，在“综艺字”选项卡中单击所选贴纸右下角的⊕按钮，如图 3-24 所示。

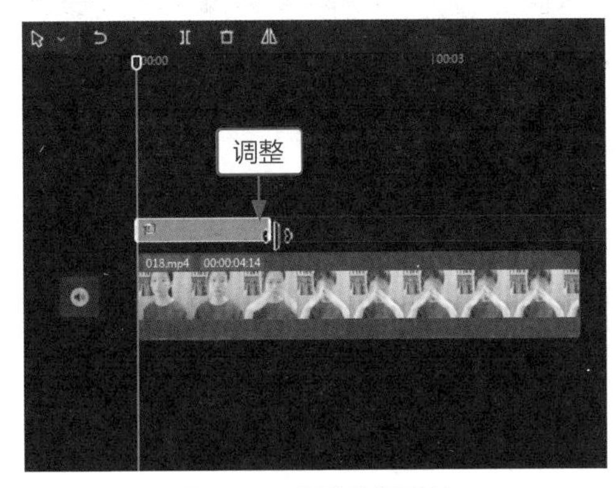

图 3-23 调整贴纸时长

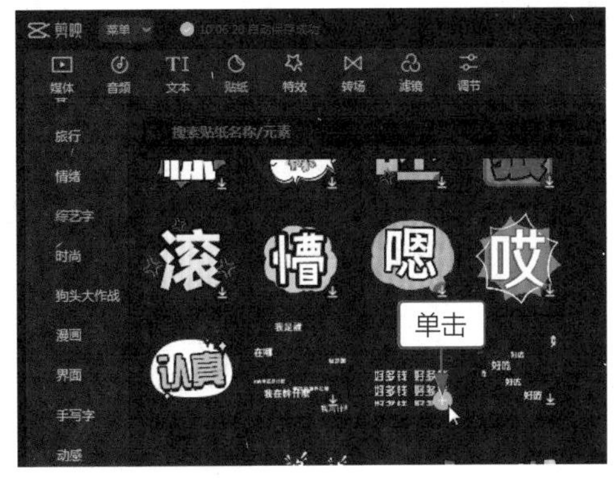

图 3-24 添加贴纸样式

步骤 05 调整贴纸时长，对齐视频末尾位置，如图 3-25 所示。

步骤 06 在预览窗口中调整两段贴纸的大小和位置，如图 3-26 所示。

步骤 07 根据视频效果，添加三段音效，如图 3-27 所示。

步骤 08 操作完成后，单击“导出”按钮，如图 3-28 所示。

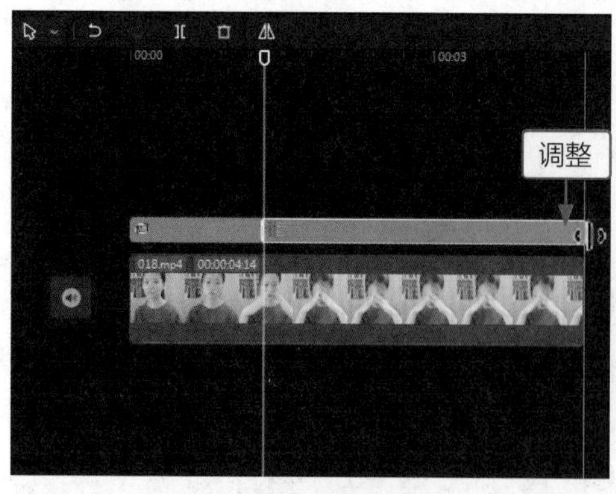

图 3-25　调整贴纸时长

图 3-26　调整贴纸的大小和位置

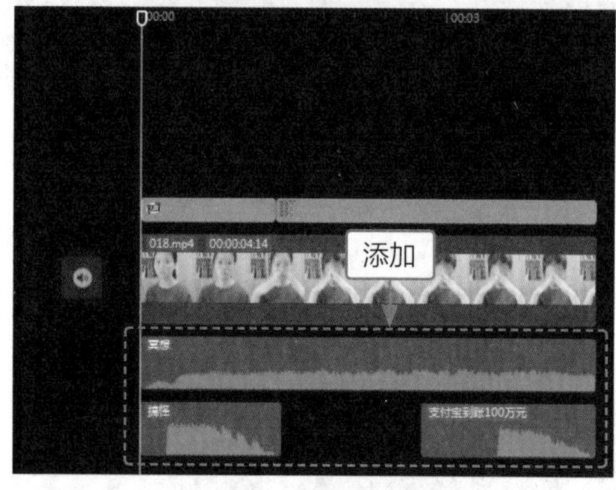

图 3-27　添加音效

图 3-28　单击“导出”按钮

步骤 09 导出并播放视频，如图 3-29 所示。视频添加贴纸后，变得更加生动有趣，而且很有综艺效果。

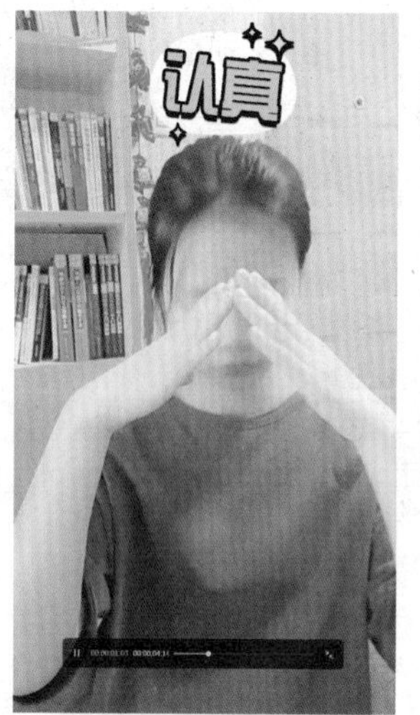

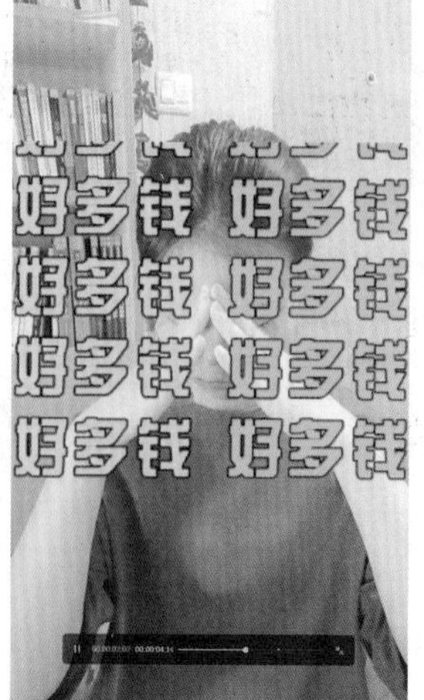

图 3-29　导出并播放视频

实战019 运用识别字幕功能制作解说词

【效果展示】：在剪映中运用识别字幕功能，能够识别视频中的人声并自动生成字幕，后期稍微设置一下就可制作解说词，非常方便，效果如图 3-30 所示。

案例效果

教学视频

图 3-30 识别字幕效果展示

下面介绍在剪映中识别字幕的操作方法。

步骤 01 在剪映中导入一段视频素材，如图 3-31 所示。

步骤 02 ❶单击“文本”按钮；❷切换至“识别字幕”选项卡；❸单击“开始识别”按钮，如图 3-32 所示。

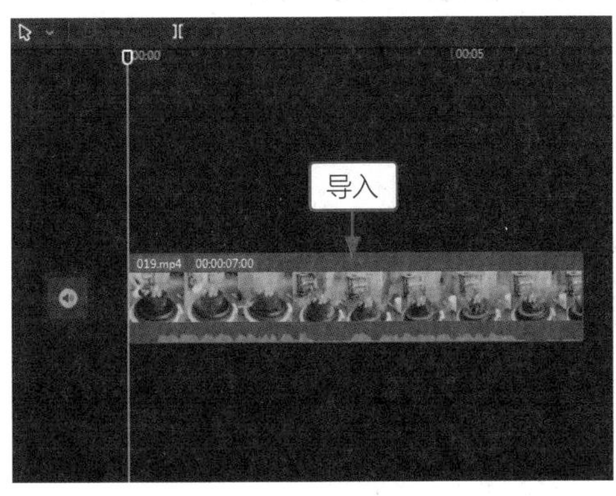

图 3-31 导入视频素材

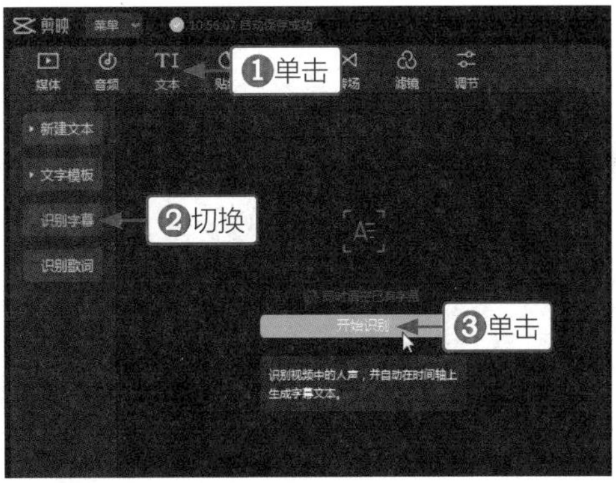

图 3-32 识别字幕

步骤 03 弹出“字幕识别中”进度框，如图 3-33 所示。

步骤 04 识别完成后生成文字，后期根据需要调整文字内容，如图 3-34 所示。

步骤 05 ❶为文字选择一款合适的字体；❷单击“导出”按钮，如图 3-35 所示。

步骤 06 导出并播放视频，如图 3-36 所示。视频根据语音自动生成解说字幕，非常方便，免去了手动添加字幕的步骤。

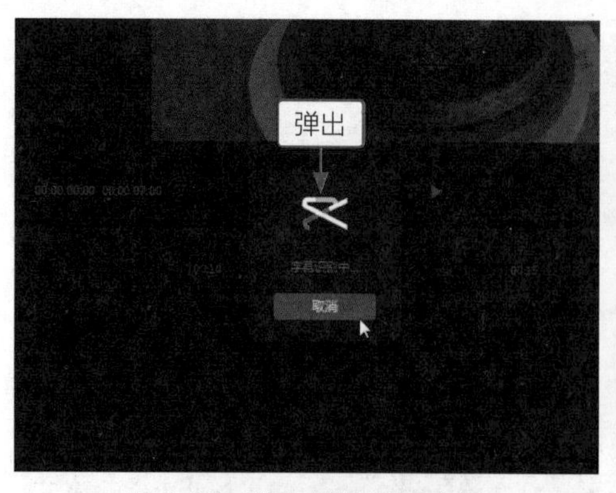

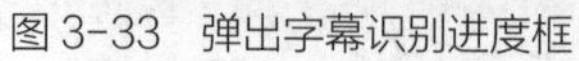

图 3-33　弹出字幕识别进度框

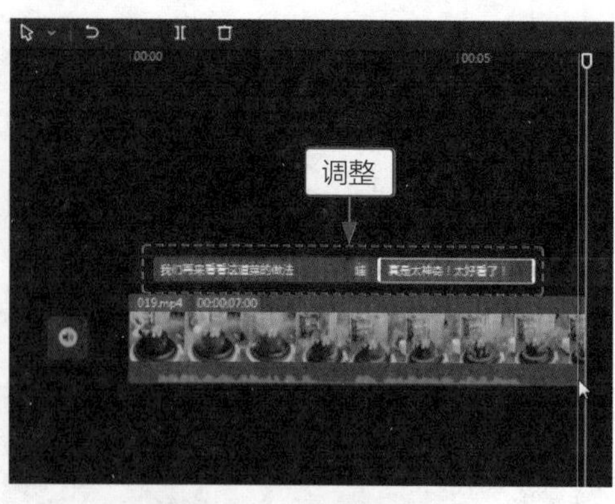

图 3-34　生成并调整文字

图 3-35　选择字体并导出

图 3-36　导出并播放视频

实战020　运用识别歌词功能制作KTV字幕

【效果展示】：在剪映中运用识别歌词功能可以制作 KTV 歌词字幕，让文字随着歌词一步步变色，就好像卡拉 OK 中的歌词一般，效果与背景音乐搭配，如图 3-37 所示。

案例效果

教学视频

图 3-37　识别歌词效果展示

下面介绍在剪映中识别歌词的操作方法。

步骤 01 在剪映中导入一段视频素材，如图 3-38 所示。

步骤 02 ❶单击“文本”按钮；❷切换至“识别歌词”选项卡；❸单击“开始识别”按钮，如图 3-39 所示。

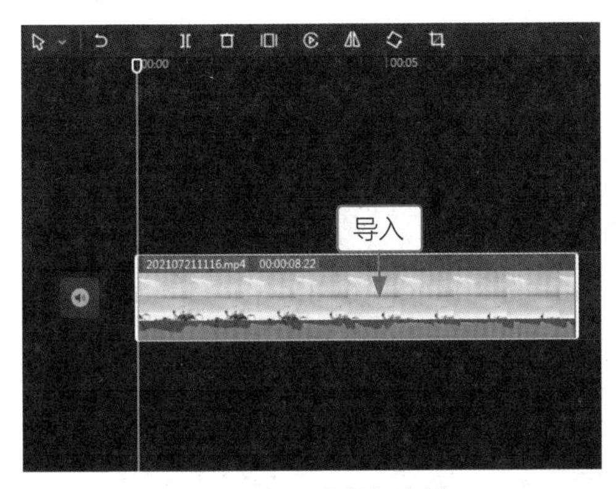

图 3-38　导入视频素材

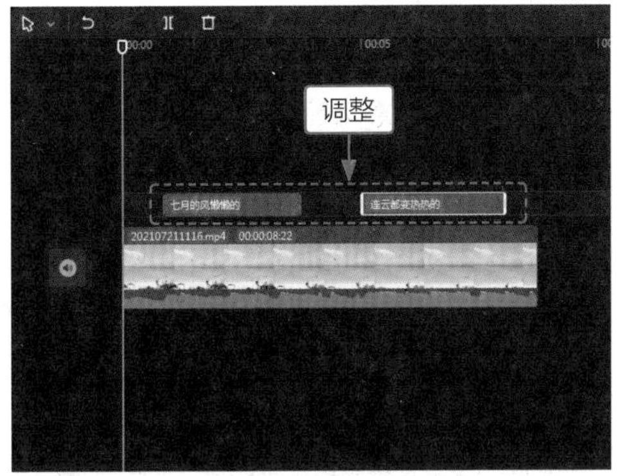

图 3-39　识别歌词

步骤 03 弹出“歌词识别中”进度框，如图 3-40 所示。

步骤 04 识别完成后生成文字，后期根据需要调整文字内容，如图 3-41 所示。

图 3-40　弹出歌词识别进度框

图 3-41　调整文字内容

步骤 05 取消选中“文本、排列、气泡、花字应用到全部识别歌词”复选框，如图 3-42 所示。

图 3-42　取消选中复选框

步骤 06 选择第一段文字，❶选择“卡拉 OK”入场动画；❷设置“动画时长”为最大，如图 3-43 所示。

步骤 07 选择第二段文字，❶选择“卡拉 OK”入场动画；❷设置“动画时长”为最大，如图 3-44 所示。

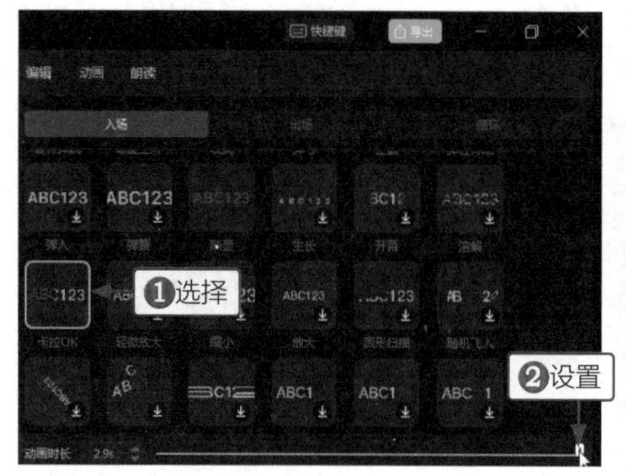

图 3-43　选择第一段文字动画并设置时长

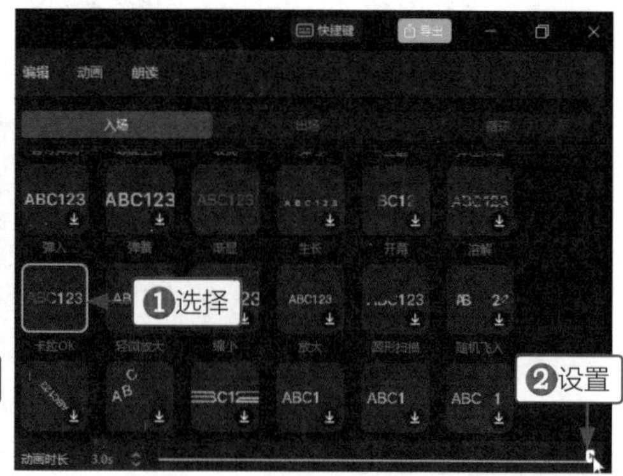

图 3-44　选择第二段文字动画并设置时长

步骤 08 调整文字的时长，对齐视频素材末尾位置，如图 3-45 所示。

步骤 09 为两段文字设置合适的字体样式，如图 3-46 所示。

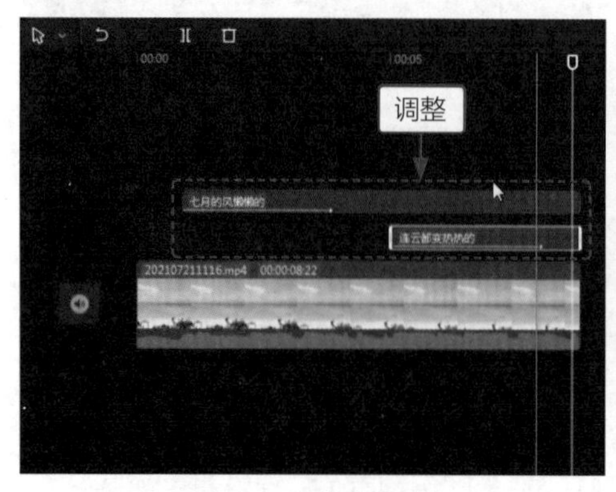

图 3-45　调整文字时长

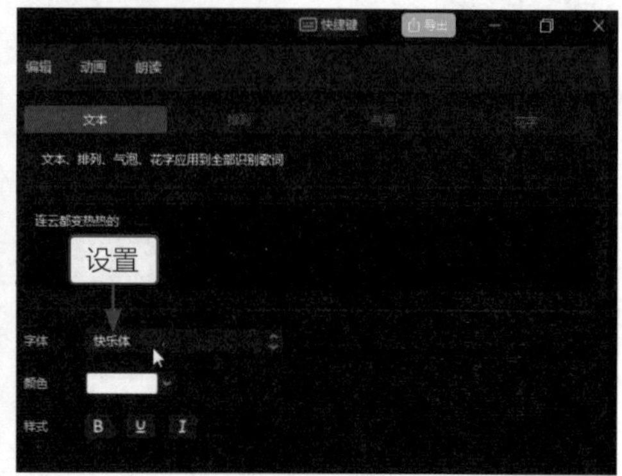

图 3-46　设置字体样式

专家提醒

在设置字体样式时，因为前面的步骤取消选中了“文本、排列、气泡、花字应用到全部识别歌词”复选框，所以是分别设置字体的，如果想要统一设置字体，也可以先选中该复选框，这样操作会更快捷。

步骤 10 调整两段文字的大小和位置，如图 3-47 所示。

步骤 11 操作完成后，单击“导出”按钮，如图 3-48 所示。

图 3-47　调整文字大小和位置

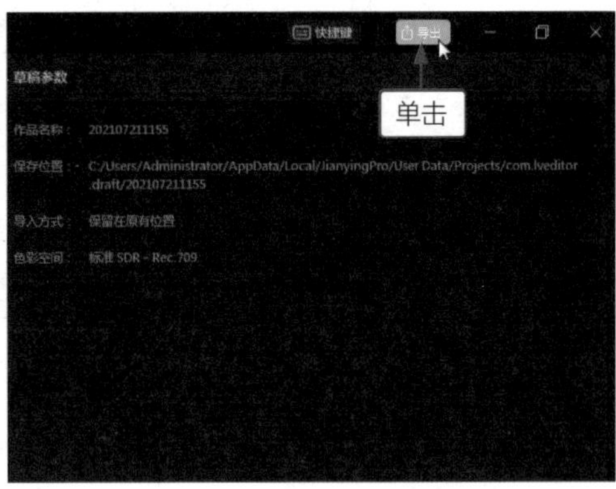

图 3-48　单击“导出”按钮

步骤 12 导出并播放视频，如图 3-49 所示。视频中的 KTV 字幕效果就如同卡拉 OK 一般，歌词文字搭配，更有味道。

图 3-49　导出并播放视频

第 4 章

音乐和卡点

背景音乐是视频中不可或缺的元素，合适的音乐能为视频增加记忆点和亮点。本章将主要介绍如何添加音频和裁剪时长、添加音效和设置音量、提取音频和设置淡化，以及运用自动踩点功能制作花朵卡点视频、运用手动踩点功能制作滤镜卡点视频、制作九宫格美食卡点视频、制作照相机边框卡点视频和精彩的跳舞卡点视频，利用音乐为视频增色添彩，帮助大家做出各种有趣的卡点视频。

实战021　添加音频和裁剪时长

案例效果

教学视频

【效果展示】：在剪映中添加音频之后，还需要对音频进行剪辑，从而使音乐更适配视频，效果如图 4-1 所示。

图 4-1　添加音频和裁剪时长效果展示

下面介绍在剪映中添加音频和裁剪时长的操作方法。

步骤 01 在剪映中导入一段视频素材，如图 4-2 所示。

步骤 02 ❶单击“音频”按钮；❷切换至“运动”选项卡；❸单击所选音频右下角的⊕按钮，如图 4-3 所示。

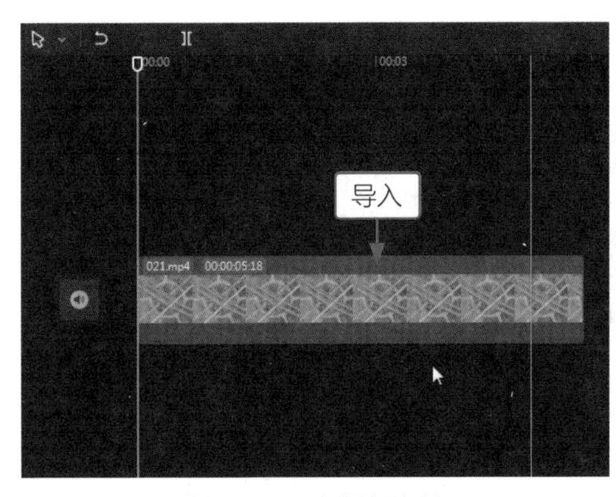

图 4-2　导入视频素材

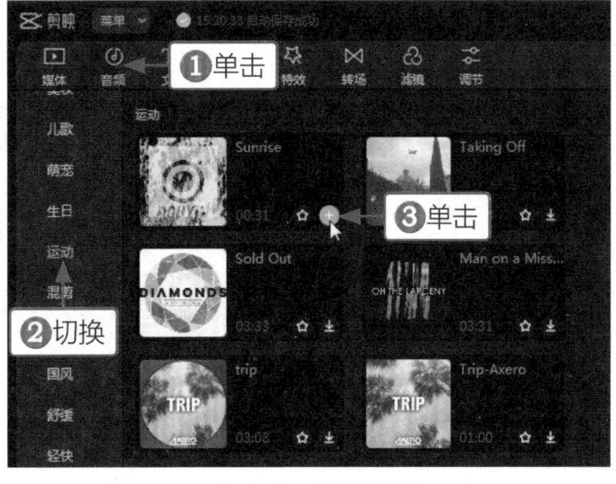

图 4-3　选择音频

步骤 03 ❶拖曳时间指示器至视频素材末尾位置；❷单击“分割”按钮▮▮，如图 4-4 所示。

步骤 04 单击“删除”按钮▢，删除后半段多余的音频，如图 4-5 所示。

步骤 05 单击“导出”按钮，导出并播放视频，如图 4-6 所示。

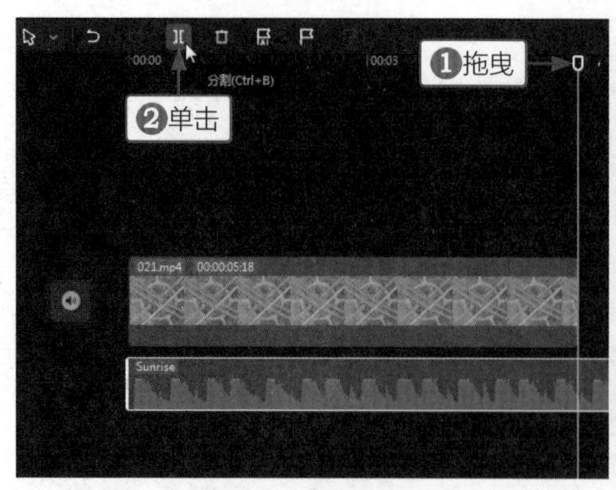

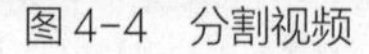
图 4-4　分割视频

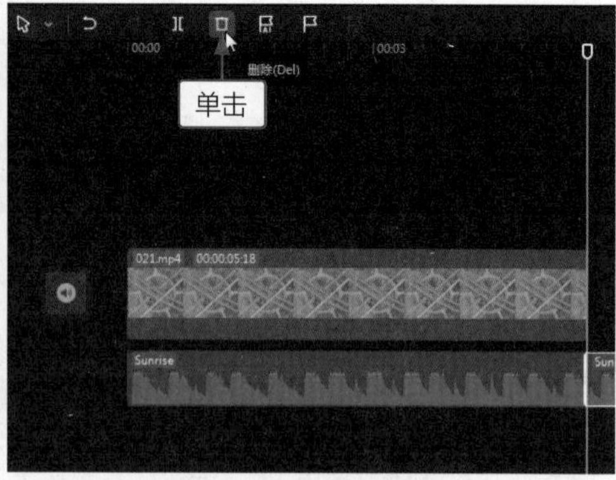

图 4-5　删除多余音频

图 4-6　导出并播放视频

用户在剪辑音频时，可以根据想要留取的音乐片段来剪辑时长。

实战022　添加音效和设置音量

【效果展示】：剪映中的音效类别非常多，根据视频场景可以添加很多音效，这样能让音频内容更加丰富，还可以设置音量值调整音量大小，效果如图 4-7 所示。

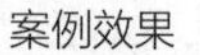
案例效果

教学视频

图 4-7　添加音效和设置音量效果展示

下面介绍在剪映中添加音效和设置音量的操作方法。

步骤 01 在剪映中导入一段视频素材，❶单击"音频"按钮；❷切换至"音效素材"选项卡，如图 4-8 所示。

步骤 02 ❶切换至"环境音"选项区；❷单击"海浪"音效右下角的⊕按钮，如图 4-9 所示。

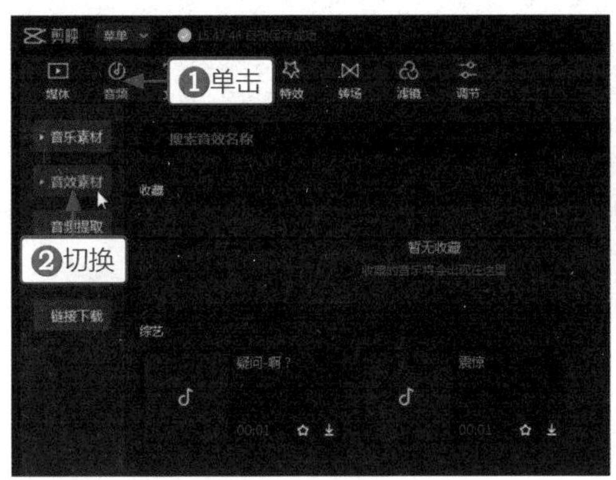

图 4-8　选择音频

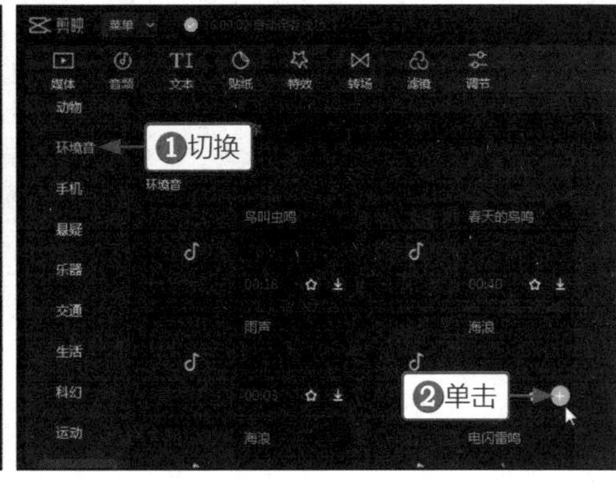

图 4-9　添加"海浪"音效

专家提醒

剪映中的音效类别十分丰富，有十几种之多，选择与视频场景最搭配的音效非常重要，而且这些音效可以叠加使用，还能叠加背景音乐，使场景中的声音更加丰富。

怎么选择最合适的音效呢？这就需要用户挨个音效去试听和选择了。

步骤 03 ❶切换至"动物"选项区；❷单击"海鸥的叫声"音效右下角的⊕按钮，如图 4-10 所示。

步骤 04 调整两段音效的时长，对齐视频素材时长，如图 4-11 所示。

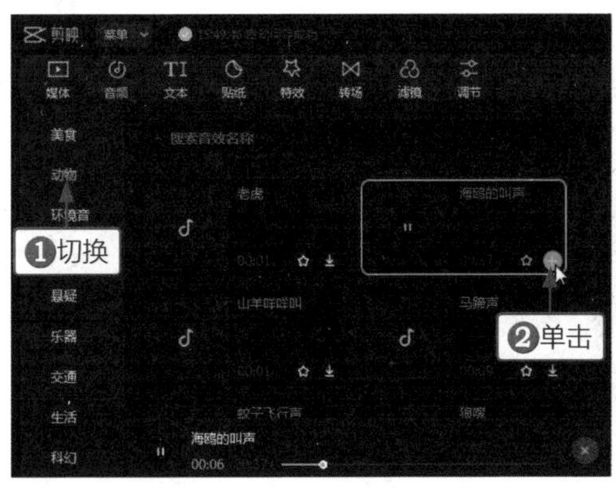

图 4-10　添加"海鸥的叫声"音效

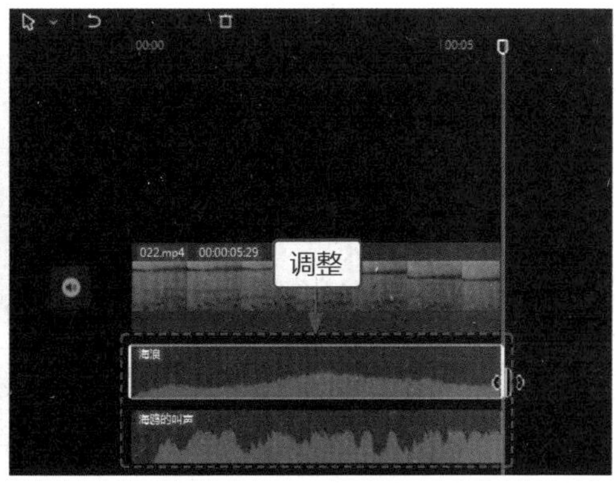

图 4-11　调整音效时长

步骤 05 选择“海浪”音效，设置“音量”为 -12.3dB，如图 4-12 所示。

步骤 06 选择“海鸥的叫声”音效，设置“音量”为 -19.7dB，如图 4-13 所示。

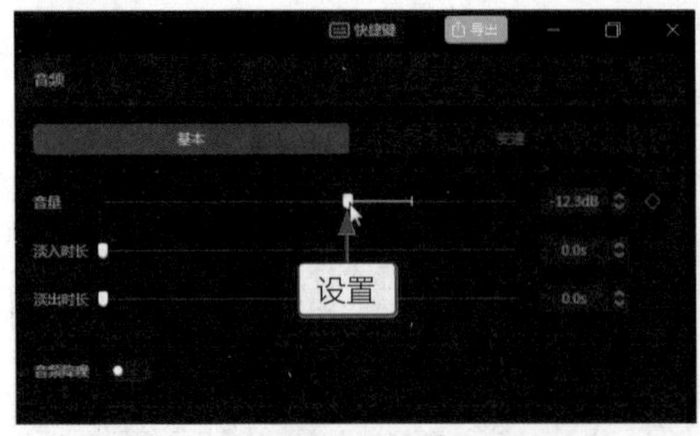

图 4-12　设置“海浪”音效的音量

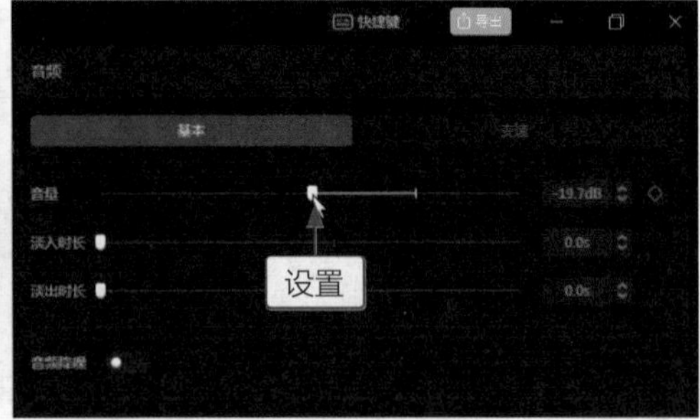

图 4-13　设置“海鸥的叫声”音效的音量

步骤 07 单击“导出”按钮，导出并播放视频，如图 4-14 所示。

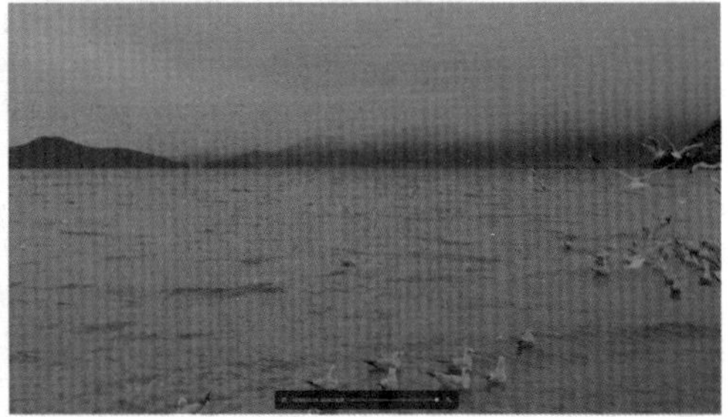

图 4-14　导出并播放视频

实战023　提取音频和设置淡化

【效果展示】：剪映中的提取音频功能可以提取并使用其他视频的背景音乐，设置淡化功能可以让音频前后进场和出场变得更加自然，效果如图 4-15 所示。

案例效果

教学视频

图 4-15　提取音频和设置淡化效果展示

下面介绍在剪映中提取音频和设置淡化的操作方法。

步骤 01 在剪映中导入一段视频素材，如图 4-16 所示。

步骤 02 ❶单击“音频”按钮；❷切换至“音频提取”选项卡；❸单击“导入素材”按钮，如图 4-17 所示。

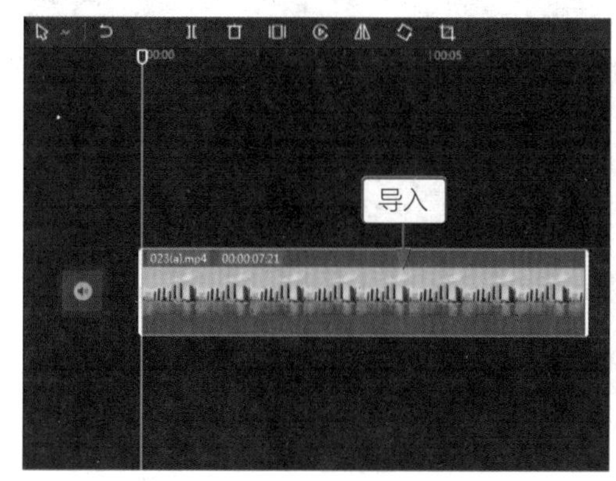

图 4-16　导入视频素材

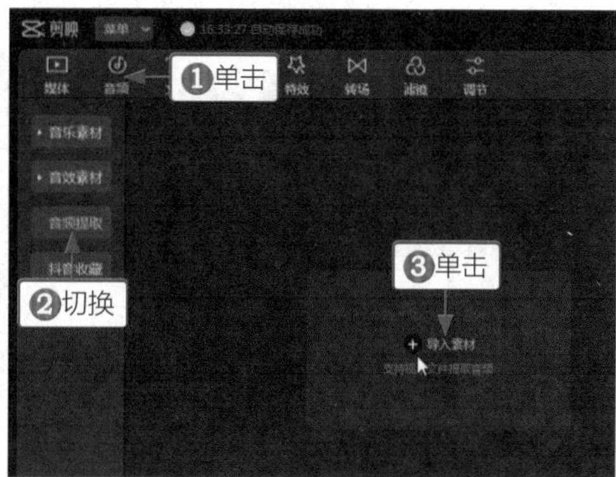

图 4-17　导入音频素材

步骤 03 ❶选择要提取音频的视频素材；❷单击“打开”按钮，如图 4-18 所示。

步骤 04 单击提取音频文件右下角的按钮，如图 4-19 所示。

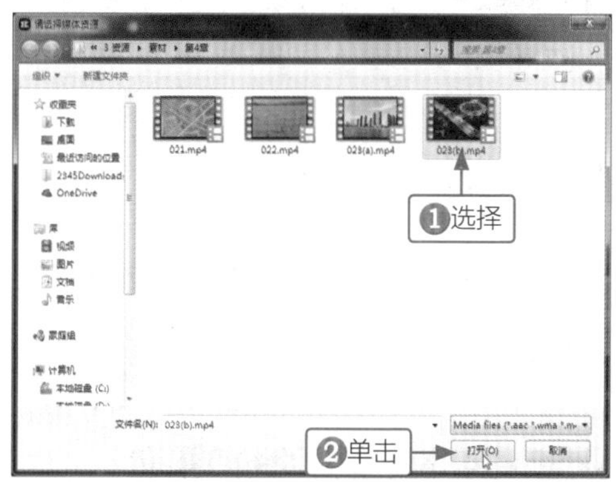

图 4-18　选择音频文件

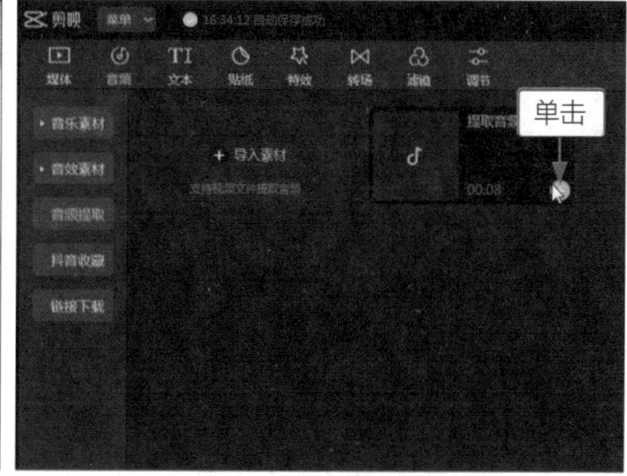

图 4-19　提取音频

步骤 05 调整音频时长，对齐视频素材的时长，如图 4-20 所示。

步骤 06 在“音频”操作区中设置“淡入时长”和“淡出时长”都为 0.3s，如图 4-21 所示。

步骤 07 单击“导出”按钮，导出并播放视频，如图 4-22 所示。

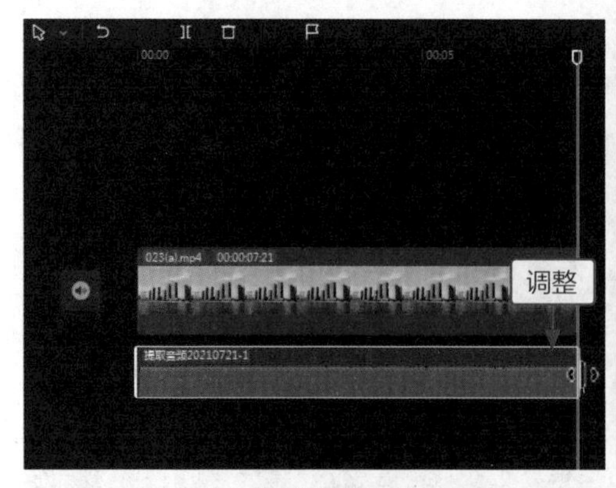

图 4-20　调整并对齐音频时长

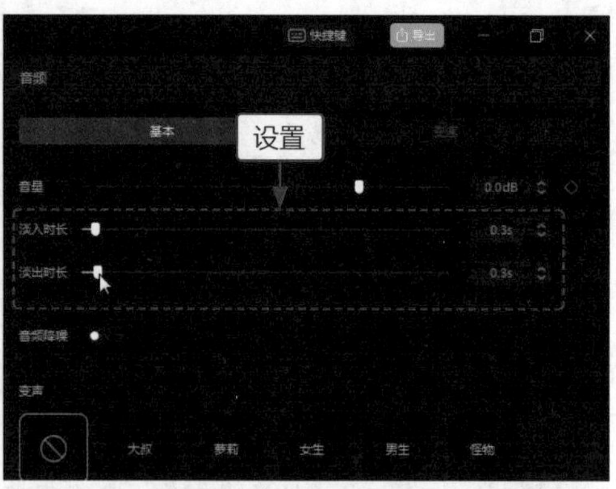

图 4-21　设置淡化时长

图 4-22　导出并播放视频

实战024　运用自动踩点功能制作花朵卡点视频

【效果展示】：制作卡点视频的重点在于对音乐节奏卡点的把握，因此自动踩点功能为音乐提供了节奏点，根据节奏做出花朵卡点视频，非常方便，效果如图 4-23 所示。

案例效果

教学视频

图 4-23　花朵卡点效果展示

下面介绍在剪映中运用自动踩点功能制作花朵卡点视频的操作方法。

步骤 01 在剪映中导入十七张花朵照片素材，如图 4-24 所示。

步骤 02 ❶单击“音频”按钮；❷切换至“抖音收藏”选项卡；❸单击所选音乐右下角的⊕按钮，如图 4-25 所示。

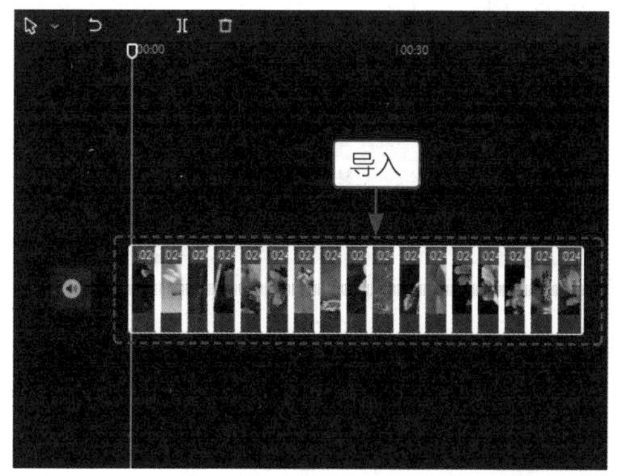

图 4-24　导入照片素材

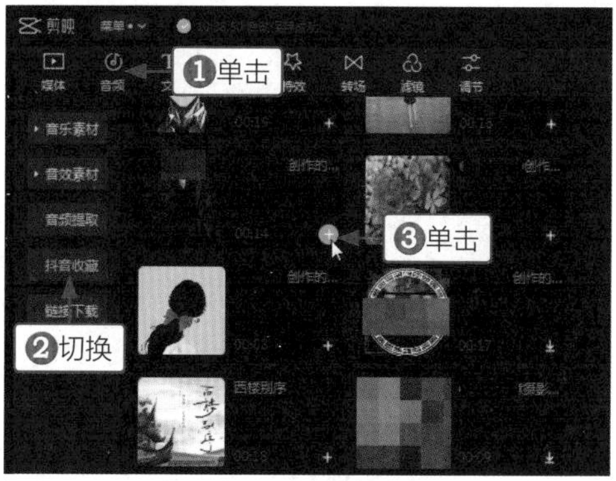

图 4-25　选择音频素材

步骤 03 ❶单击“自动踩点”按钮；❷选择“踩节拍 II”选项，如图 4-26 所示。

步骤 04 根据音乐节奏和小黄点的位置，调整每段素材的时长，如图 4-27 所示。

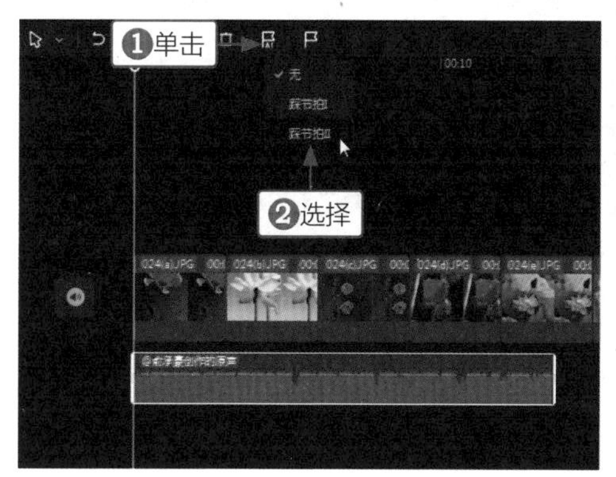

图 4-26　选择“踩节拍 II”选项

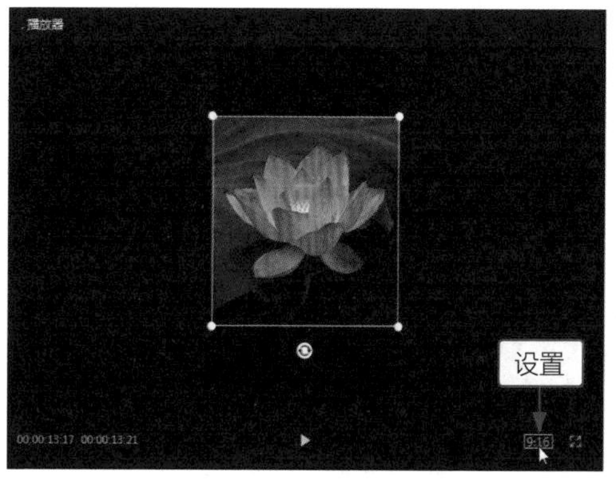

图 4-27　调整素材时长

步骤 05 在预览窗口中设置画面比例为 9∶16，如图 4-28 所示。

步骤 06 ❶在“画面”面板中单击“背景”选项卡；❷选择“模糊”背景填充选项；❸选择第四个模糊样式；❹单击“应用到全部”按钮，如图 4-29 所示。

步骤 07 选择第一段素材，❶单击“动画”选项卡；❷切换至“组合”选项区；❸选择“方片转动”动画，如图 4-30 所示。用同样的方法，为剩下的素材添加不同的动

图 4-28　设置画面比例

画，使素材之间的切换变得动感十足。

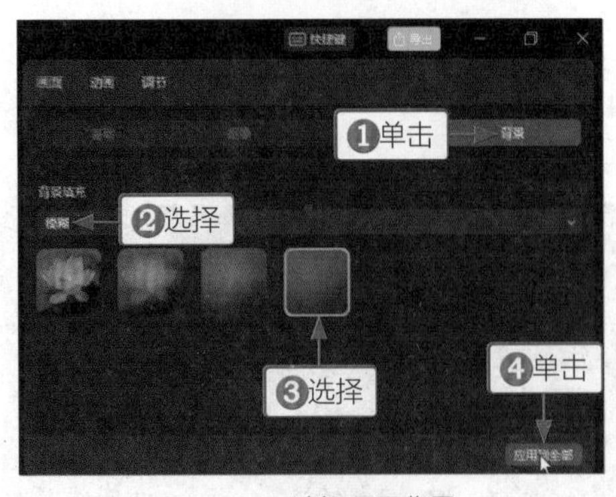

图 4-29　选择画面背景

图 4-30　选择动画效果

步骤 08 单击“导出”按钮，导出并播放视频，如图 4-31 所示。

图 4-31　导出并播放视频

实战025　运用手动踩点功能制作滤镜卡点视频

【效果展示】：在剪映中可以根据音乐节奏手动踩点，还可根据音乐节奏切换出不同的滤镜，让单调的视频画面变得更好看，效果如图 4-32 所示。

案例效果

教学视频

图 4-32　滤镜卡点效果展示

下面介绍在剪映中运用手动踩点功能制作滤镜卡点视频的操作方法。

步骤 01 在剪映中导入一段视频素材，如图 4-33 所示。

步骤 02 ❶单击“音频”按钮；❷切换至“抖音收藏”选项卡；❸单击所选音乐右下角的⊕按钮，如图 4-34 所示。

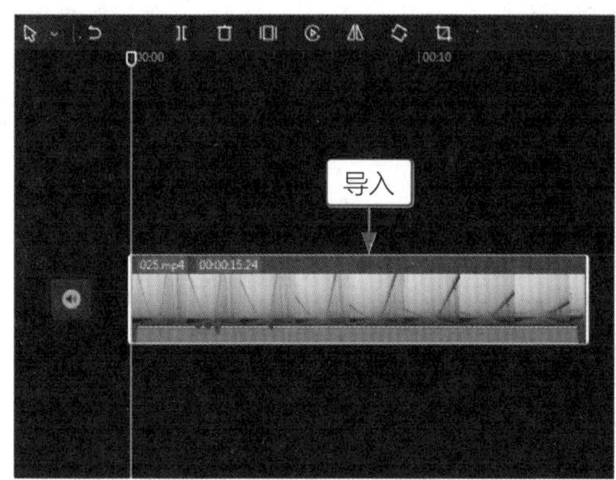

图 4-33　导入视频素材

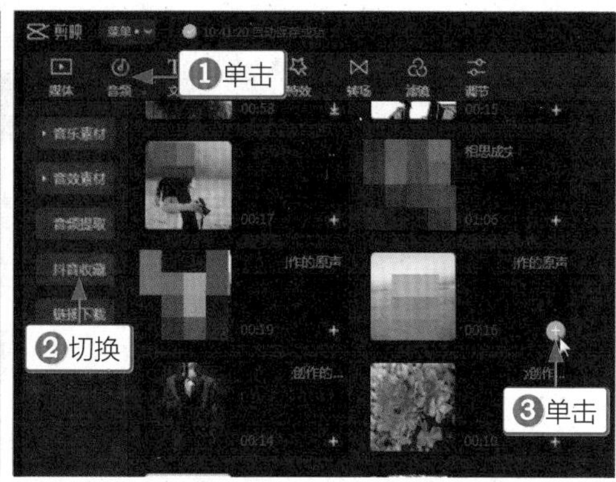

图 4-34　选择音频素材

步骤 03 单击“手动踩点”按钮，即可在音频素材上添加黄色的小圆点，如图 4-35 所示。

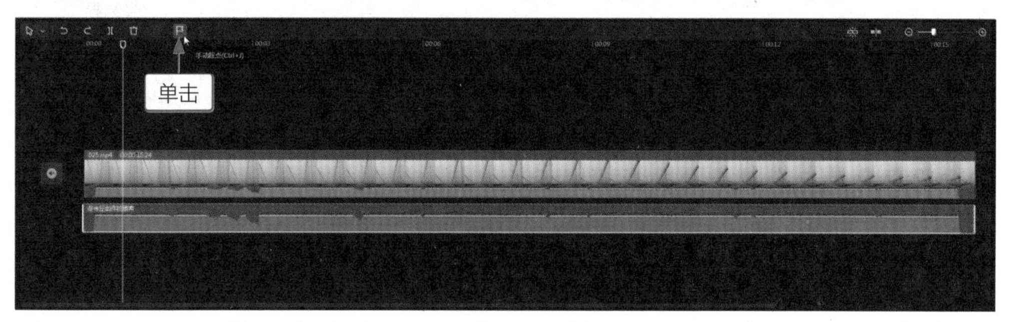

图 4-35　单击“手动踩点”按钮

步骤 04 单击“删除踩点”按钮或者“清空踩点”按钮，即可删除节奏点，如图 4-36 所示。

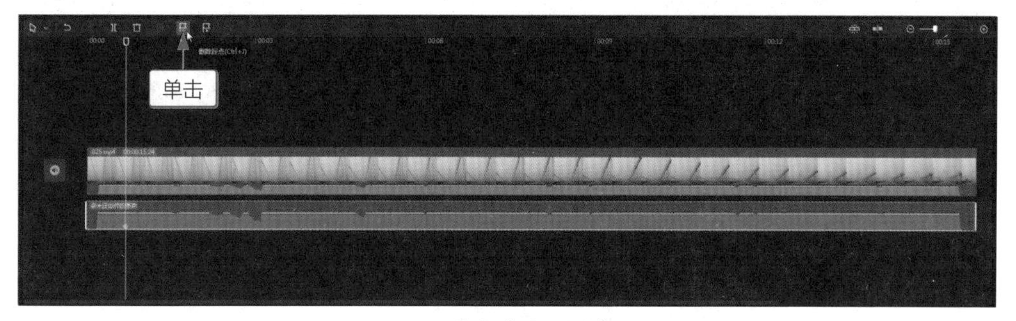

图 4-36　单击“删除踩点”按钮

步骤 05 根据音乐节奏的起伏，单击“手动踩点”按钮，为视频添加小黄点，如图 4-37 所示。

图 4-37　添加小黄点

步骤 06 ❶单击“滤镜”按钮；❷切换至“风格化”选项卡；❸单击“牛皮纸”滤镜右下角的⊕按钮，如图 4-38 所示。

步骤 07 调整滤镜的时长，对齐第一个小黄点，如图 4-39 所示。

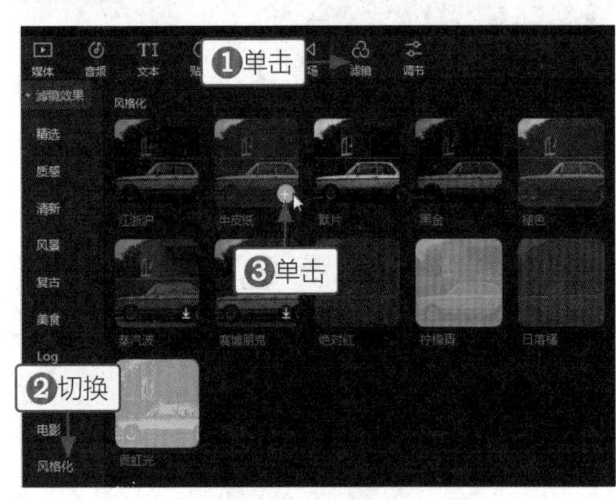

图 4-38　选择滤镜

图 4-39　调整滤镜的时长

步骤 08 根据小黄点的位置，为剩下的视频添加不同的滤镜，如图 4-40 所示。

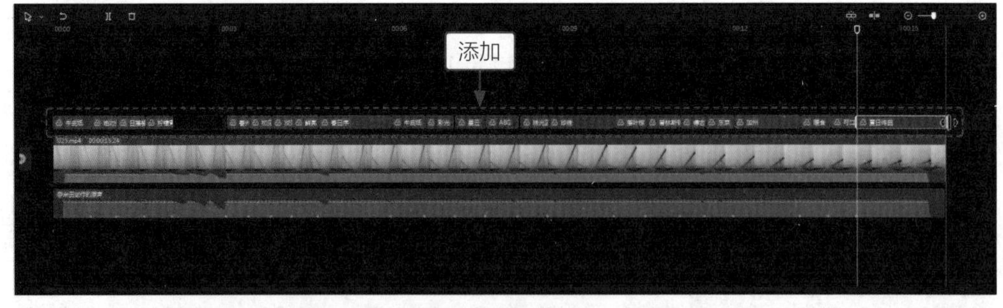

图 4-40　添加滤镜

步骤 09 ❶单击“文本”按钮；❷切换至“文字模板”选项卡；❸在“标题”选项区中单击“冬日旅行”模板右下角的⊕按钮；❹更改文字内容；❺调整文字的时长，对齐视频素材时长；❻调整文字大小，如图 4-41 所示。

步骤 10 单击“导出”按钮，导出并播放视频，如图 4-42 所示。

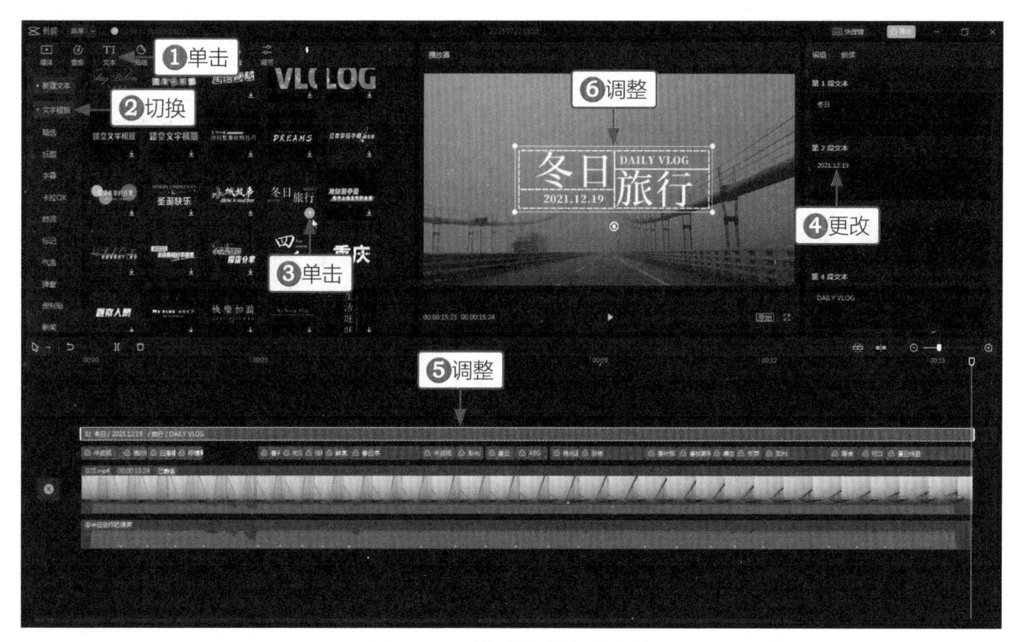

图 4-41　选择模板并调整文字

图 4-42　导出并播放视频

实战026　制作朋友圈九宫格美食卡点视频

【效果展示】：在剪映中利用画中画功能和混合模式功能可以制作朋友圈九宫格的效果，再根据卡点音乐，调整素材时长和设置相应的动画效果，从而做出九宫格美食卡点视频，效果如图 4-43 所示。

案例效果

教学视频

图 4-43　美食卡点效果展示

下面介绍在剪映中制作朋友圈九宫格美食卡点视频的操作方法。

步骤 01 在剪映中导入九张美食照片素材，如图 4-44 所示。

步骤 02 ❶单击“音频”按钮；❷在“卡点”选项区中单击所选音乐右下角的按钮，如图 4-45 所示。

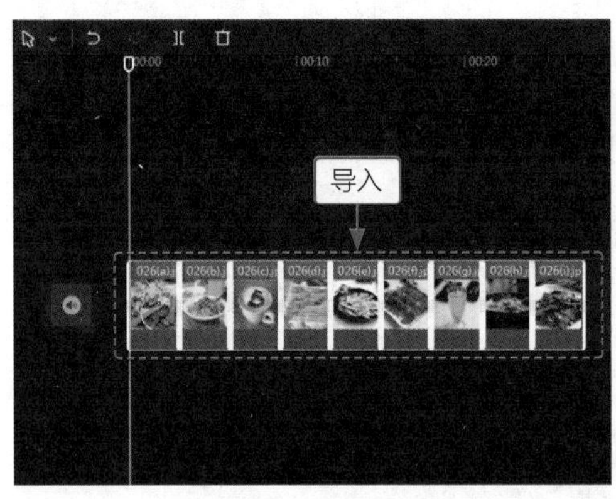

图 4-44　导入照片素材

图 4-45　选择音频素材

步骤 03 ❶单击“自动踩点”按钮；❷选择“踩节拍 II”选项，如图 4-46 所示。

步骤 04 根据音频中小黄点的位置，调整每段素材的时长，直至视频素材末尾位置，剪辑删除多余的音频，如图 4-47 所示。

步骤 05 将朋友圈九宫格照片拖曳至画中画轨道中，并调整时长，如图 4-48 所示。

步骤 06 调整画中画轨道中素材画面的大小，使其铺满屏幕，如图 4-49 所示。

步骤 07 单击“混合模式”面板中的“无”按钮，如图 4-50 所示。

步骤 08 在弹出的选项框中选择“滤色”选项，如图 4-51 所示。

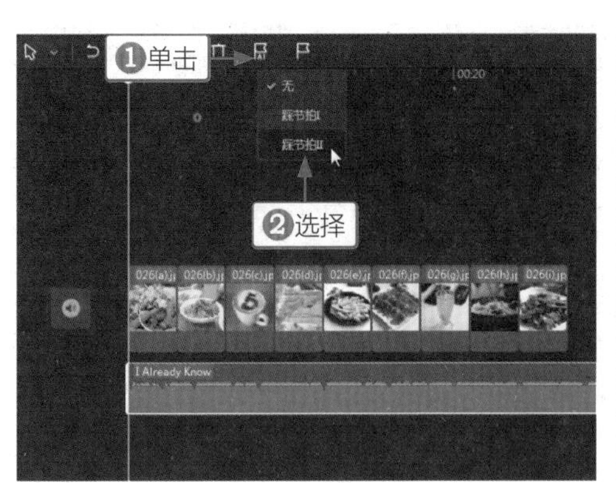

图 4-46　选择“踩节拍 II”选项

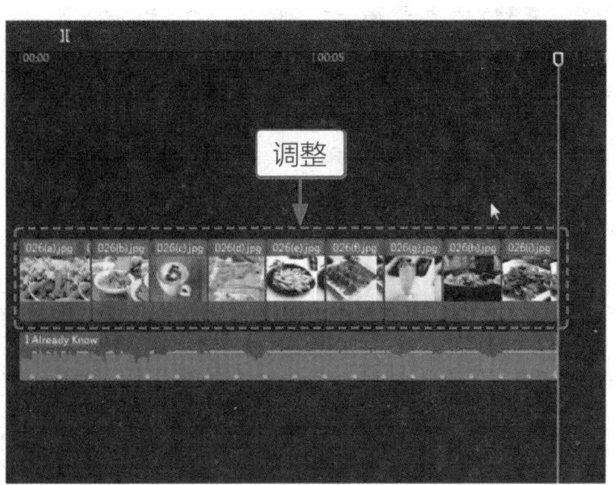

图 4-47　调整素材时长

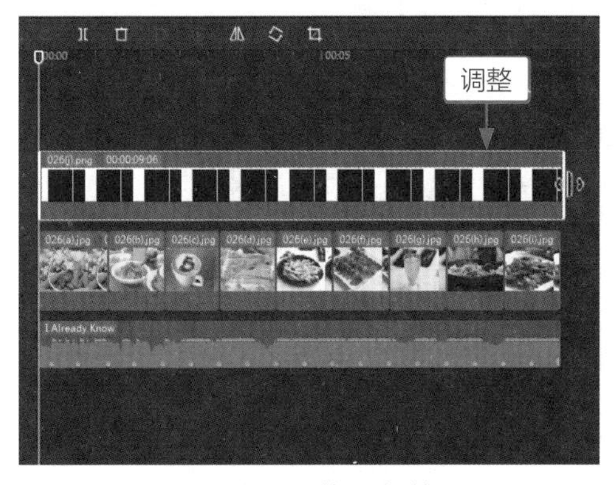

图 4-48　调整照片时长

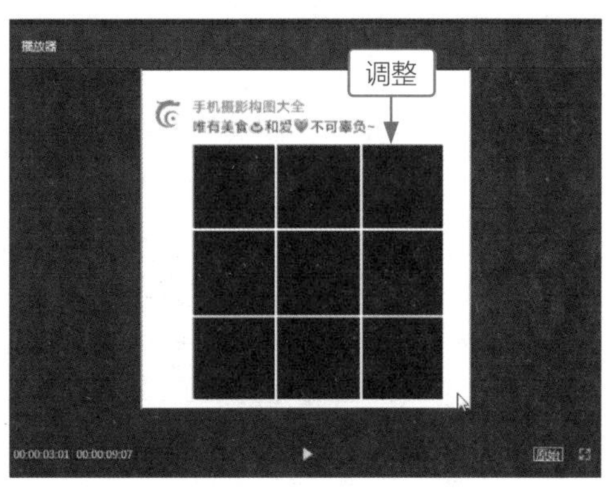

图 4-49　调整画面大小

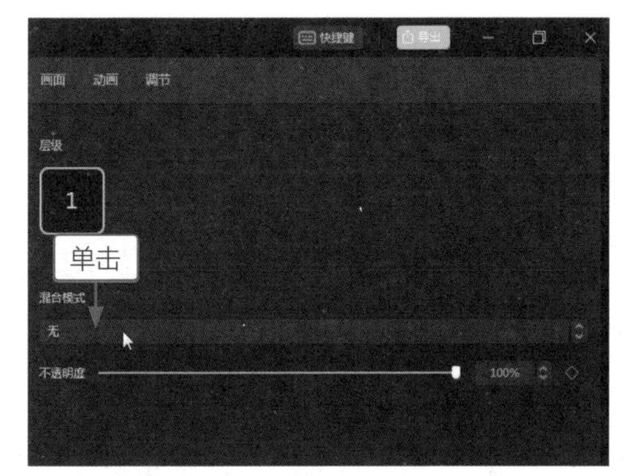

图 4-50　单击“无”按钮

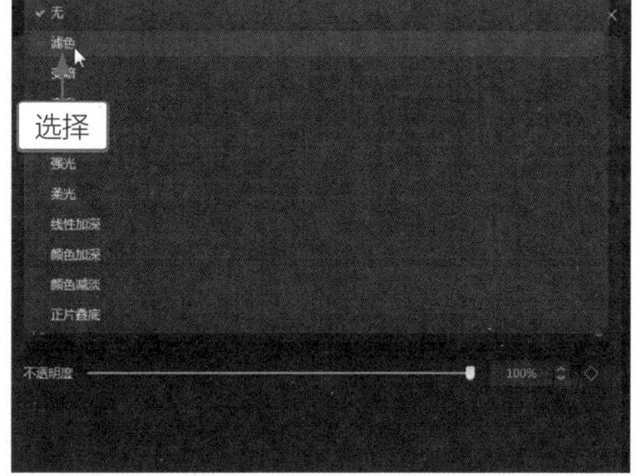

图 4-51　选择“滤色”选项

步骤 09 选择第一段素材，添加“回弹伸缩”组合动画，如图 4-52 所示。用同样的方法，为剩下的素材添加不同的动画效果。

步骤 10 ❶切换至“背景”选项卡；❷在“模糊”列表中选择第四个样式；❸单击“应用到全部”按钮，如图 4-53 所示。

步骤 11 单击“导出”按钮，导出并播放视频，如图 4-54 所示。

图 4-52　添加动画效果

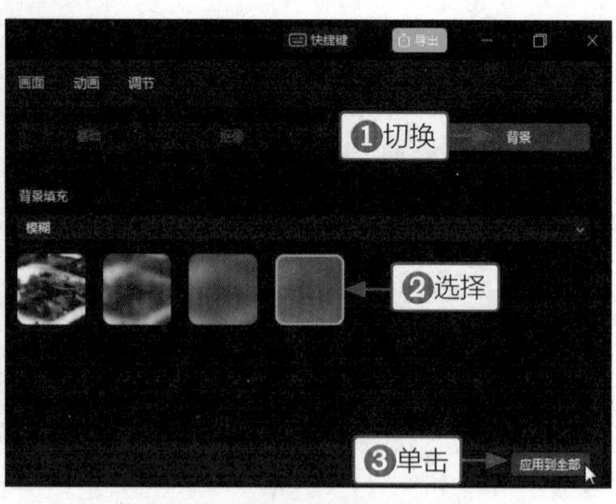

图 4-53　选择背景样式

图 4-54　导出并播放视频

实战027 制作照相机边框定格卡点视频

【效果展示】：根据卡点音乐，在剪映中可以添加边框特效，制作照片相框效果，从而制作出照相机卡点视频，让照片跟着音乐节奏一张张定格出来，提升视频的纪念价值，如图 4-55 所示。

案例效果　　教学视频

图 4-55　照相机边框定格卡点效果展示

下面介绍在剪映中制作照相机边框定格卡点视频的操作方法。

步骤 01 在剪映中导入八张人像照片素材，如图 4-56 所示。

步骤 02 ❶单击“音频”按钮；❷切换至“抖音收藏”选项卡；❸单击所选音乐右下角的+按钮，如图 4-57 所示。

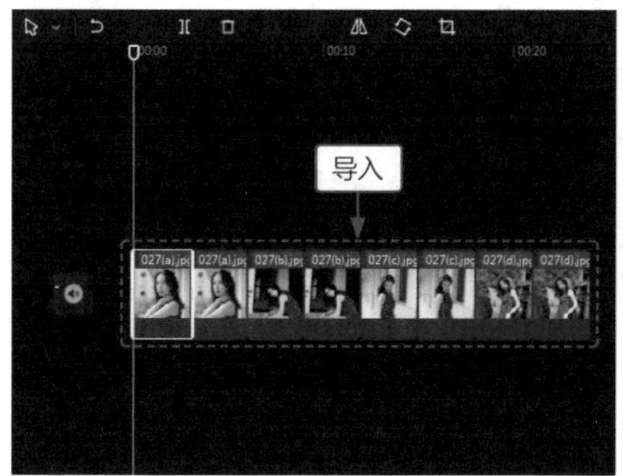

图 4-56 导入照片素材

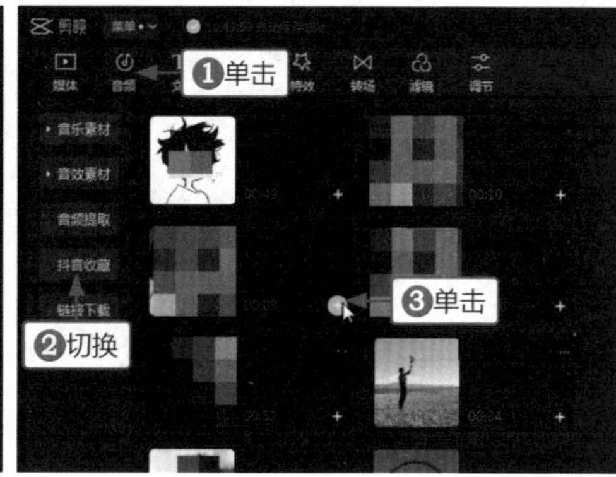

图 4-57 选择音频素材

步骤 03 单击“手动踩点”按钮，在音频素材上添加三个黄色的小圆点，如图 4-58 所示。

步骤 04 根据音频中小黄点的位置，调整每段素材的时长，如图 4-59 所示。

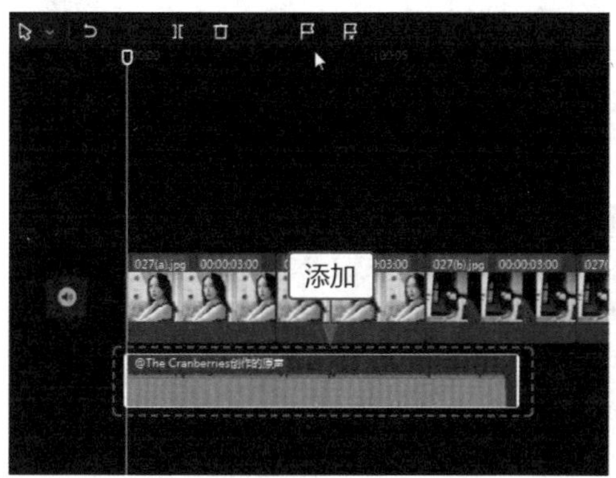

图 4-58 单击“手动踩点”按钮

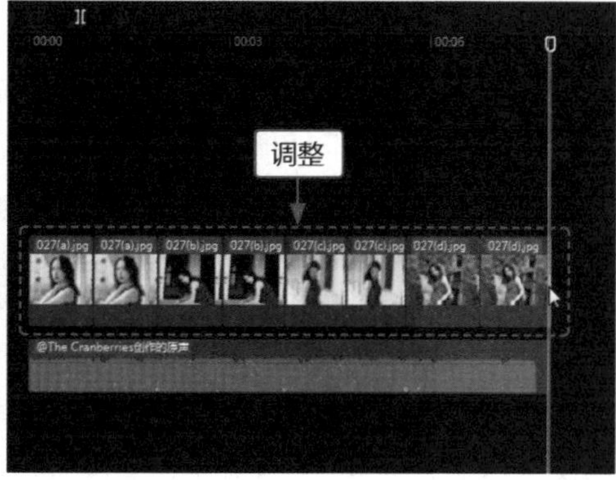

图 4-59 调整素材时长

步骤 05 ❶单击“特效”按钮；❷选择“录制边框 II”特效，如图 4-60 所示。

步骤 06 调整该特效的时长，对齐第一段素材，如图 4-61 所示。

步骤 07 继续添加“牛皮纸边框 II”特效，如图 4-62 所示。

步骤 08 调整该特效的时长，对齐第二段素材，如图 4-63 所示。

步骤 09 为剩下的素材添加同样的两段特效，如图 4-64 所示。

步骤 10 选择四段偶数段的素材，设置“缩放”参数为 89%，如图 4-65 所示。

步骤 11 单击“导出”按钮，导出并播放视频，如图 4-66 所示。

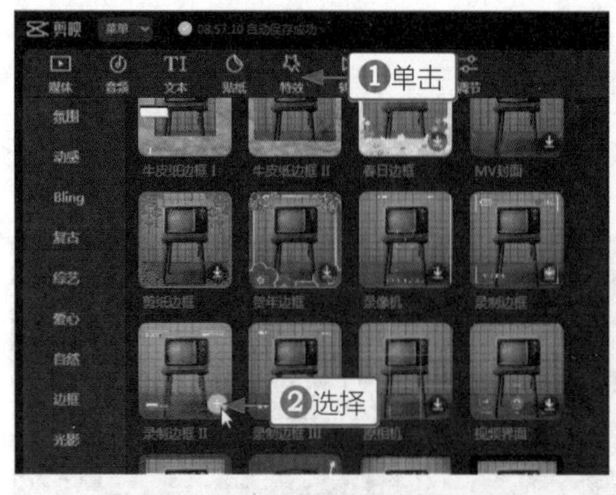

图 4-60　选择“录制边框 II”特效

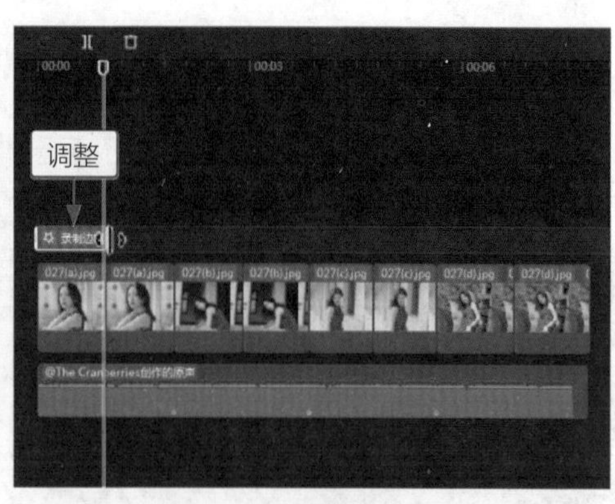

图 4-61　调整特效时长

图 4-62　添加“牛皮纸边框 II”特效

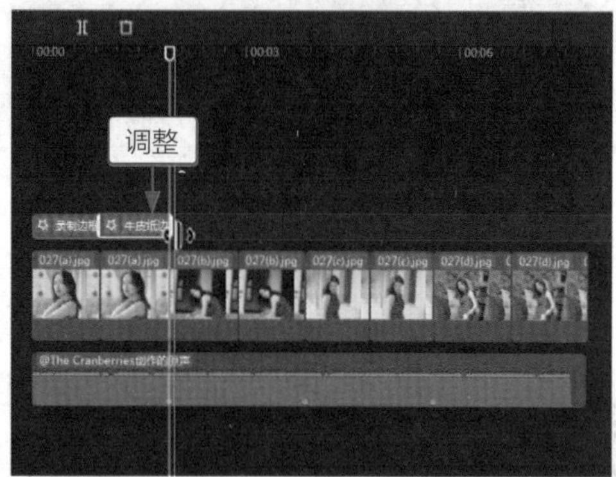

图 4-63　调整特效时长

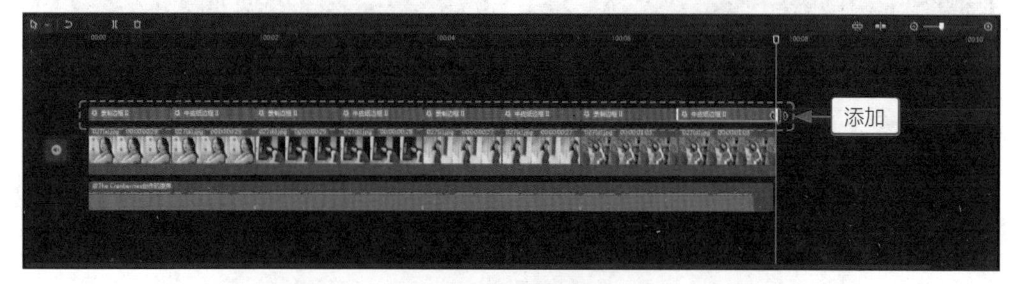

图 4-64　添加特效

图 4-65　调整缩放参数

图 4-66　导出并播放视频

实战028 制作精彩的跳舞卡点视频

案例效果

教学视频

【效果展示】：利用变速功能可以制作出跳舞卡点的视频，再添加一些特效和滤镜，能够使视频画面更加精彩，效果如图 4-67 所示。

图 4-67　跳舞卡点效果展示

下面介绍在剪映中制作跳舞卡点视频的操作方法。

步骤 01 在剪映中导入一段跳舞的视频素材，如图 4-68 所示。

步骤 02 ❶单击“音频”按钮；❷切换至“抖音收藏”选项卡；❸单击所选音乐右下角的⊕按钮，如图 4-69 所示。

步骤 03 ❶拖曳时间指示器至 00:00:02:25 的位置；❷单击“分割”按钮，如图 4-70 所示。

步骤 04 ❶选择分割出来的第一段音频；❷单击“删除”按钮，如图 4-71 所示。

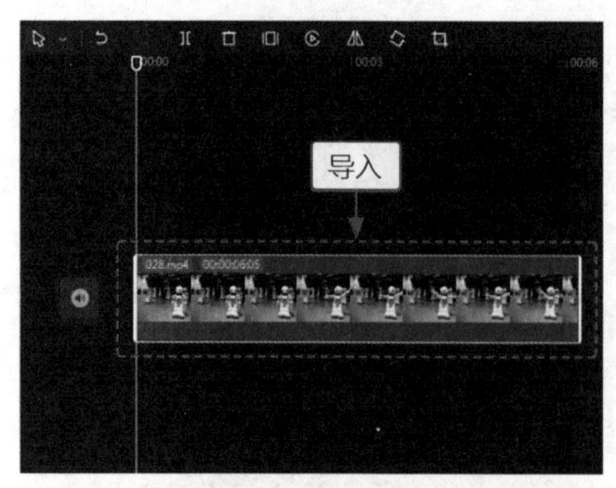

图 4-68　导入视频素材

图 4-69　选择音频素材

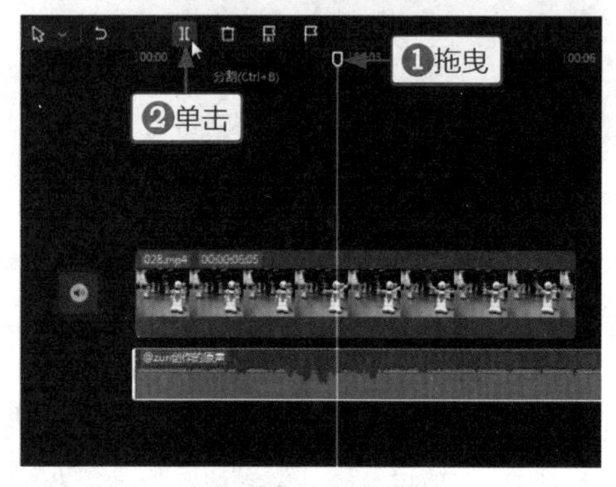

图 4-70　分割视频

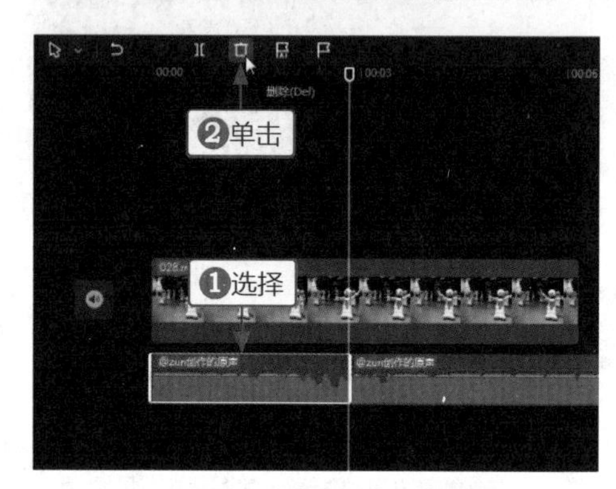

图 4-71　删除多余音频

根据视频需要剪辑音频，是做卡点视频的一个关键要点。

步骤 05 ❶调整音频的位置对齐视频时长；❷单击“自动踩点”按钮；❸选择“踩节拍 II”选项，如图 4-72 所示。

步骤 06 ❶选择视频素材；❷拖曳时间指示器至第三个小黄点的位置；❸单击“分割”按钮，如图 4-73 所示。

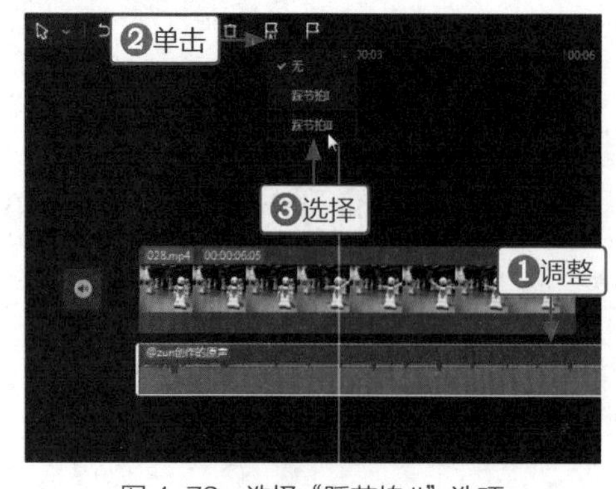

图 4-72　选择“踩节拍 II”选项

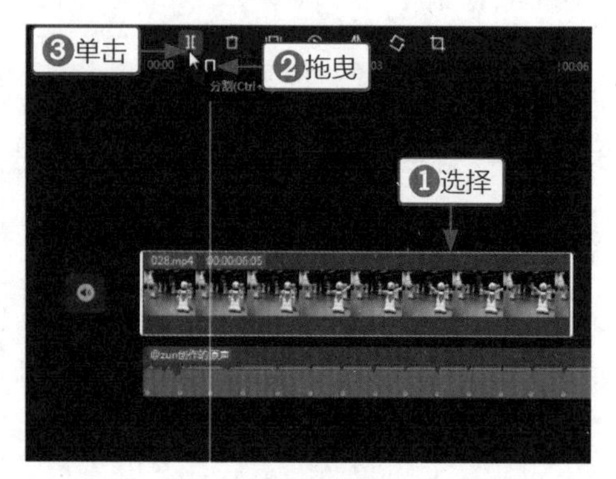

图 4-73　分割视频素材

步骤 07 ❶拖曳时间指示器至第四个小黄点的位置；❷单击“分割”按钮，如图 4-74 所示。

步骤 08 根据小黄点的位置，分割剩下的视频素材，如图 4-75 所示。

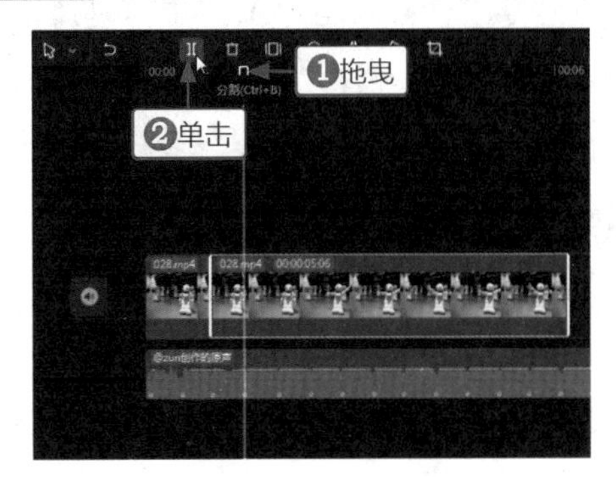

图 4-74　单击“分割”按钮

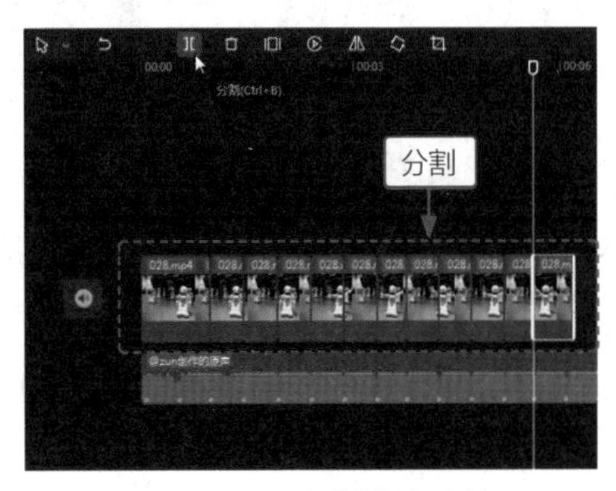

图 4-75　再次分割视频素材

步骤 09 ❶选择第二段素材；❷拖曳时间指示器至该段素材中间的位置；❸单击“分割”按钮，如图 4-76 所示。

步骤 10 选择分割出来的前半部分素材，设置 2x 变速效果，如图 4-77 所示。

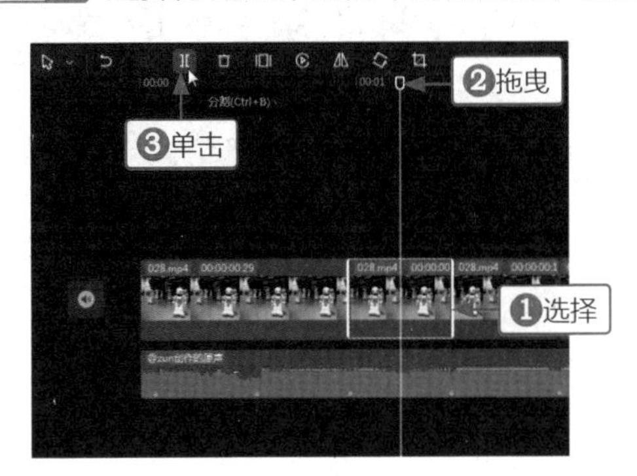

图 4-76　分割第二段素材

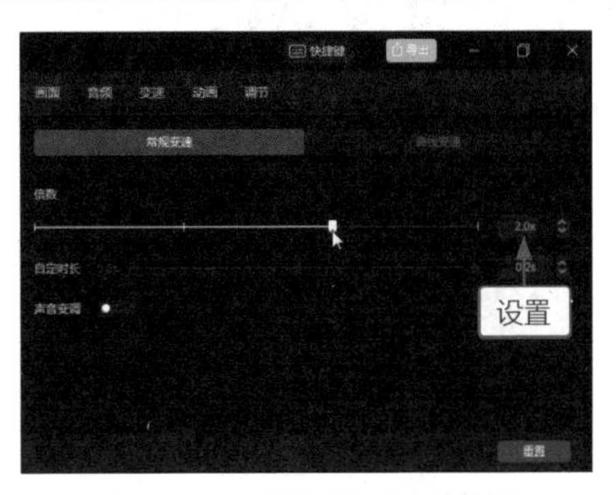

图 4-77　设置前半部分变速效果

步骤 11 选择分割出来的后半部分素材，设置 0.7x 变速效果，如图 4-78 所示。

步骤 12 用同样的方法，为剩下的素材设置变速效果，最后删除多余的音频素材，如图 4-79 所示。

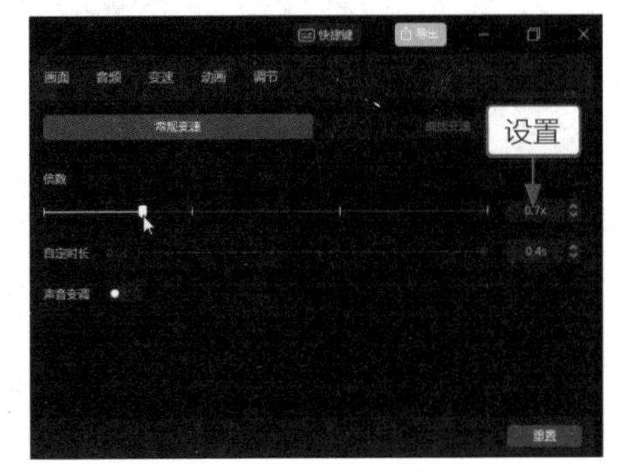

图 4-78　设置后半部分变速效果

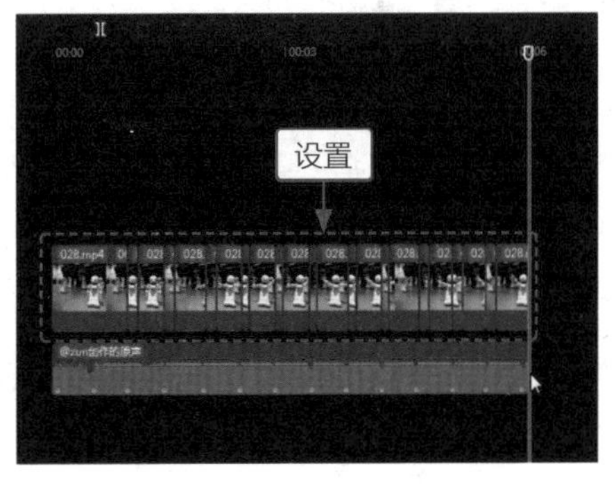

图 4-79　设置其他素材的变速效果

步骤 13 ❶单击“特效”按钮；❷选择“模糊”特效，如图 4-80 所示。

步骤 14 调整特效的时长，对齐第一段素材的时长，如图 4-81 所示。

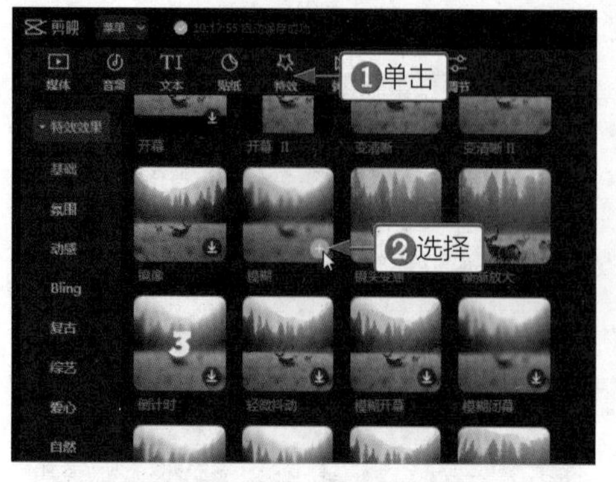

图 4-80 添加“模糊”特效

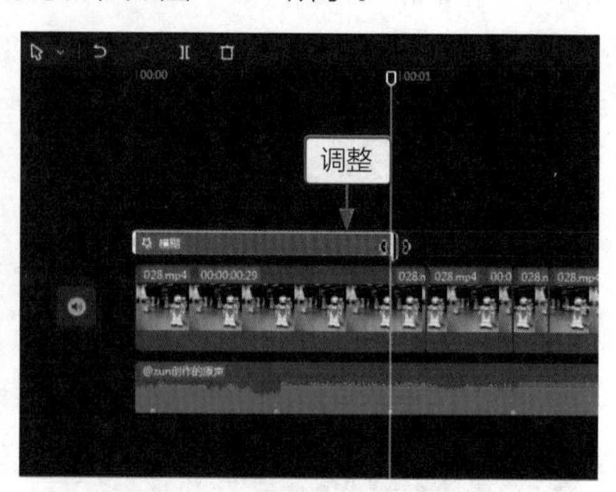

图 4-81 调整第一段特效时长

步骤 15 继续添加“彩虹幻影”特效，如图 4-82 所示。

步骤 16 调整特效的时长，对齐第二段素材，如图 4-83 所示。

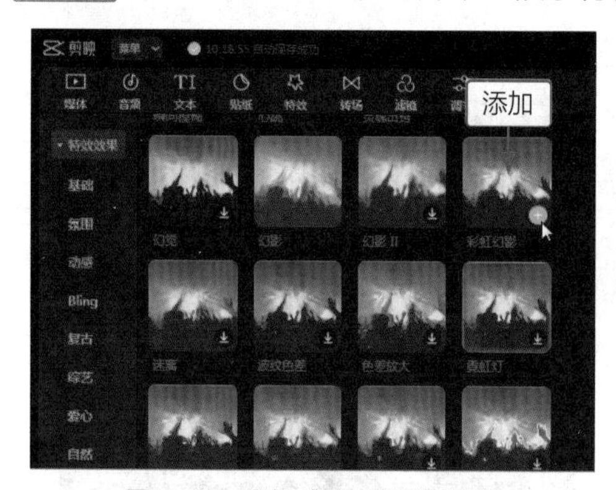

图 4-82 添加“彩虹幻影”特效

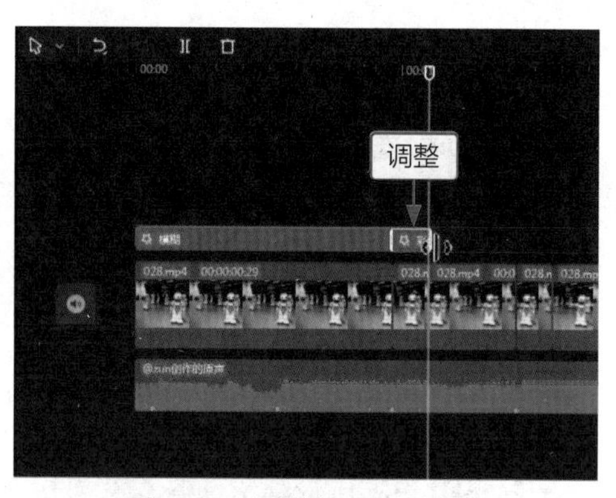

图 4-83 调整第二段特效时长

步骤 17 ❶单击“滤镜”按钮；❷选择“默片”滤镜，如图 4-84 所示。

步骤 18 调整滤镜的时长，对齐第三段素材，如图 4-85 所示。

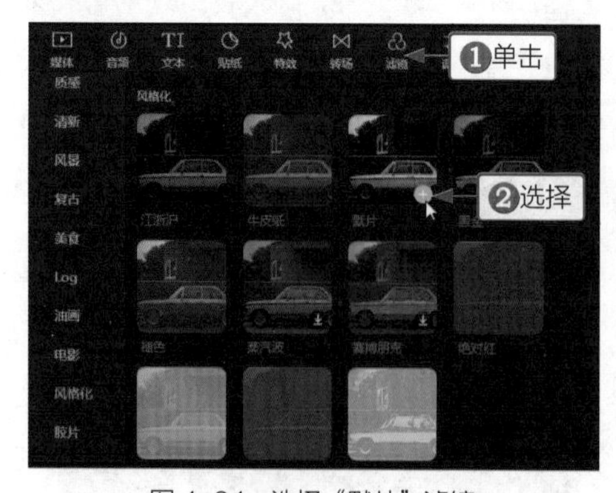

图 4-84 选择“默片”滤镜

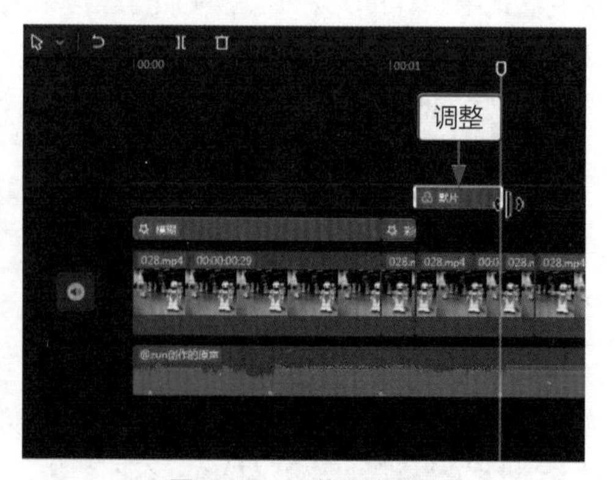

图 4-85 调整滤镜时长

步骤 19 为剩下的素材添加同样的特效和滤镜效果，如图 4-86 所示。

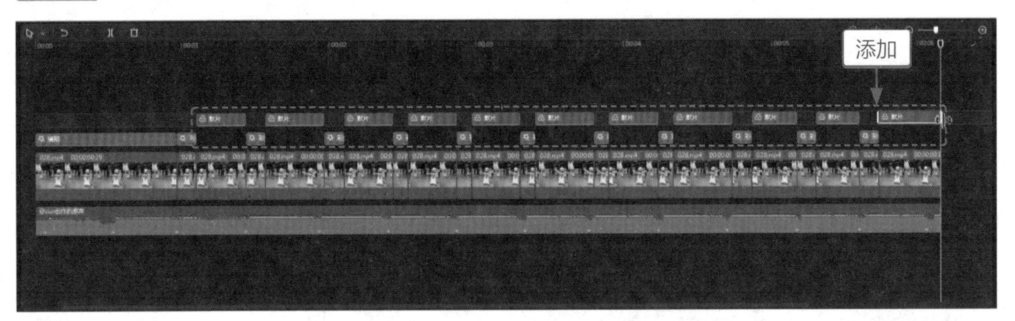

图 4-86 添加特效和滤镜

步骤 20 单击“导出”按钮，导出并播放视频，如图 4-87 所示。

图 4-87 导出并播放视频

第 5 章

基本抠图技巧

智能抠像和色度抠图功能是剪映更新版本后新增的功能，也是剪映中的亮点功能。本章主要介绍运用智能抠像功能更换背景、保留色彩、制作幻影、变出翅膀，以及运用色度抠图功能制作穿越手机、开门穿越、让人物转换场景跳舞的视频，使用户了解和掌握抠图技巧，从而举一反三，制作出精彩的视频。

实战029 运用智能抠像功能更换背景

【效果展示】：在剪映中运用智能抠像功能可以更换视频的背景，做出人物身临其境的效果，如图 5-1 所示。

案例效果

教学视频

图 5-1 更换背景效果展示

下面介绍在剪映中运用智能抠像功能更换背景的操作方法。

步骤 01 在剪映中导入四张背景照片素材，如图 5-2 所示。

步骤 02 ❶单击“音频”按钮；❷在“卡点”选项区中单击所选音乐右下角的⊕按钮，如图 5-3 所示。

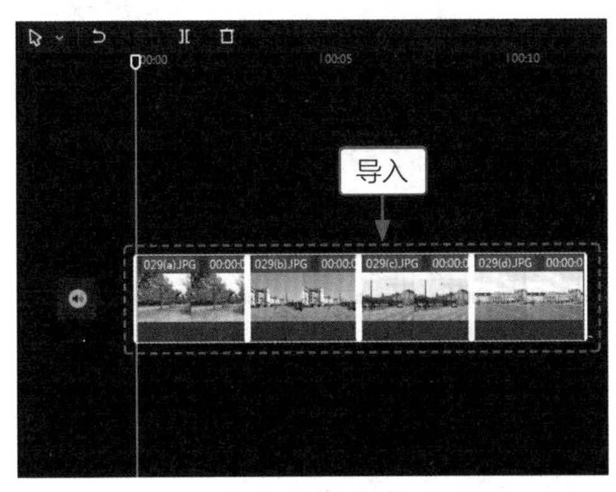

图 5-2 导入照片素材

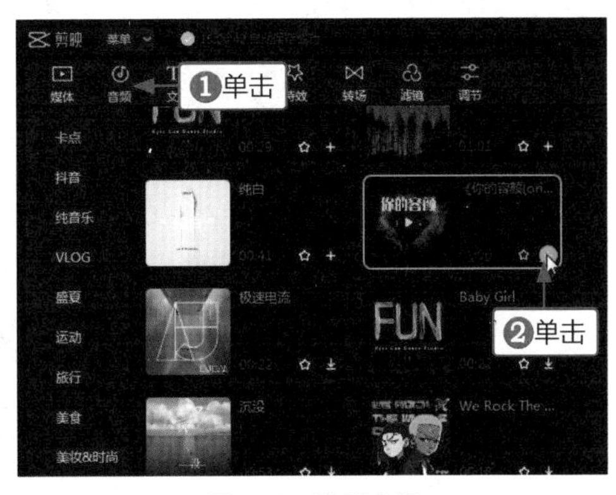

图 5-3 选择音频

步骤 03 拖曳视频素材至画中画轨道，根据画中画轨道的时长，调整视频轨道中背景素材的时长，最后剪辑删除多余的音频，如图 5-4 所示。

步骤 04 ❶单击“转场”按钮；❷在“运镜转场”选项卡中选择“推近”转场，如图 5-5 所示。

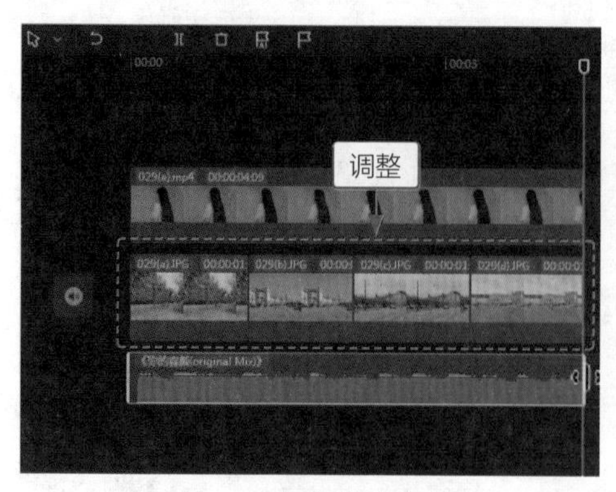

图 5-4　调整素材时长

图 5-5　选择转场方式

步骤 05 单击“应用到全部”按钮，设置统一的转场，如图 5-6 所示。

步骤 06 选中画中画轨道，❶切换至“抠像”选项区；❷单击“智能抠像”按钮，如图 5-7 所示。

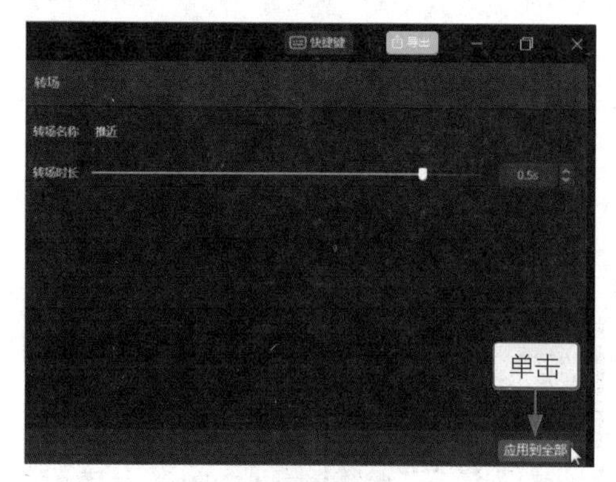

图 5-6　单击“应用到全部”按钮

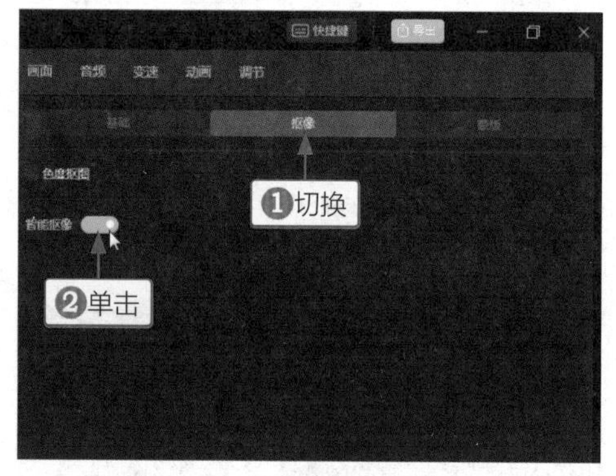

图 5-7　单击“智能抠像”按钮

步骤 07 调整素材的大小和位置，“缩放”和“坐标”数值如图 5-8 所示。

图 5-8　调整素材大小和位置

步骤 08 单击“导出”按钮，导出并播放视频，如图 5-9 所示。视频中的人物依次经历了不同的场景，效果有如身临其境。

图 5-9　导出并播放视频

实战030　运用智能抠像功能保留色彩

【效果展示】：在剪映中运用智能抠像功能可以把人像抠出来，从而保留人物色彩，如图 5-10 所示。

案例效果

教学视频

图 5-10　保留色彩效果展示

下面介绍在剪映中运用智能抠像功能保留色彩的操作方法。

步骤 01 在剪映中导入视频素材，拖曳时间指示器至视频 2s 左右位置，❶单击“滤镜”按钮；❷在“风格化”选项卡中添加“默片”滤镜，如图 5-11 所示。

步骤 02 ❶单击“调节”按钮；❷单击“自定义调节”右下角的⊕按钮，如图 5-12 所示。

步骤 03 在“调节”面板中设置“亮度”参数为 16、“对比度”参数为 -40、“饱和度”参数为 -50、“高光”参数为 100、“阴影”参数为 100、“色温”参数为 20，如图 5-13 所示。调整后的画面偏白，产生白雪皑皑的氛围。

步骤 04 ❶单击“特效”按钮；❷在“自然”选项卡中添加“大雪纷飞”特效，如图 5-14 所示。

步骤 05 调整滤镜、调节特效的时长，使其对齐视频素材的末尾位置，如图 5-15 所示。

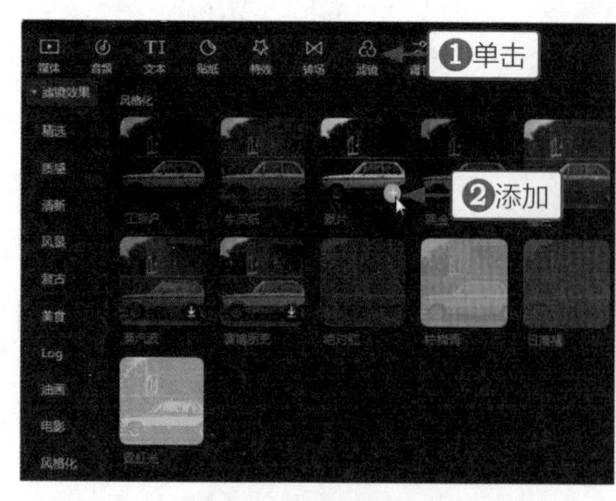

图 5-11　添加滤镜

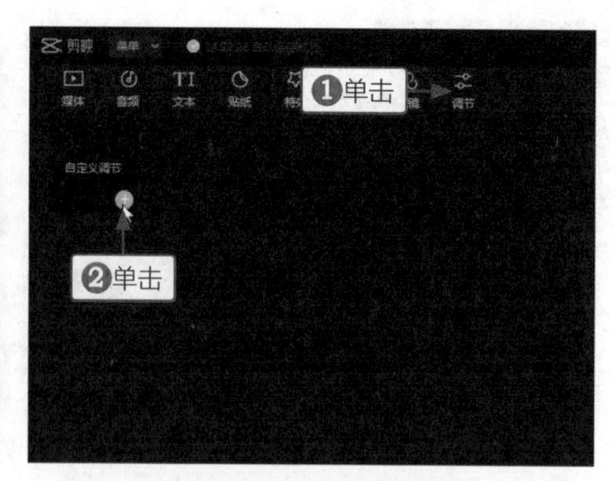

图 5-12　选择自定义调节

图 5-13　设置调节参数

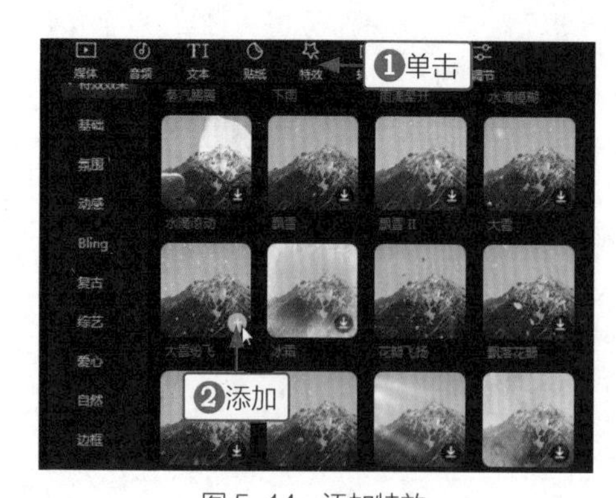

图 5-14　添加特效

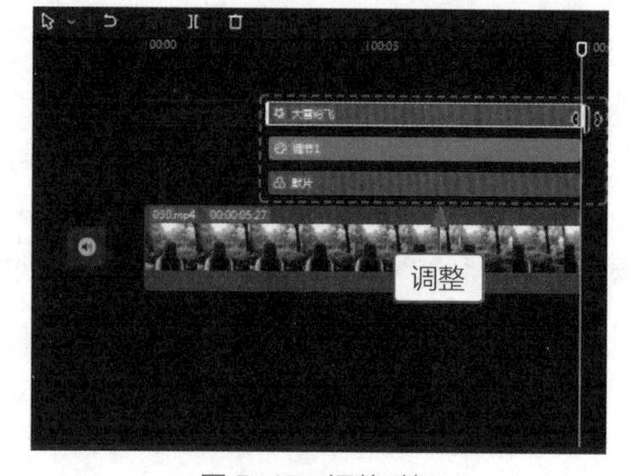

图 5-15　调整时长

步骤 06 单击“导出”按钮，如图 5-16 所示。

步骤 07 导入上一步导出的视频素材和最原始的视频素材，如图 5-17 所示。

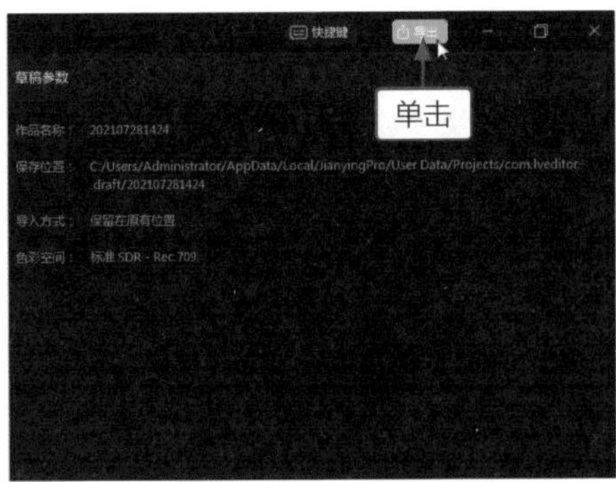

图 5-16　单击“导出”按钮

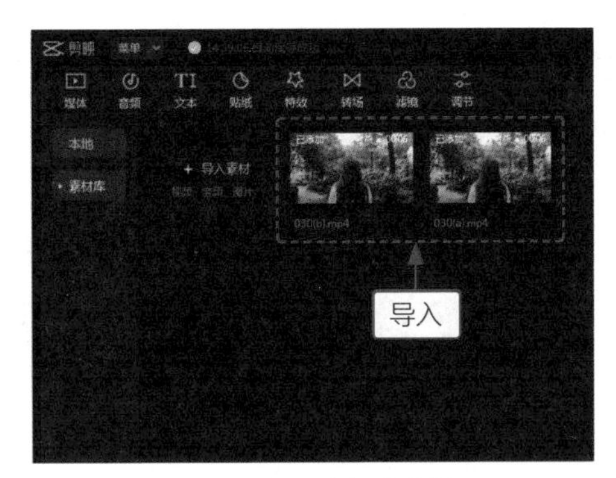

图 5-17　导入视频素材

步骤 08 拖曳上一步导出的视频素材至视频轨道，拖曳原始视频素材至画中画轨道，如图 5-18 所示。

步骤 09 ❶切换至“抠像”选项区；❷单击“智能抠像”按钮，如图 5-19 所示。

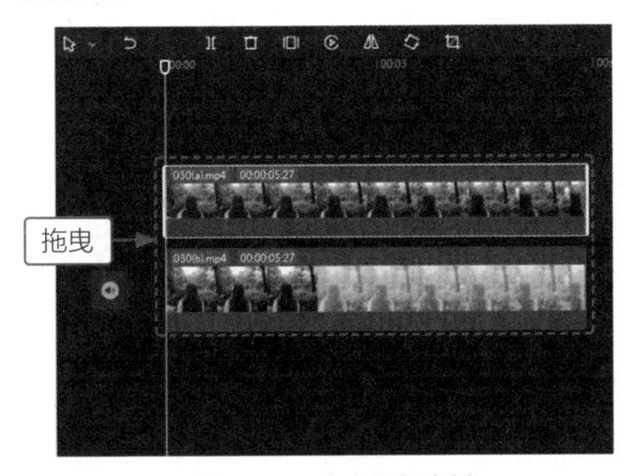

图 5-18　拖曳视频素材

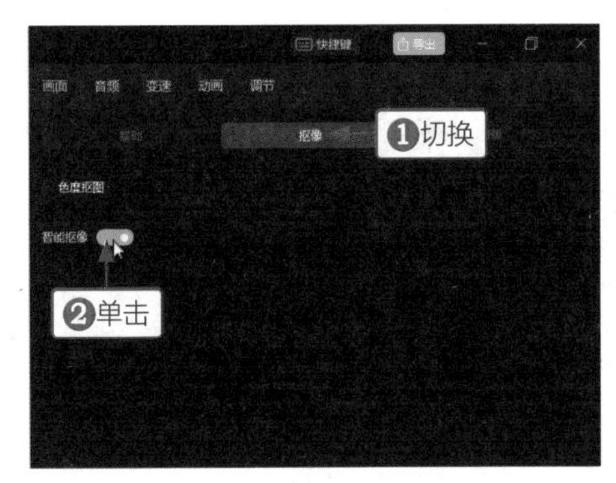

图 5-19　单击“智能抠像”按钮

步骤 10 ❶单击“音频”按钮；❷添加合适的背景音乐，如图 5-20 所示。

步骤 11 调整音频的时长，对齐视频素材时长，如图 5-21 所示。

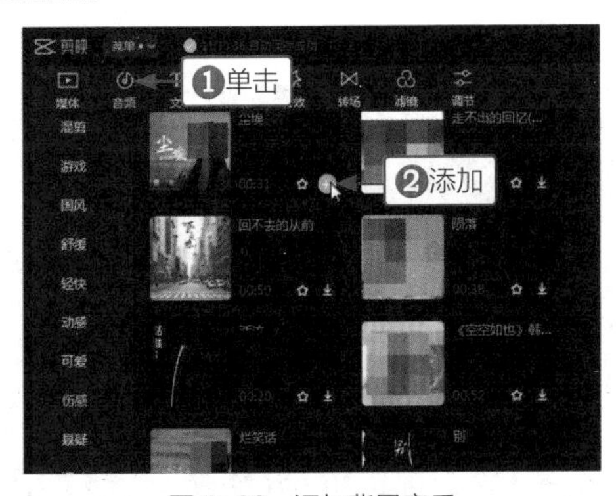

图 5-20　添加背景音乐

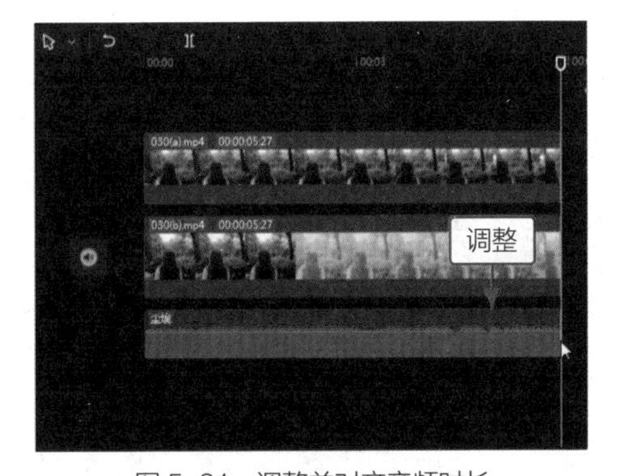

图 5-21　调整并对齐音频时长

步骤 12 单击“导出”按钮，导出并播放视频，如图 5-22 所示。视频画面中出现下雪的效果，但视频中的人物却没有被雪覆盖。

图 5-22　导出并播放视频

实战031 运用智能抠像功能制作幻影

【效果展示】：在剪映中运用智能抠像功能可以把人像抠出来，这样就能对抠出来的人像进行调整。调节被抠出人像的不透明度参数和位置，就能做出幻影的效果，如图 5-23 所示。

案例效果

教学视频

图 5-23　制作幻影效果展示

下面介绍在剪映中运用智能抠像功能制作幻影的操作方法。

步骤 01 在剪映中导入视频素材，拖曳同样的素材至画中画轨道，如图 5-24 所示。

步骤 02 为视频轨道和画中画轨道中的素材设置 0.5x 变速效果，如图 5-25 所示。

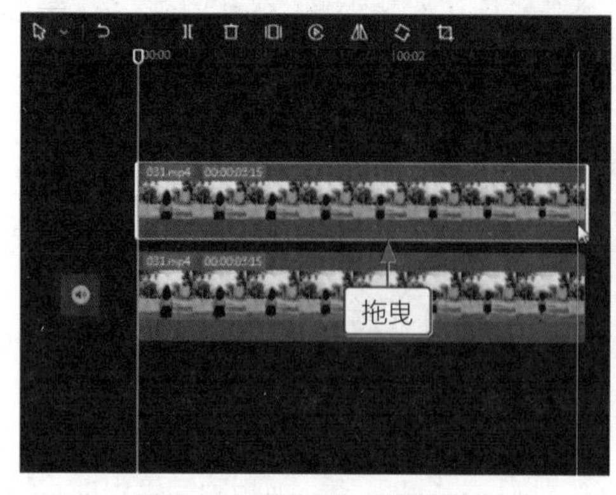

图 5-24　导入并拖曳视频素材

图 5-25　设置变速效果

步骤 03 选择画中画轨道中的素材，❶切换至“抠像”选项区；❷单击“智能抠像”按钮，如图 5-26 所示。

图 5-26　单击“智能抠像”按钮

步骤 04 ❶设置“不透明度”参数为 51%；❷放大画面，设置“缩放”参数为 169%，如图 5-27 所示。

图 5-27　设置参数

步骤 05 ❶单击“音频”按钮；❷切换至“抖音收藏”选项卡；❸单击所选音乐右下角的⊕按钮，如图 5-28 所示。

步骤 06 调整音频时长，对齐视频素材时长，如图 5-29 所示。

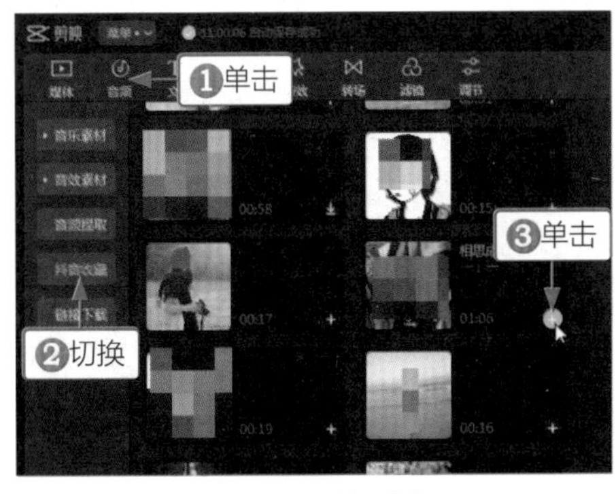

图 5-28　选择音频

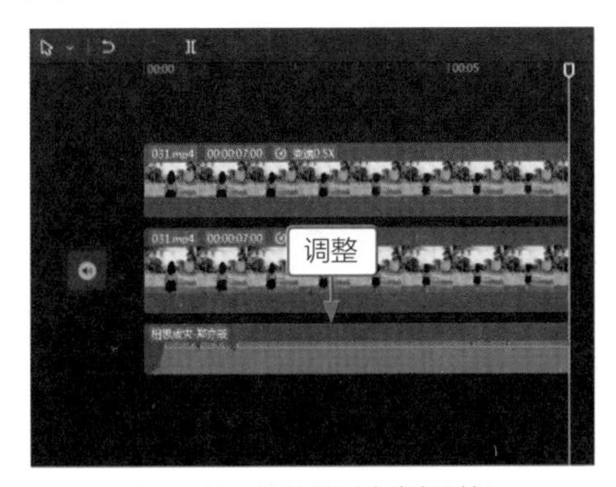

图 5-29　调整并对齐音频时长

步骤 07 单击“导出”按钮，导出并播放视频，如图 5-30 所示。画面中的幻影给人一种恍惚感，很适合用在悲伤的剧情场景中。

图 5-30　导出并播放视频

实战032 运用智能抠像功能变出翅膀

【效果展示】：在添加翅膀特效素材时，会出现翅膀在人像前面的问题，这时就需要运用智能抠像功能把人像抠出来，让人像在翅膀的前面，从而做出变出翅膀的效果，而且整体效果也会更加自然，如图 5-31 所示。

案例效果

教学视频

图 5-31　变出翅膀效果展示

下面介绍在剪映中运用智能抠像功能变出翅膀的操作方法。

步骤 01 在剪映中导入视频素材，拖曳时间指示器至 00:00:01:10 的位置，如图 5-32 所示。

步骤 02 ❶把翅膀特效视频素材拖曳至画中画轨道；❷调整翅膀素材时长，对齐视频素材末尾位置，如图 5-33 所示。

步骤 03 在“混合模式”面板中选择“正片叠底”选项，如图 5-34 所示。

步骤 04 调整翅膀素材的大小和位置，“缩放”和“坐标”参数如图 5-35 所示。

步骤 05 拖曳视频素材至第二个画中画轨道中，如图 5-36 所示。

步骤 06 ❶切换至“抠像”选项区；❷单击“智能抠像”按钮，如图 5-37 所示。

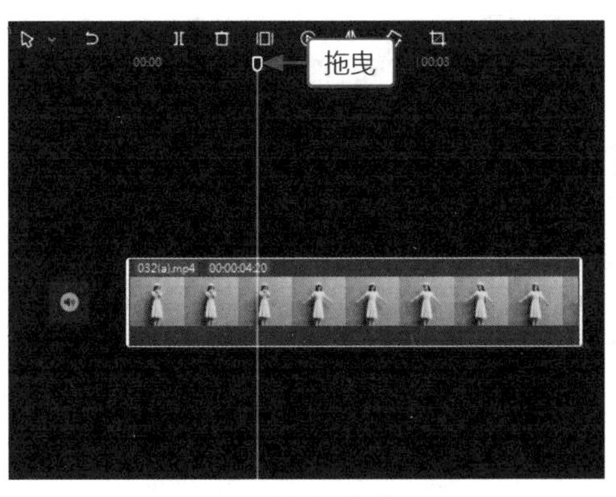

图 5-32　拖曳时间指示器

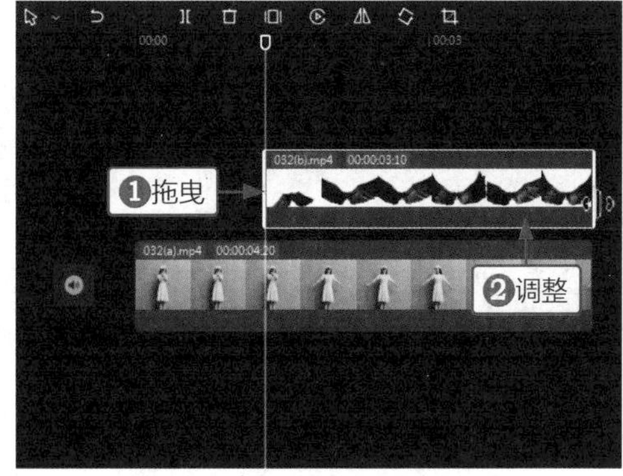

图 5-33　调整翅膀素材时长

图 5-34　选择“正片叠底”选项

图 5-35　调整大小和位置

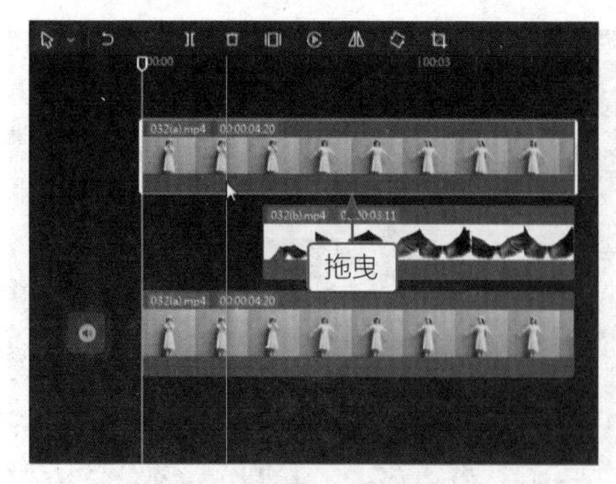

图 5-36　拖曳视频素材

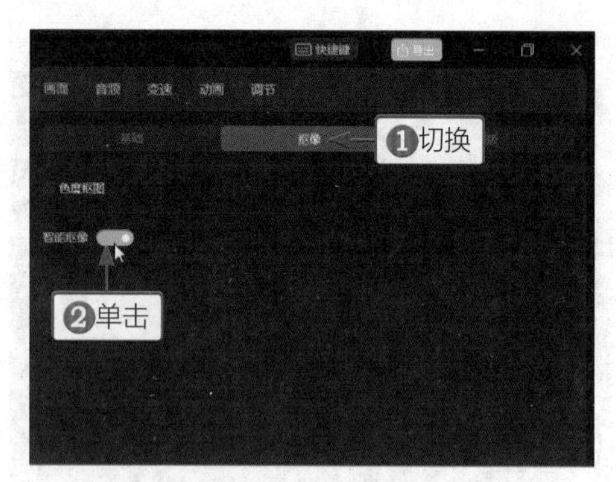

图 5-37　单击“智能抠像”按钮

步骤 07 ❶单击“特效”按钮；❷在“动感”选项卡中选择“心跳”特效，如图 5-38 所示。

步骤 08 调整特效的位置和时长，使变身时加入特效，如图 5-39 所示。

图 5-38　选择“心跳”特效

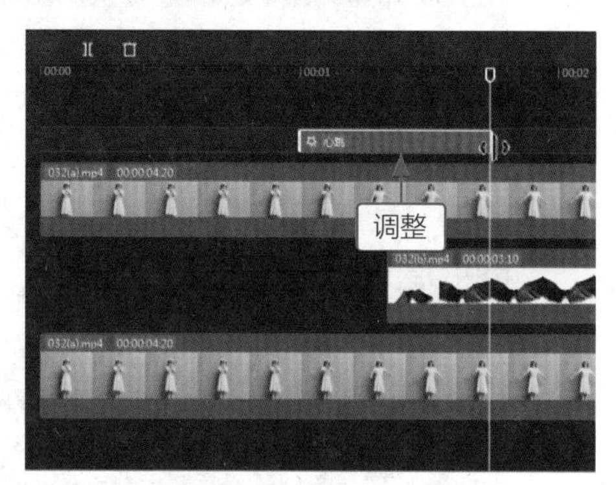

图 5-39　调整特效时长

步骤 09 ❶单击“音频”按钮；❷添加合适的音乐，如图 5-40 所示。

步骤 10 调整音频时长，对齐视频素材时长，如图 5-41 所示。

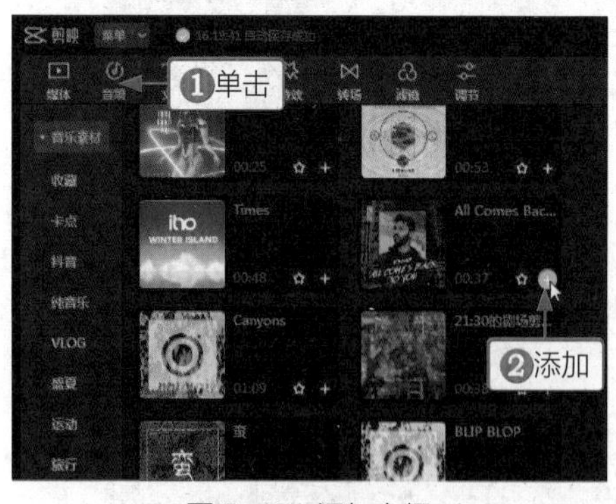

图 5-40　添加音频

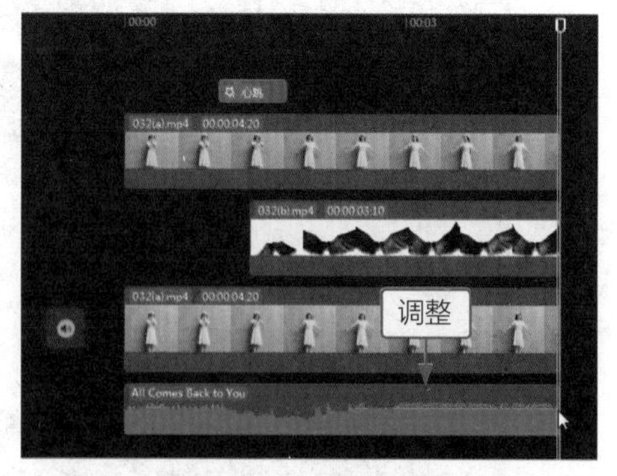

图 5-41　调整音频时长

步骤 11 单击“导出”按钮，导出并播放视频，如图 5-42 所示。可以看到视频中的人物变出了黑色翅膀，效果非常神奇。

图 5-42　导出并播放视频

实战033　运用色度抠图功能制作穿越手机视频

案例效果

教学视频

【效果展示】：在剪映中运用色度抠图功能可以抠出不需要的色彩，从而留下想要的视频画面。运用这个功能可以套用很多素材，比如穿越手机这个素材，让画面从手机中切换出来，效果如图 5-43 所示。

图 5-43　穿越手机效果展示

下面介绍在剪映中运用色度抠图功能制作穿越手机视频的操作方法。

步骤 01 在剪映中导入一段视频素材和穿越手机的视频素材，如图 5-44 所示。

步骤 02 把视频素材导入视频轨道中，把穿越手机视频素材拖曳至画中画轨道中，如图 5-45 所示。

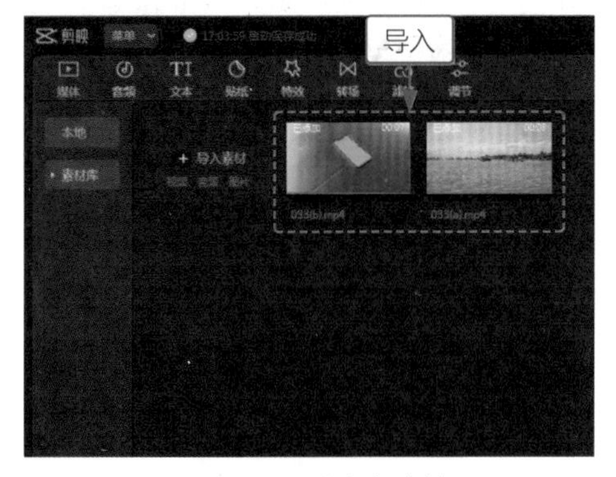

图 5-44　导入视频素材

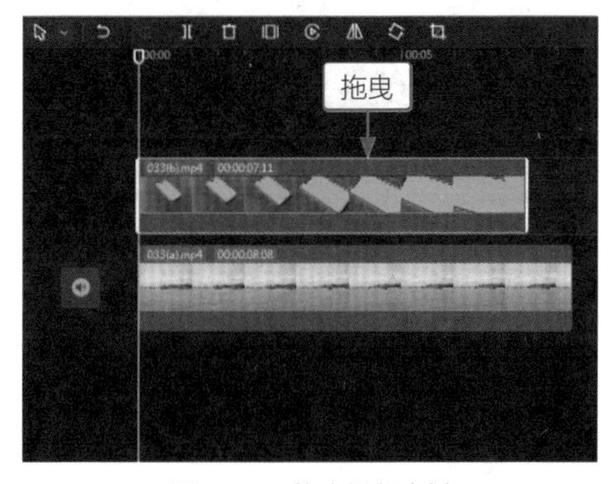

图 5-45　拖曳视频素材

步骤 03 ❶切换至“抠像”选项区；❷选中“色度抠图”复选框；❸单击“取色器”按钮；❹拖曳取色器，取样画面中的绿色，如图 5-46 所示。

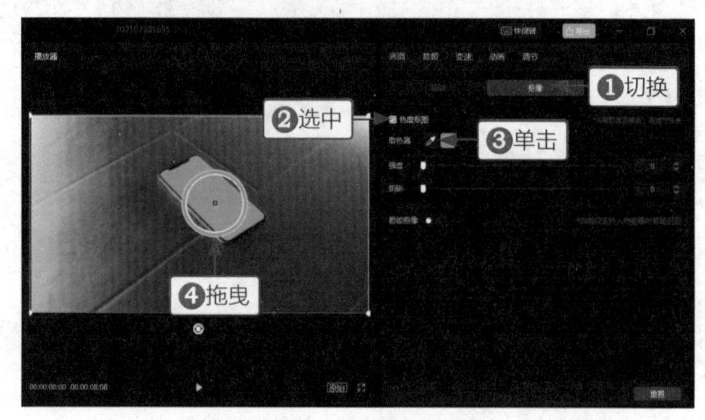

图 5-46　取样画面中的绿色

步骤 04 拖曳滑块，设置“强度”和“阴影”参数为 100，如图 5-47 所示。

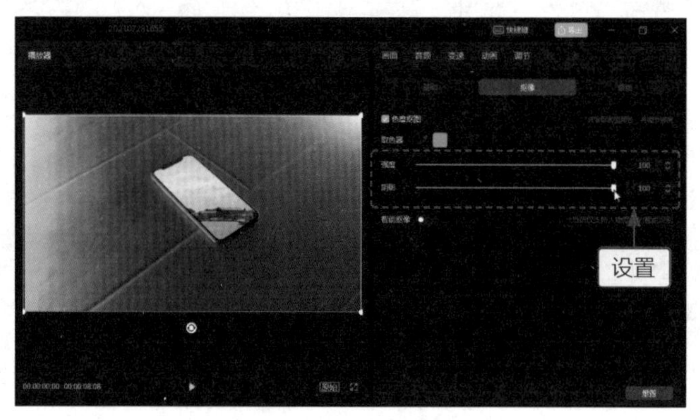

图 5-47　设置参数

步骤 05 ❶单击“音频”按钮；❷添加合适的音乐，如图 5-48 所示。

步骤 06 调整音频时长，对齐视频素材时长，如图 5-49 所示。

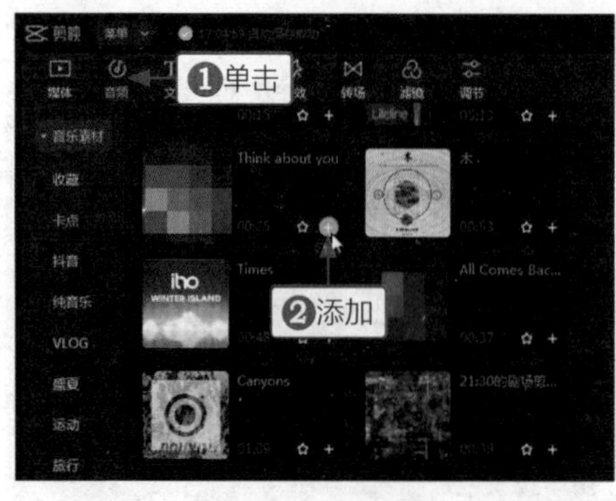

图 5-48　添加音频

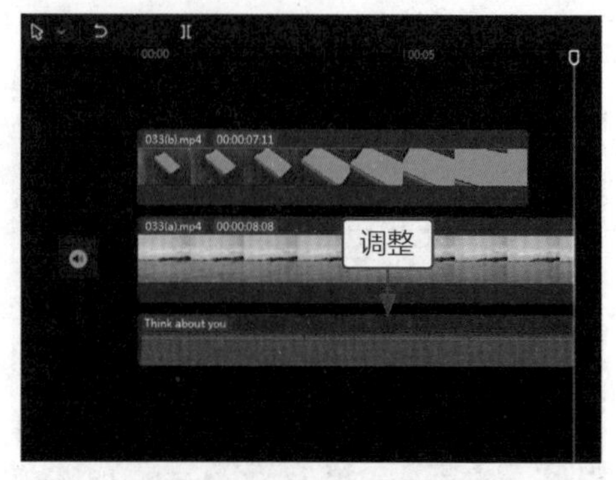

图 5-49　调整并对齐音频时长

步骤 07 单击“导出”按钮，导出并播放视频，如图 5-50 所示。画面在手机中穿越显现，逐渐切换到整个画面。

图 5-50　导出并播放视频

实战034　运用色度抠图功能制作开门穿越视频

【效果展示】：在剪映中运用色度抠图功能可以套用很多素材，让原本有变化的视频效果更加惊艳，比如开门穿越这个素材，就能给人期待感，当视频出现变化时，会产生眼前一亮的效果，如图 5-51 所示。

案例效果

教学视频

图 5-51　开门穿越效果展示

下面介绍在剪映中运用色度抠图功能制作开门穿越视频的操作方法。

步骤 01 在剪映中导入一段视频素材和开门穿越的视频素材，如图 5-52 所示。

步骤 02 把视频素材导入视频轨道中，把开门穿越视频素材拖曳至画中画轨道中，如图 5-53 所示。

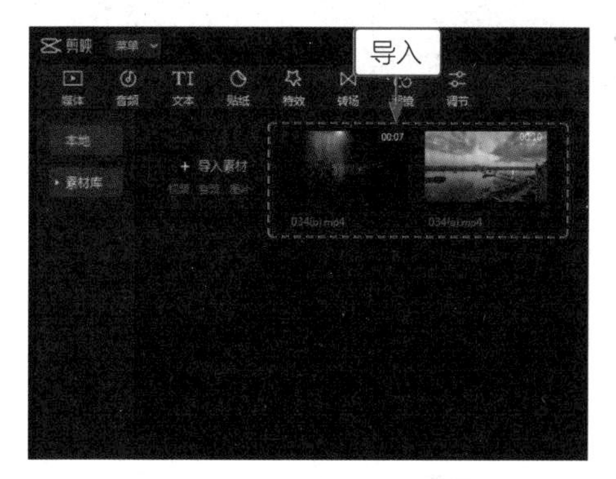

图 5-52　导入视频素材

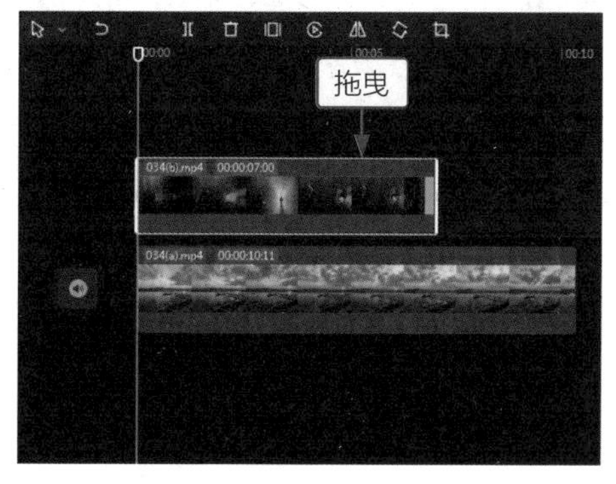

图 5-53　拖曳视频素材

步骤 03 ❶切换至“抠像”选项区；❷选中“色度抠图”复选框；❸单击“取色器”按钮；❹拖曳取色器，取样画面中的绿色，如图 5-54 所示。

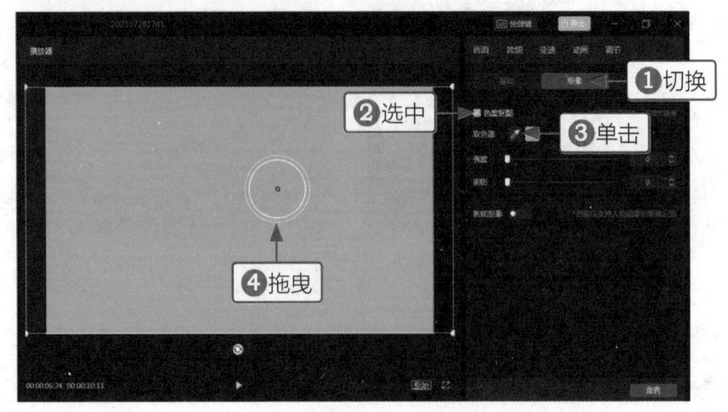

图 5-54　取样画面中的绿色

步骤 04 拖曳滑块，设置“强度”和“阴影”参数为 100，如图 5-55 所示。

图 5-55　设置参数

步骤 05 ❶单击“音频”按钮；❷添加合适的音乐，如图 5-56 所示。

步骤 06 调整音频轨道的时长，对齐视频轨道，如图 5-57 所示。

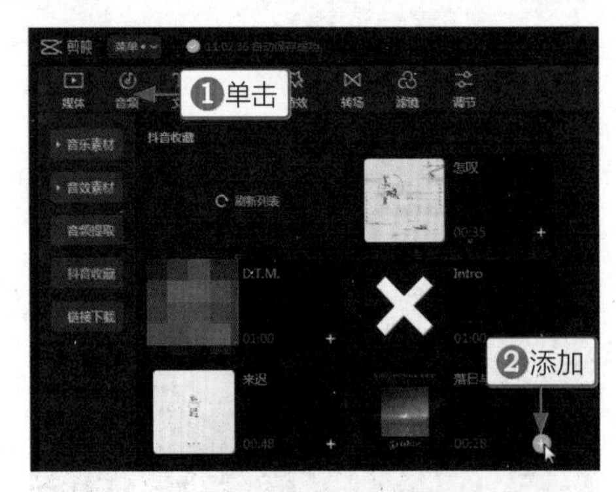

图 5-56　添加音频

图 5-57　调整并对齐轨道时长

步骤 07 单击“导出”按钮，导出并播放视频，如图 5-58 所示。开门穿越之后，视频中的灯光效果惊艳，非常出彩。

图 5-58 导出并播放视频

实战035 运用色度抠图功能让人物换场景跳舞

【效果展示】：在剪映中运用色度抠图功能可以抠出任何绿幕视频素材，获得想要的视频部分，例如人物跳舞的绿幕视频素材，可以把人物抠出来切换场景，让她在自己想要的场景中跳舞，画面非常有趣和谐，效果如图 5-59 所示。

案例效果

教学视频

图 5-59 人物换场景跳舞效果展示

下面介绍在剪映中运用色度抠图功能让人物换场景跳舞的操作方法。

步骤 01 在剪映中导入一段视频素材和人物跳舞的绿幕视频素材，如图 5-60 所示。

步骤 02 把视频素材导入视频轨道中，把人物跳舞的绿幕视频素材拖曳至画中画轨道中，并调整画中画轨道中素材时长，对齐视频时长，如图 5-61 所示。

图 5-60　导入视频素材

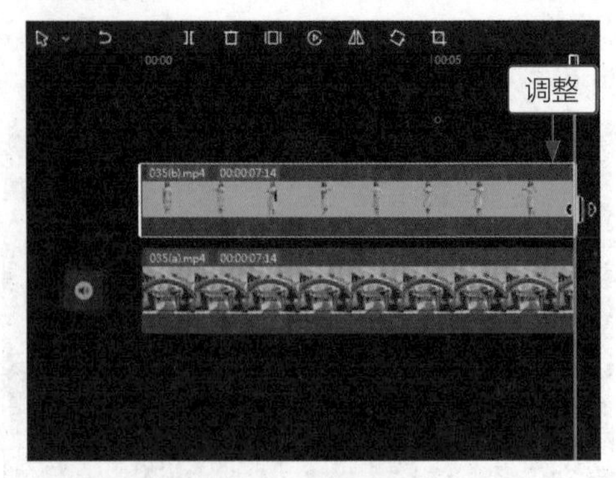

图 5-61　调整素材时长

步骤 03 ❶切换至“抠像”选项区；❷选中“色度抠图”复选框；❸单击“取色器”按钮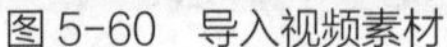；❹拖曳取色器，取样画面中的绿色，如图 5-62 所示。

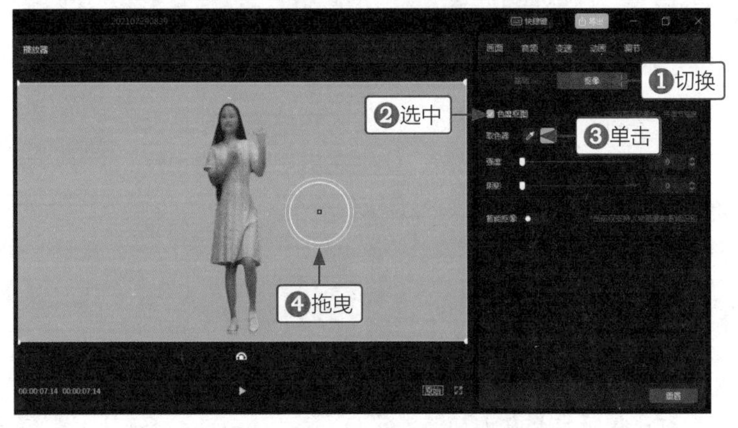

图 5-62　取样画面中的绿色

步骤 04 拖曳滑块，设置“强度”和“阴影”参数为 100，如图 5-63 所示。

图 5-63　设置参数

步骤 05 调整素材的大小和位置，“缩放”和“坐标”参数如图 5-64 所示。

图 5-64　调整素材的大小和位置

步骤 06 ❶单击“音频”按钮；❷添加合适的音乐，如图 5-65 所示。

步骤 07 调整音频时长，对齐视频素材时长，如图 5-66 所示。

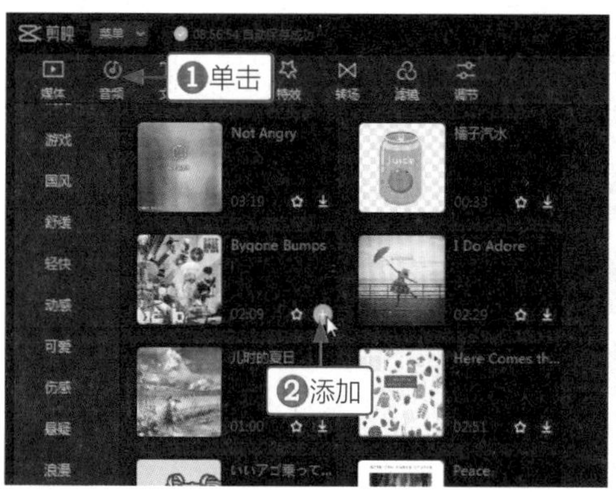

图 5-65　添加音频

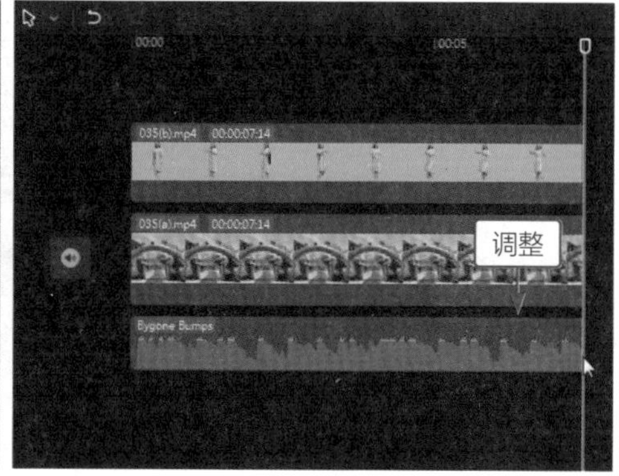

图 5-66　调整并对齐音频时长

步骤 08 单击“导出”按钮，导出并播放视频，如图 5-67 所示。人物在祝寿场景中跳舞，随着音乐起舞，画面欢快又自然。

图 5-67　导出并播放视频

第 6 章

蒙版合成和关键帧

蒙版合成和关键帧是制作视频过程中不可或缺的功能，掌握这些技巧才能做出各种有亮点的视频。本章主要介绍运用线性蒙版功能制作分身视频、运用矩形蒙版遮盖水印、运用星形蒙版制作卡点视频、运用混合模式功能合成文字、运用关键帧让照片变成视频，以及制作滑屏 Vlog 视频，帮助大家制作出更多出彩的视频。

实战036　运用线性蒙版功能制作分身视频

【效果展示】：在剪映中运用线性蒙版功能可以制作分身视频，把同一场景中的两个人物视频合成在一个视频场景中，效果如图 6-1 所示。

案例效果

教学视频

图 6-1　分身视频效果展示

下面介绍在剪映中运用线性蒙版功能制作分身视频的操作方法。

步骤 01 在剪映中导入两段同一场景、拍摄位置不同的人物视频，如图 6-2 所示。

步骤 02 把人物坐在左边的视频素材导入视频轨道中，把人物坐在右边的视频素材拖曳至画中画轨道中，调整视频轨道中素材的时长，对齐画中画轨道中的素材时长，如图 6-3 所示。

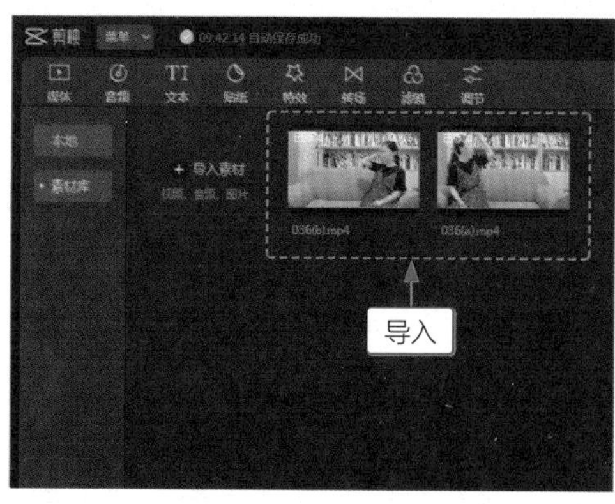

图 6-2　导入视频素材

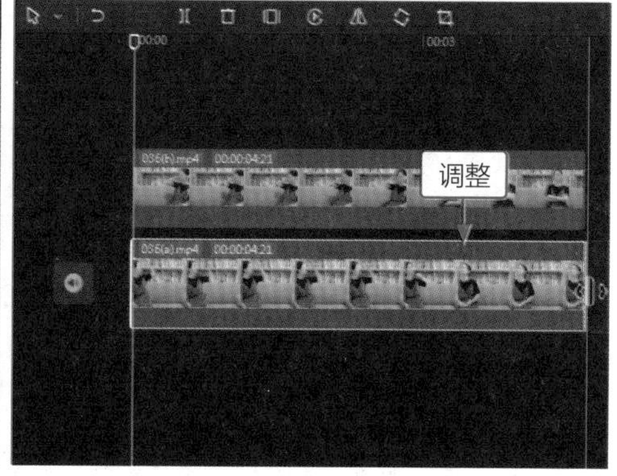

图 6-3　导入并调整素材

步骤 03 选择画中画轨道中的素材，❶切换至“蒙版”选项区；❷单击“线性”按钮；❸长按“旋转”按钮，旋转角度为 90°；❹长按“羽化”按钮并向右拖曳，微微调整羽化范围，使合成画面更加自然，如图 6-4 所示。

图 6-4　添加蒙版并调整画面

步骤 04 ❶单击“音频”按钮；❷切换至“音效素材”选项卡；❸在 BGM 选项区中选择合适的音效，如图 6-5 所示。

步骤 05 用上述同样的方法，添加两段音效，并调整三段音效的时长和位置，如图 6-6 所示。

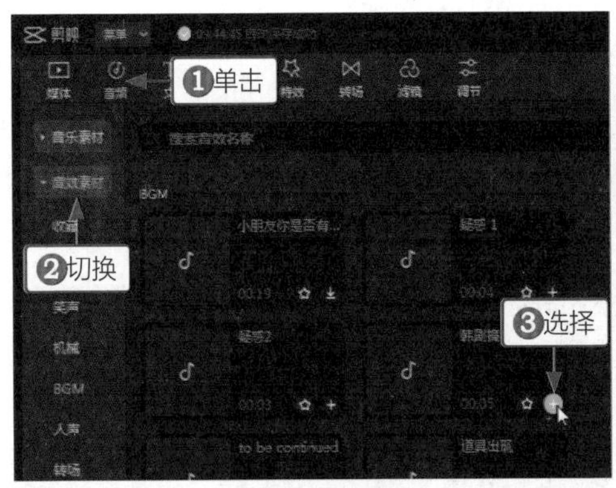

图 6-5　选择音效

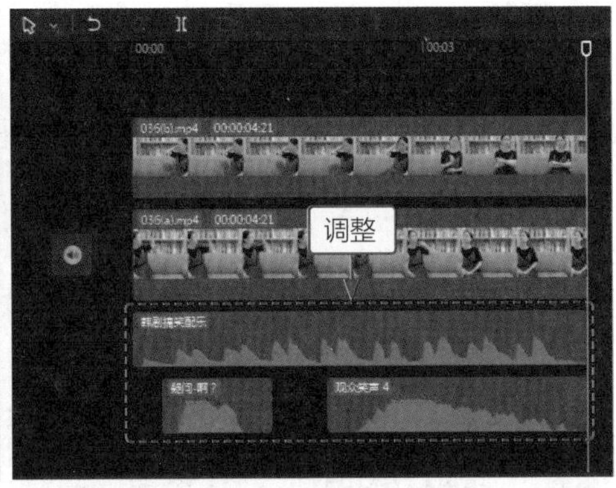

图 6-6　调整音效时长

步骤 06 单击“导出”按钮，导出并播放视频，如图 6-7 所示。

图 6-7　导出并播放视频

实战037　运用矩形蒙版遮盖视频中的水印

【效果展示】：在剪映中运用矩形蒙版功能可以遮盖视频中的水印，让水印不那么清晰，甚至还能去除水印，效果如图 6-8 所示。

案例效果

教学视频

图 6-8　遮盖视频水印效果展示

下面介绍在剪映中运用矩形蒙版功能遮盖视频水印的操作方法。

步骤 01 在剪映中导入一段视频素材，如图 6-9 所示。

步骤 02 ❶单击“特效”按钮；❷选择“模糊”特效，如图 6-10 所示。

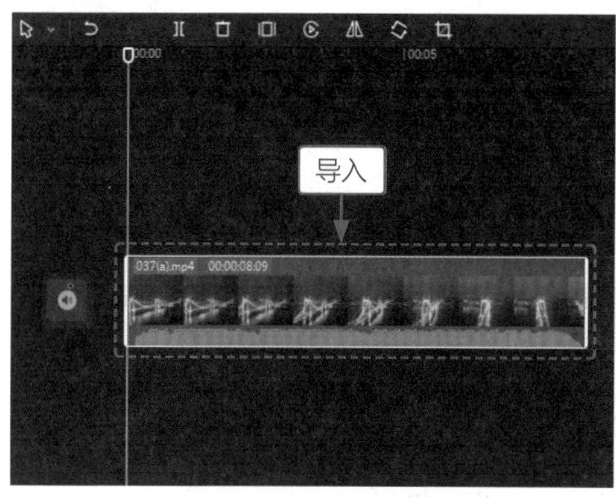

图 6-9　导入视频素材

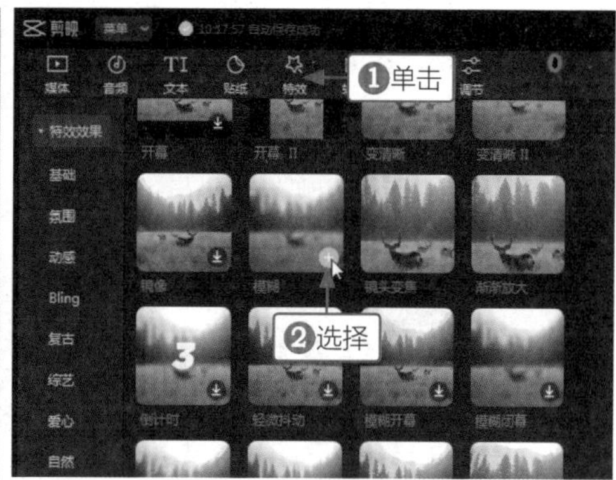

图 6-10　选择特效

步骤 03 调整特效的时长，对齐视频素材的时长，如图 6-11 所示。

步骤 04 单击“导出”按钮，导出该段视频，如图 6-12 所示。

步骤 05 在剪映中导入原始视频素材和上一步导出的视频素材，如图 6-13 所示。

步骤 06 把视频素材导入视频轨道中，把上一步导出的视频素材拖曳至画中画轨道中，并调整该素材时长，对齐视频轨道中素材的时长，如图 6-14 所示。

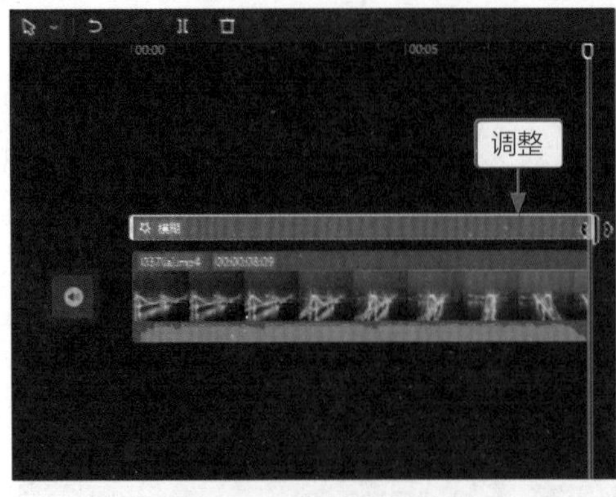

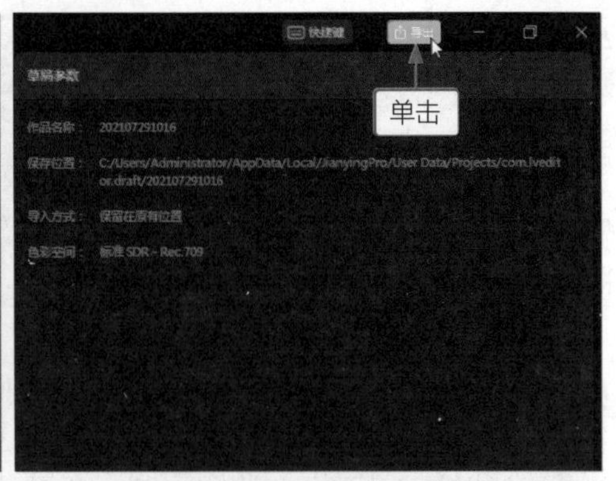

图 6-11　调整特效时长

图 6-12　单击“导出”按钮

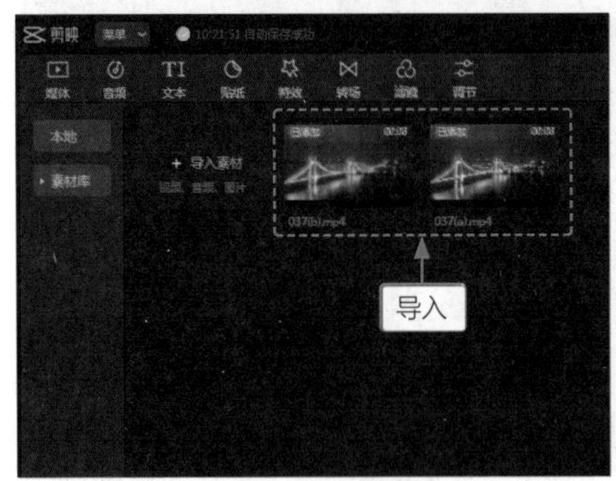

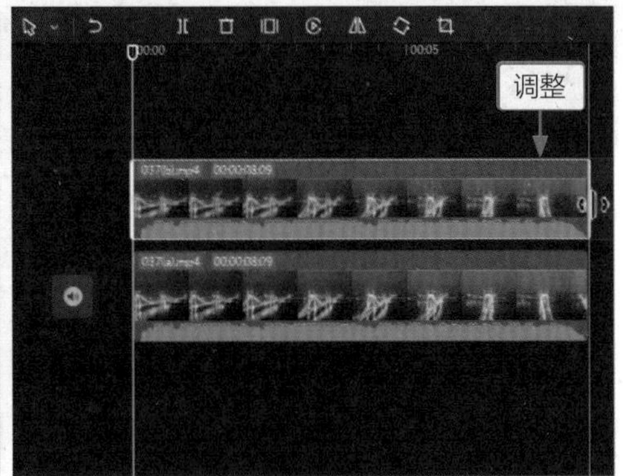

图 6-13　导入视频素材

图 6-14　调整素材时长

步骤 07 ❶切换至“蒙版”选项区；❷单击“矩形”按钮；❸调整矩形的大小和位置，使其刚好盖住水印；❹长按“羽化”按钮并微微向上拖曳，如图 6-15 所示。

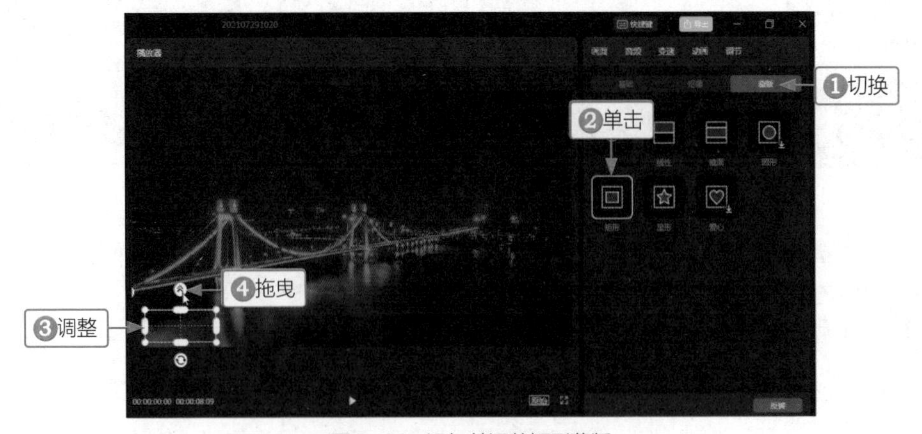

图 6-15　添加并调整矩形蒙版

步骤 08 单击“导出”按钮，预览视频前后的对比效果，如图 6-16 所示。可以看到视频中的水印变得很淡，甚至完全看不见了。

图 6-16　预览视频前后的对比效果

实战038　运用星形蒙版制作唯美卡点视频

【效果展示】：在剪映中运用星形蒙版功能可以制作星形卡点视频，画面非常唯美浪漫，效果如图 6-17 所示。

案例效果

教学视频

图 6-17　唯美卡点效果展示

下面介绍在剪映中运用星形蒙版功能制作唯美卡点视频的操作方法。

步骤 01 在剪映中导入三张照片素材，如图 6-18 所示。

步骤 02 把三张照片素材导入视频轨道中，并拖曳同样的照片素材至画中画轨道中，如图 6-19 所示。

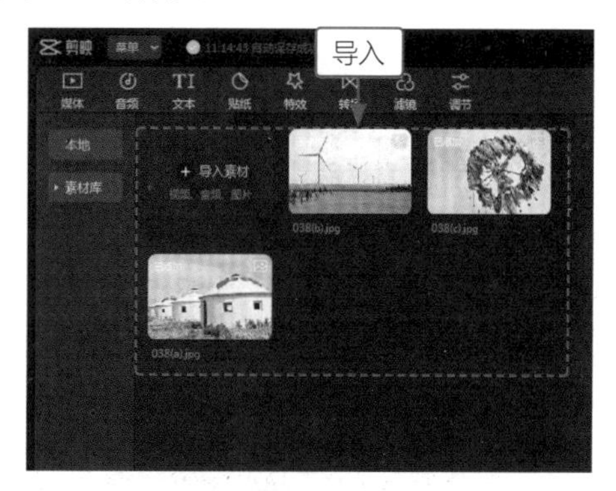

图 6-18　导入照片素材

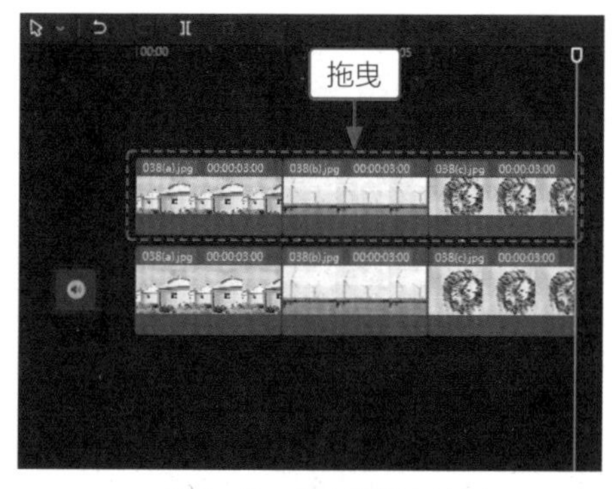

图 6-19　拖曳照片素材

步骤 03 选择视频轨道中的第一段素材，❶切换至“蒙版”选项区；❷单击“星形”按钮；❸拖曳白色圆点调整蒙版大小；❹单击“反转”按钮，如图 6-20 所示。

图 6-20　添加并调整蒙版

步骤 04 选择画中画轨道中的第一段素材，❶单击“星形”按钮；❷拖曳白色圆点调整星形蒙版的大小，如图 6-21 所示。为剩下的两段素材设置同样的蒙版效果。

图 6-21　设置“星形”蒙版效果

步骤 05 选择视频轨道中的素材，选择“缩小旋转”组合动画，如图 6-22 所示。

步骤 06 选择画中画轨道中的素材，选择“旋转降落”组合动画，如图 6-23 所示。为剩下的素材设置同样的动画效果。

图 6-22　选择“缩小旋转”组合动画

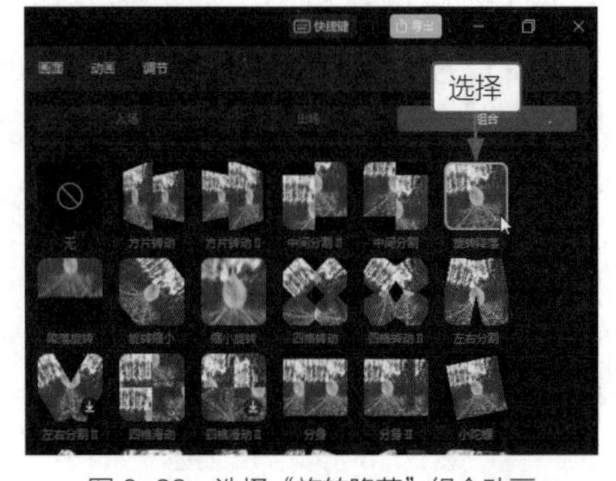

图 6-23　选择“旋转降落”组合动画

步骤 07 ❶单击“音频”按钮；❷添加合适的音乐，如图 5-24 所示。

步骤 08 调整音频的时长，对齐视频素材时长，如图 6-25 所示。

图 6-24　添加音频

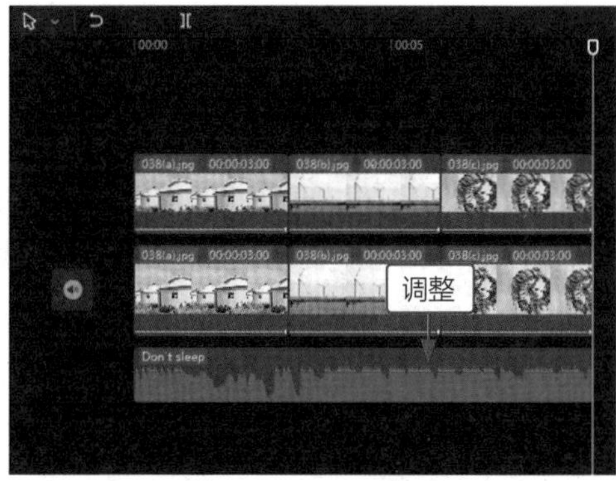

图 6-25　调整音频时长

步骤 09 单击“导出”按钮，导出并播放视频，如图 6-26 所示。

图 6-26　导出并播放视频

实战039　运用混合模式功能合成炫酷文字

【效果展示】：在剪映中运用混合模式功能可以合成两个视频，尤其是黑白色的文字视频素材，可以合成到其他视频中，效果非常绚烂，如图 6-27 所示。

案例效果

教学视频

图 6-27　合成文字效果展示

下面介绍在剪映中运用混合模式功能合成文字的操作方法。

步骤 01 在剪映中导入一段视频素材，如图 6-28 所示。

步骤 02 ❶切换至“素材库”选项卡；❷在“片头”选项区中选择一款文字视频素材，如图 6-29 所示。

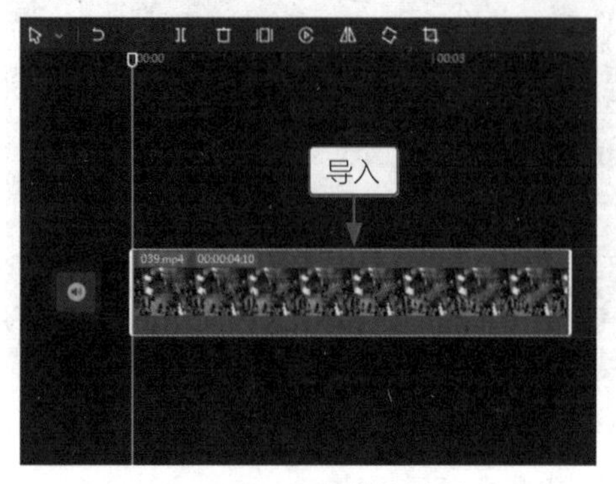

图 6-28　导入视频素材

图 6-29　选择文字视频素材

步骤 03 拖曳文字素材至画中画轨道中，调整其在轨道中的位置，如图 6-30 所示。

步骤 04 在“混合模式”面板中选择“滤色”选项，如图 6-31 所示。

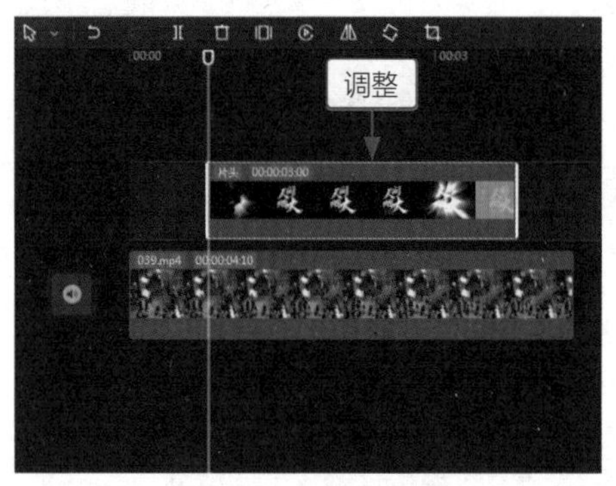

图 6-30　调整位置

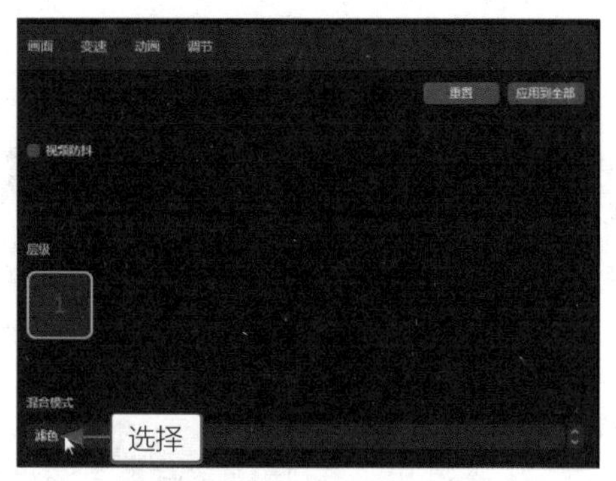

图 6-31　选择“滤色”选项

步骤 05 ❶单击“音频”按钮；❷添加合适的音乐，如图 5-32 所示。

步骤 06 调整音频的时长，对齐视频素材时长，如图 6-33 所示。

图 6-32　添加音频

图 6-33　调整音频时长

步骤 07 单击“导出”按钮，导出并播放视频，如图 6-34 所示。

图 6-34　导出并播放视频

实战040　运用关键帧让照片变成动态视频

【效果展示】：在剪映中运用关键帧功能可以让照片变成动态的视频，方法也非常简单，效果如图 6-35 所示。

案例效果

教学视频

图 6-35　照片变视频效果展示

下面介绍在剪映中运用关键帧让照片变成动态视频的操作方法。

步骤 01 在剪映中导入一张照片素材，把时长设置为 6s，如图 6-36 所示。

步骤 02 单击“原始”按钮，设置照片素材比例为 16 ：9，如图 6-37 所示。

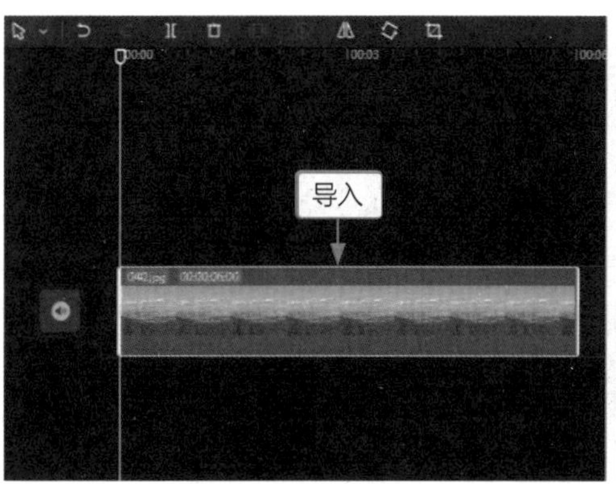

图 6-36　导入照片素材

图 6-37　设置照片素材比例

步骤 03 ❶调整素材画面使其铺满屏幕；❷单击“坐标”右侧的关键帧按钮◇，添加关键帧；❸调整素材位置，使画面最左边位置为视频起始位置，如图 6-38 所示。

图 6-38　调整画面并添加关键帧

步骤 04 拖曳时间指示器至视频末尾位置，调整素材位置，使画面最右边位置为视频末尾位置，“坐标”会自动添加关键帧，如图 6-39 所示。

图 6-39　调整素材位置

步骤 05 视频起始位置和末尾位置中白色和蓝色的小点，就代表添加的两个关键帧，如图 6-40 所示。

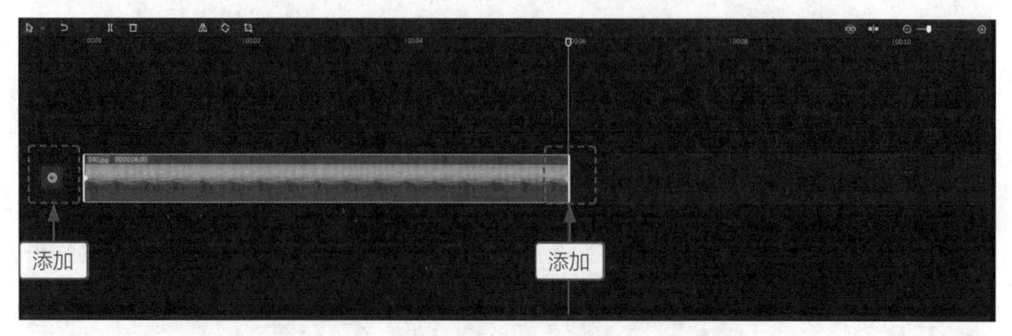

图 6-40　添加关键帧

步骤 06 ❶单击“文本”按钮；❷选择一款文字模板，如图 6-41 所示。

步骤 07 调整文字的时长，对齐视频素材时长，如图 6-42 所示。

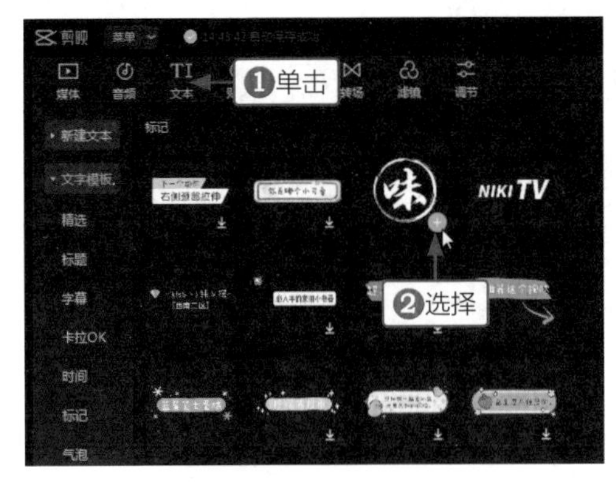

图 6-41　选择文本

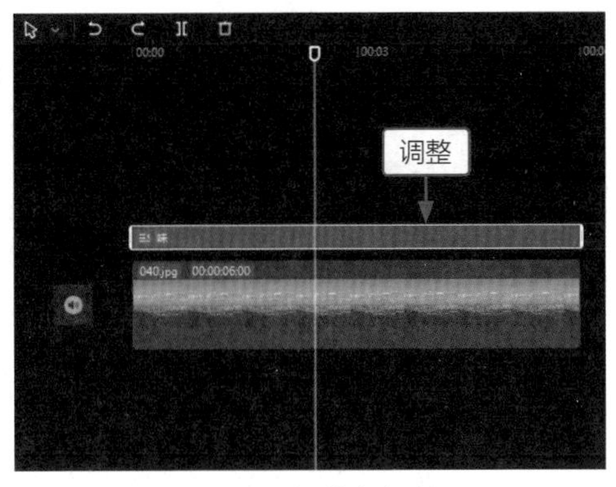

图 6-42　调整文字时长

步骤 08 ❶更改文字内容；❷调整文字的大小和位置，如图 6-43 所示。

图 6-43　文字内容更改并调整

步骤 09 ❶单击“音频”按钮；❷添加合适的音乐，如图 5-44 所示。

步骤 10 调整音频的时长，对齐视频素材时长，如图 6-45 所示。

图 6-44　添加音频

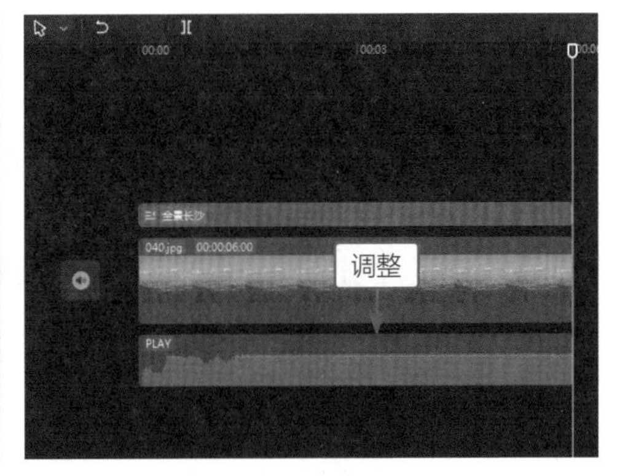

图 6-45　调整音频时长

步骤 11 单击“导出”按钮，导出并播放视频，如图 6-46 所示。

图 6-46　导出并播放视频

剪映电脑版目前只有“不透明度”“缩放”和“坐标”能够设置关键帧。

实战041　运用关键帧制作滑屏Vlog视频

【效果展示】：在剪映中运用关键帧功能可以制作滑屏Vlog视频，产生视频中有视频的效果，如图 6-47 所示。

案例效果

教学视频

图 6-47　滑屏 Vlog 效果展示

下面介绍在剪映中运用关键帧制作滑屏 Vlog 视频的操作方法。

步骤 01 在剪映中导入四段视频素材，如图 6-48 所示。

步骤 02 把视频素材拖曳至视频轨道和画中画轨道中，并设置统一的时长，如图 6-49 所示。

步骤 03 单击“原始”按钮，设置画面比例为 9 ：16，如图 6-50 所示。

步骤 04 ❶切换至“背景”选项区；❷在“背景填充”面板中选择“颜色”选项；❸在“颜色”面板中选择灰色，如图 6-51 所示。

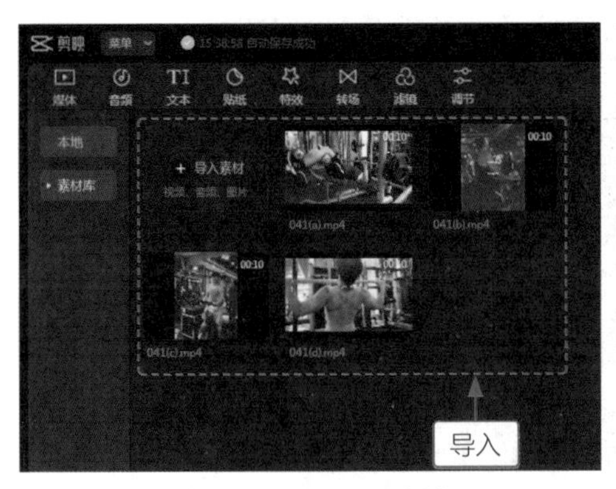

图 6-48　导入视频素材

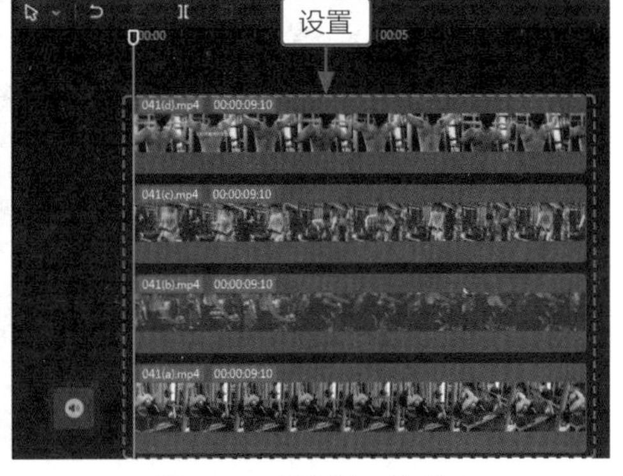

图 6-49　设置统一的时长

图 6-50　设置画面比例

图 6-51　填充背景色

步骤 05 调整四段视频素材在画面中的位置，单击“导出”按钮，如图 6-52 所示。

步骤 06 在剪映中导入上一步导出的视频素材，如图 6-53 所示。

步骤 07 单击“原始”按钮，设置画面比例为 16 ： 9，如图 6-54 所示。

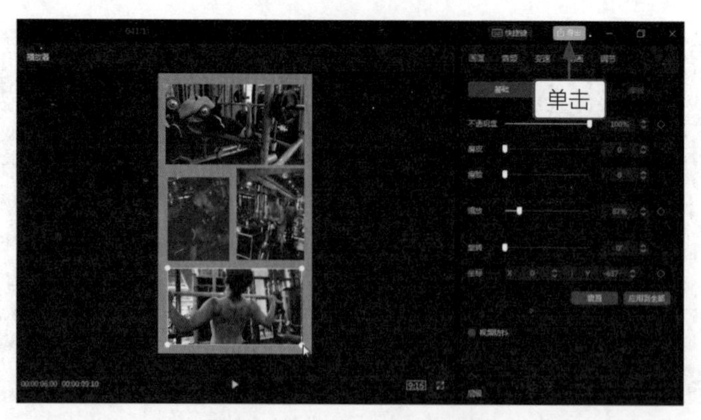

图 6-52　单击“导出”按钮

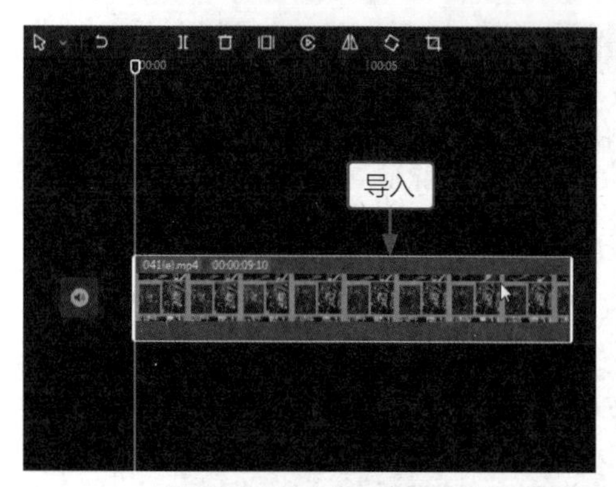

图 6-53　导入视频素材

图 6-54　设置画面比例

步骤 08 ❶调整素材画面使其铺满屏幕；❷单击“坐标”右侧的关键帧按钮◇，添加关键帧；❸调整素材位置，使画面最上面位置为视频起始位置，如图 6-55 所示。

图 6-55　调整画面位置并添加关键帧

步骤 09 拖曳时间指示器至视频末尾位置，调整素材位置，使画面最下面的位置为视频末尾位置，“坐标”会自动添加关键帧，如图 6-56 所示。

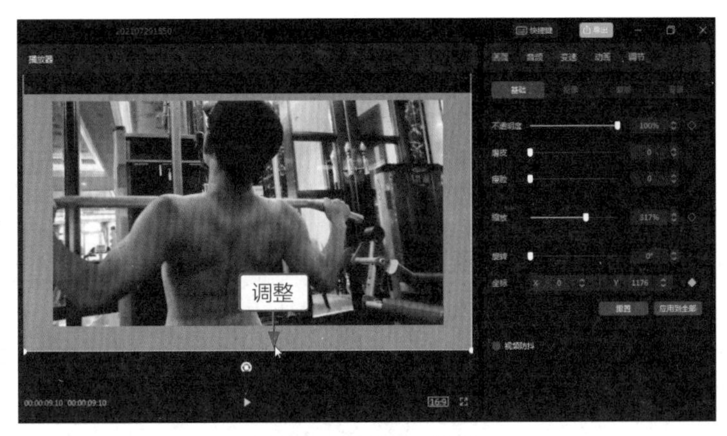

图 6-56　调整素材位置

步骤 10 ❶单击“文本”按钮；❷选择一款字幕模板，如图 5-57 所示。

步骤 11 调整文字的时长，对齐视频素材时长，如图 6-58 所示。

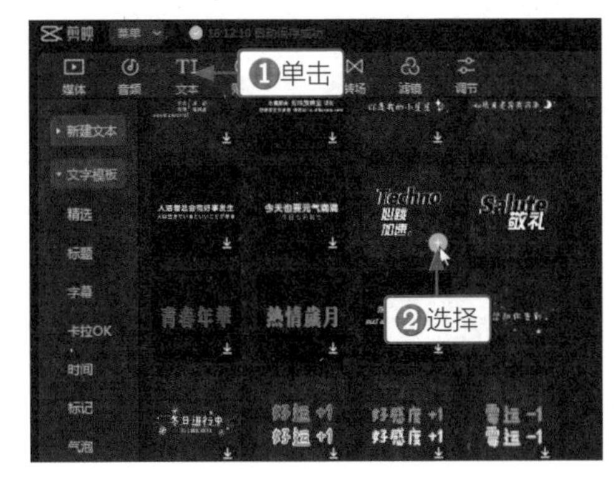

图 6-57　选择文本

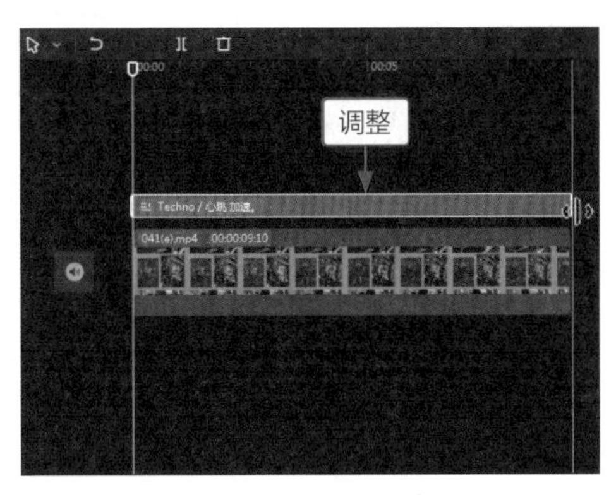

图 6-58　调整文字时长

步骤 12 ❶更改文字内容；❷调整文字的大小和位置，如图 6-59 所示。

图 6-59　文字内容更改并调整

步骤 13 ❶单击“音频”按钮；❷添加合适的音乐，如图 5-60 所示。

步骤 14 调整音频的时长，对齐视频素材时长，如图 6-61 所示。

图 6-60　添加音频

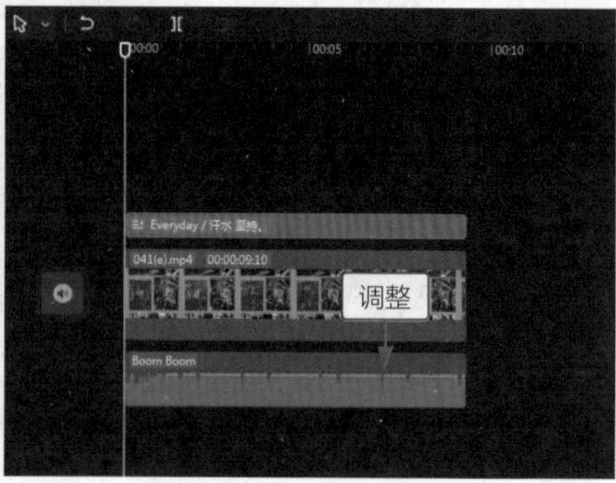

图 6-61　调整音频时长

步骤 15 单击“导出”按钮，导出并播放视频，如图 6-62 所示。

图 6-62　导出并播放视频

第 7 章

转场和变速技巧

多个素材组成的视频少不了转场，有特色的转场能为视频增加特色，还能使过渡更加自然，是剪辑中必学的一项技巧。本章主要介绍如何设置自带的转场，以及制作笔刷转场、叠化转场、飘散转场、撕纸转场、曲线变速转场和坡度变速转场。电影和视频都少不了转场，转场越自然，视频画面就越流畅。

实战042 学会设置自带的转场

【效果展示】：在剪映中有自带的转场，如“基础转场”“运镜转场”“特效转场”“MG 转场”“幻灯片”和“遮罩转场”，几十种转场效果，可为视频增加更多亮点，如图 7-1 所示。

案例效果

教学视频

图 7-1　设置转场效果展示

下面介绍如何在剪映中设置自带的转场。

步骤 01 在剪映中导入四张照片素材，如图 7-2 所示。

步骤 02 ❶单击“转场”按钮；❷切换至“幻灯片”选项卡；❸单击“百叶窗”转场右下角的⊕按钮，如图 7-3 所示。

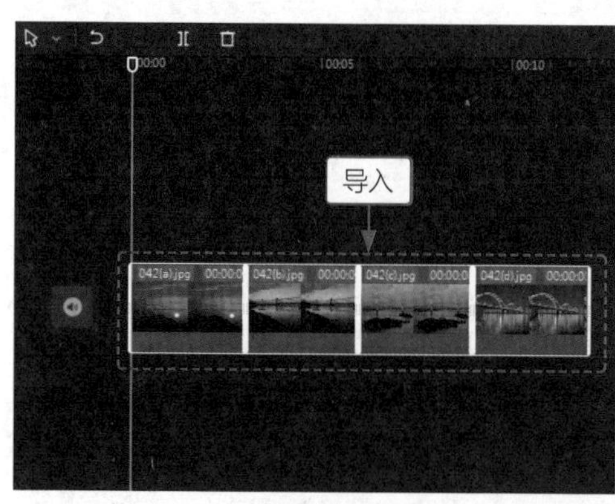

图 7-2　导入照片素材

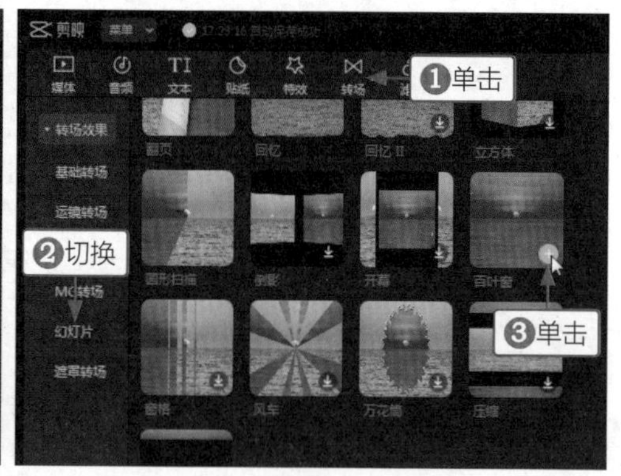

图 7-3　选择转场方式

步骤 03 拖曳时间指示器至第二段素材的位置，❶切换至“遮罩转场”选项卡；❷单击“水墨”转场右下角的⊕按钮，如图 7-4 所示。

步骤 04 拖曳时间指示器至第四段素材的位置，❶切换至“幻灯片”选项卡；❷单击“圆形扫描”转场右下角的⊕按钮，如图 7-5 所示，即可在素材之间添加转场。

步骤 05 选择第一段素材，❶单击“动画”按钮；❷选择“轻微抖动 II”入场动画；❸设置“动画时长”为 3s，如图 7-6 所示。

步骤 06 选择第二段素材，❶选择“雨刷”入场动画；❷设置“动画时长”为 3s，如图 7-7 所示。

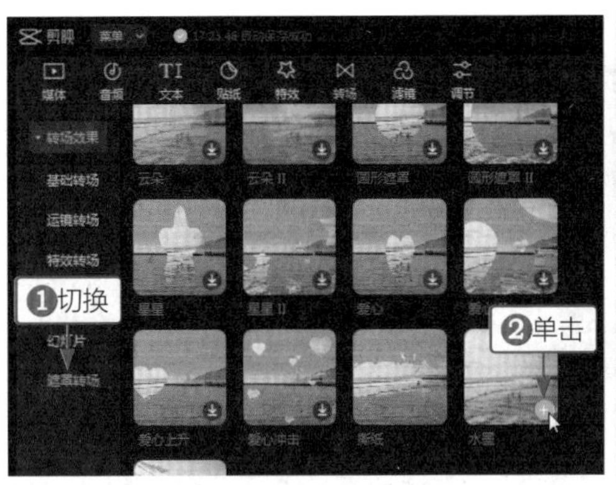

图 7-4　选择“水墨”转场

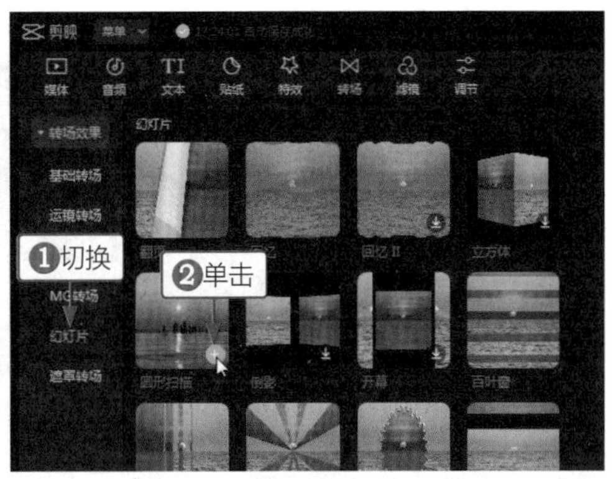

图 7-5　选择“圆形扫描”转场

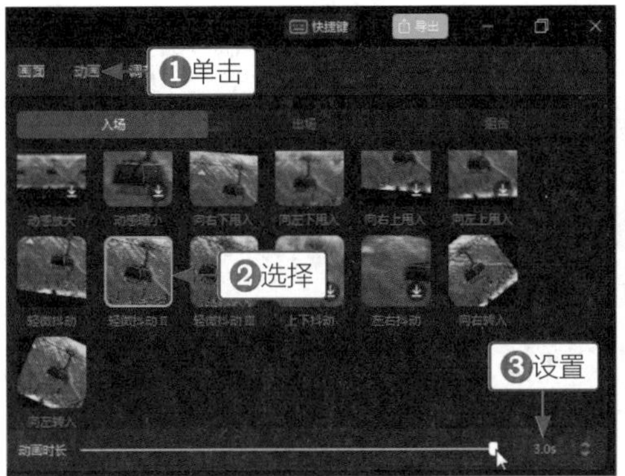

图 7-6　选择“轻微抖动”入场动画

图 7-7　选择“雨刷”入场动画

专家提醒

由于素材是照片素材，所以在设置转场后还需要对素材设置相关的动画，这样才能让播放的视频更加动感。

步骤 07 选择第三段素材，❶选择“钟摆”入场动画；❷设置“动画时长”为 3s，如图 7-8 所示。

步骤 08 选择第四段素材，❶切换至“组合”选项卡；❷选择“回弹伸缩”动画，如图 7-9 所示。

步骤 09 ❶单击“音频”按钮；❷添加合适的音乐，如图 7-10 所示。

步骤 10 调整音频时长，对齐视频素材时长，如图 7-11 所示。

步骤 11 单击“导出”按钮，导出并播放视频，如图 7-12 所示。

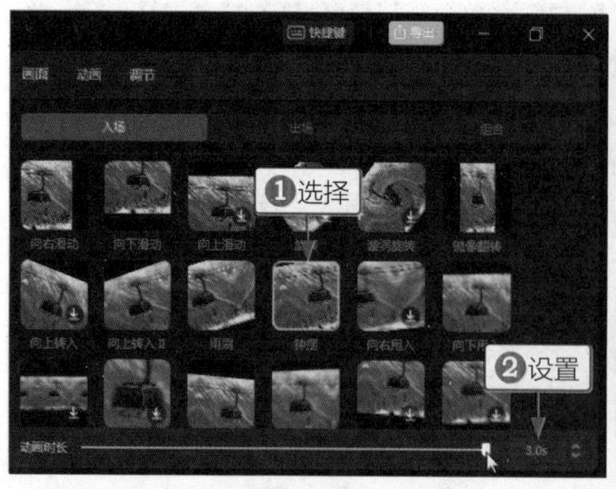

图 7-8　选择“钟摆”入场动画

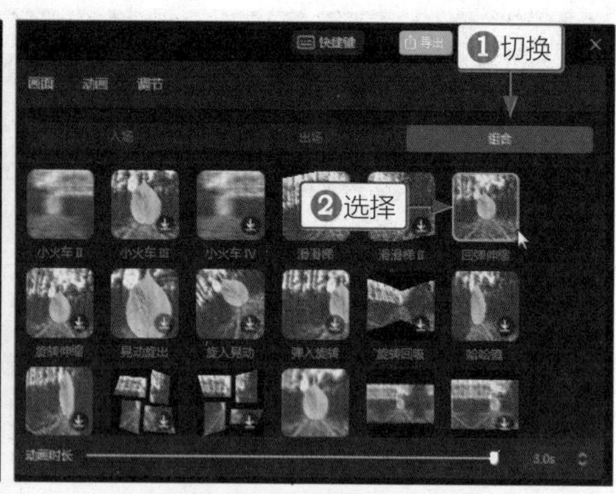

图 7-9　选择“回弹伸缩”动画

图 7-10　添加音频

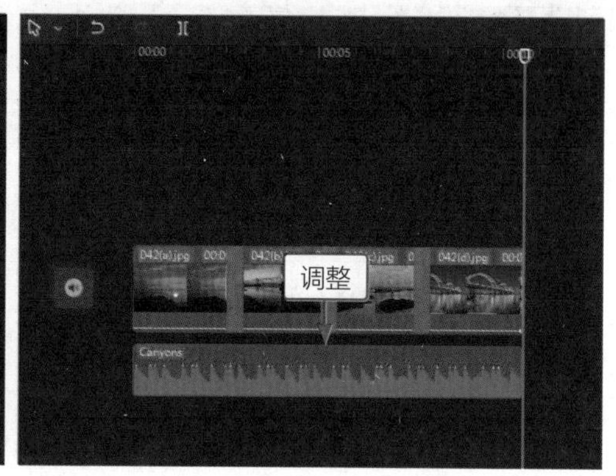

图 7-11　调整音频时长

图 7-12　导出并播放视频

实战043　制作涂抹画面的笔刷转场

【效果展示】：在第 5 章曾介绍过色度抠图的技巧，本节内容主要为用这个知识点来设置转场，制作涂抹画面般的笔刷转场，效果如图 7-13 所示。

案例效果

教学视频

图 7-13 笔刷转场效果展示

下面介绍在剪映中制作笔刷转场的操作方法。

步骤 01 在剪映中导入视频素材和笔刷绿幕视频素材，如图 7-14 所示。

步骤 02 把视频素材添加到视频轨道中，把绿幕素材拖曳至画中画轨道中，调整位置，对齐视频素材的末尾位置，如图 7-15 所示。

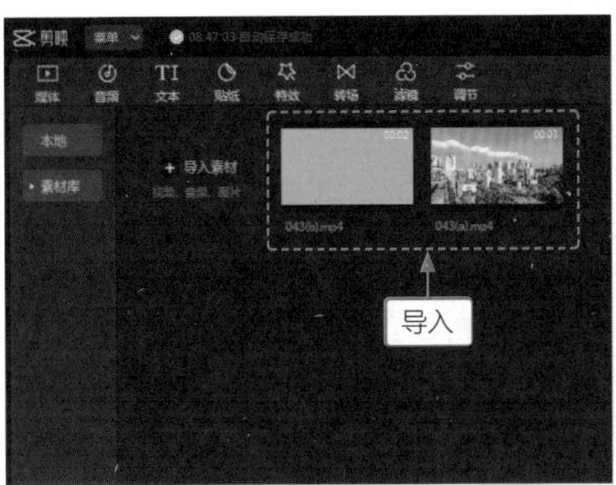

图 7-14 导入视频素材

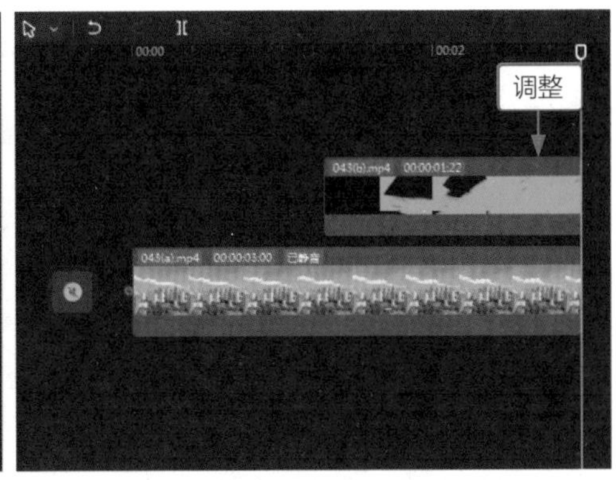

图 7-15 调整素材位置

步骤 03 ❶切换至“抠像”选项区；❷选中“色度抠图”复选框；❸单击“取色器”按钮；❹拖曳取色器，取样画面中的黑色，如图 7-16 所示。

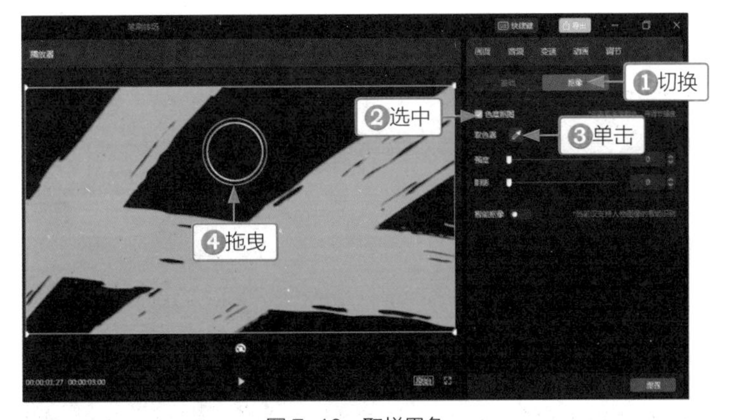

图 7-16 取样黑色

步骤 04 ❶设置“强度”参数为 100；❷单击“导出”按钮，如图 7-17 所示。

图 7-17　设置参数并导出

步骤 05 在剪映中导入第二段视频素材和上一步导出的视频素材，如图 7-18 所示。

步骤 06 把视频素材导入视频中，把上一步导出的视频素材拖曳至画中画轨道中，调整位置，对齐视频素材的起始位置，如图 7-19 所示。

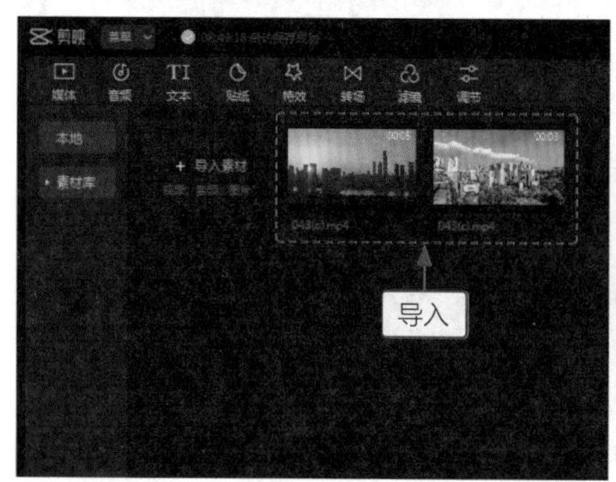

图 7-18　导入视频素材

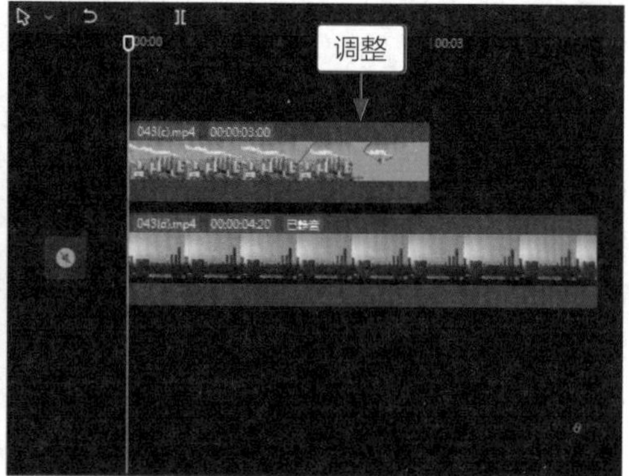

图 7-19　调整素材位置

步骤 07 ❶切换至“抠像”选项区；❷选中“色度抠图”复选框；❸单击“取色器”按钮；❹拖曳取色器，取样画面中的绿色，如图 7-20 所示。

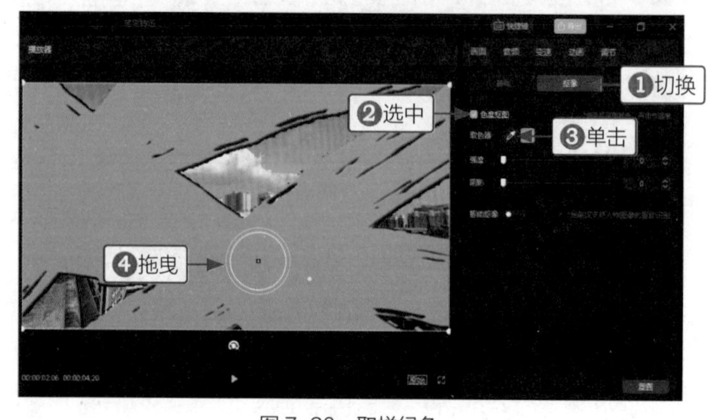

图 7-20　取样绿色

步骤 08 拖曳滑块，设置“强度”和“阴影”参数为 100，如图 7-21 所示。

图 7-21　设置参数

步骤 09 ❶单击“音频”按钮；❷添加合适的音乐，如图 7-22 所示。

步骤 10 调整音频时长，对齐视频素材时长，如图 7-23 所示。

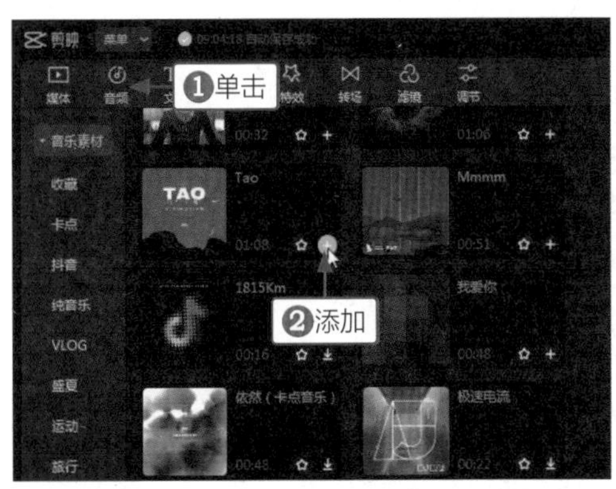

图 7-22　添加音频

图 7-23　调整音频时长

步骤 11 单击“导出”按钮，导出并播放视频，如图 7-24 所示。

图 7-24　导出并播放视频

实战044 制作人物重影的叠化转场

【效果展示】：叠化转场是基础转场中的一种，可以用来制作人物重影的转场效果，给人一种时间流逝的感觉，如图 7-25 所示。

案例效果

教学视频

图 7-25 叠化转场效果展示

下面介绍在剪映中制作人物重影叠化转场的操作方法。

步骤 01 在剪映中导入视频素材，❶拖曳时间指示器至 00:00:03:16 的位置；❷单击“分割”按钮，如图 7-26 所示。

步骤 02 为分割出来的两段素材都设置 0.5x 变速效果，如图 7-27 所示。

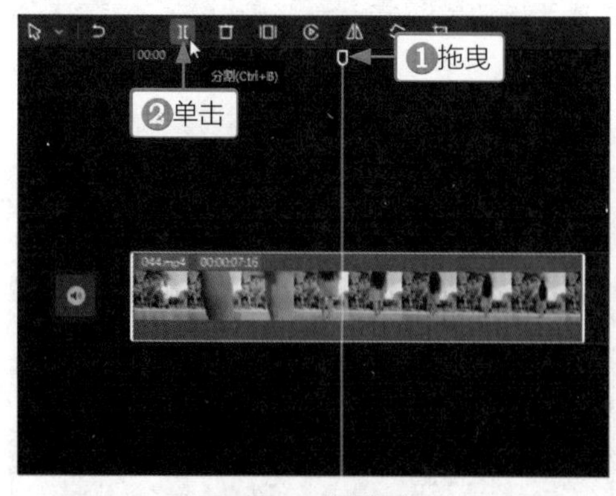

图 7-26 分割视频

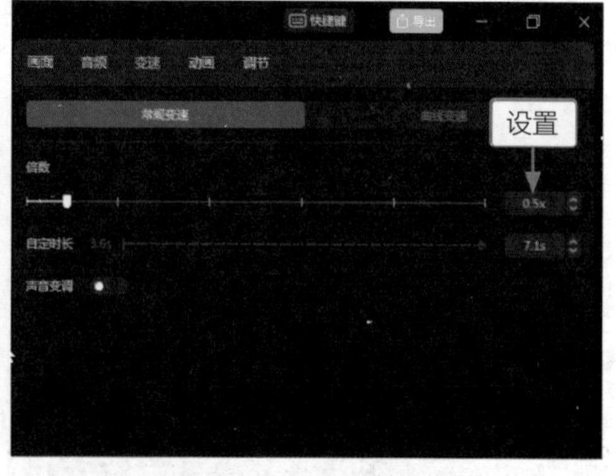

图 7-27 设置变速效果

步骤 03 ❶单击“转场”按钮；❷在“基础转场”选项卡中单击“叠化”转场右下角的按钮，如图 7-28 所示。

步骤 04 拖曳滑块，设置“转场时长”为 3.5s，如图 7-29 所示。

图 7-28　设置“叠化”转场

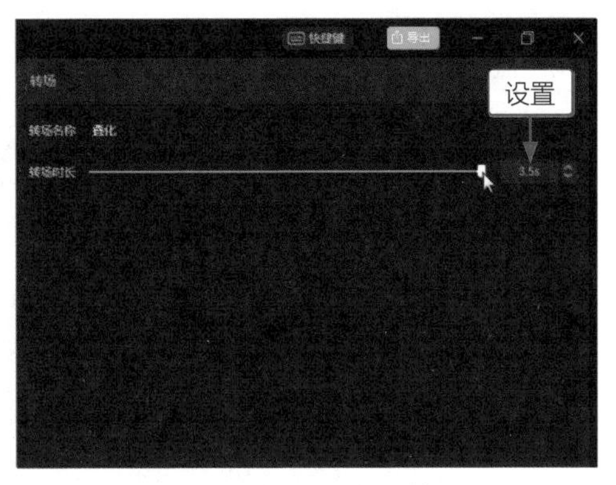

图 7-29　设置转场时长

步骤 05 ❶单击“音频”按钮；❷添加合适的音乐，如图 7-30 所示。

步骤 06 调整音频时长，对齐视频素材时长，如图 7-31 所示。

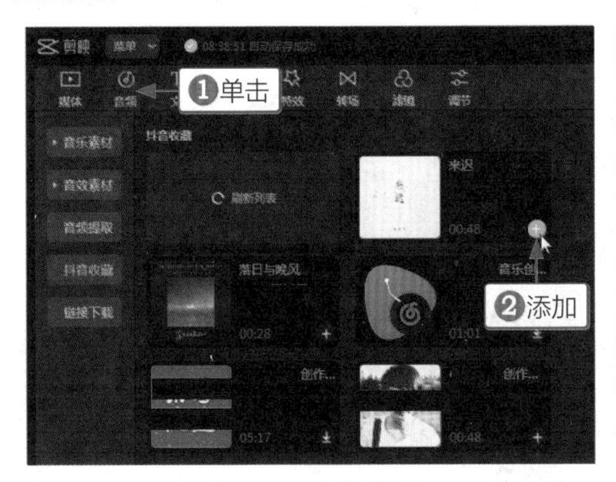

图 7-30　添加音频

图 7-31　调整音频时长

步骤 07 单击“导出”按钮，导出并播放视频，如图 7-32 所示。

图 7-32　导出并播放视频

实战045 制作画面破碎的飘散转场

【效果展示】：飘散转场的效果给人一种画面破碎的感觉，很适合用在场景画面差不多的视频中，效果如图 7-33 所示。

案例效果

教学视频

图 7-33 飘散转场效果展示

下面介绍在剪映中制作飘散转场的操作方法。

步骤 01 在剪映中导入视频素材和飘散绿幕视频素材，如图 7-34 所示。

步骤 02 把视频素材添加到视频轨道中，把绿幕素材拖曳至画中画轨道中，如图 7-35 所示。

图 7-34 导入视频素材

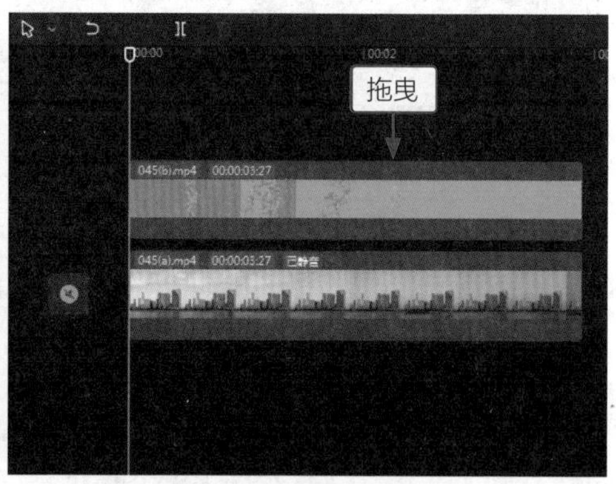

图 7-35 拖曳绿幕素材

步骤 03 选择画中画轨道，❶切换至"抠像"选项区；❷选中"色度抠图"复选框；❸单击"取色器"按钮；❹拖曳取色器取样画面中的蓝色，如图 7-36 所示。

步骤 04 ❶拖曳滑块，设置"强度"和"阴影"参数为 100；❷单击"导出"按钮，如图 7-37 所示。

步骤 05 在剪映中导入第二段视频素材和上一步导出的视频素材，如图 7-38 所示。

步骤 06 把视频素材添加到视频轨道中，把上一步导出的视频素材拖曳至画中画轨道中，调整位置，对齐视频素材的起始位置，如图 7-39 所示。

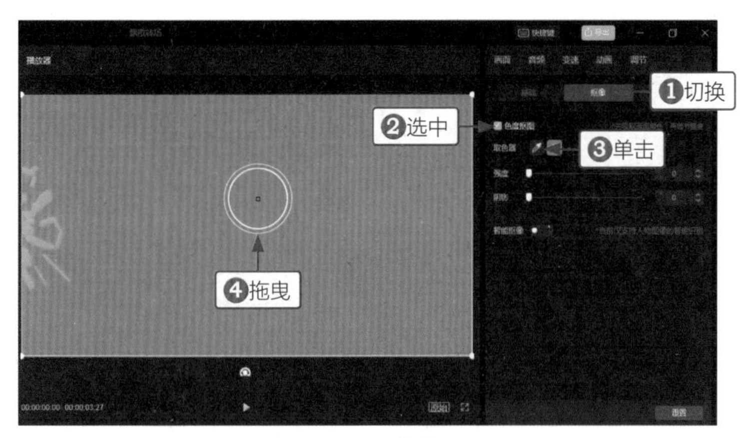

图 7-36 取样蓝色

图 7-37 设置参数并导出

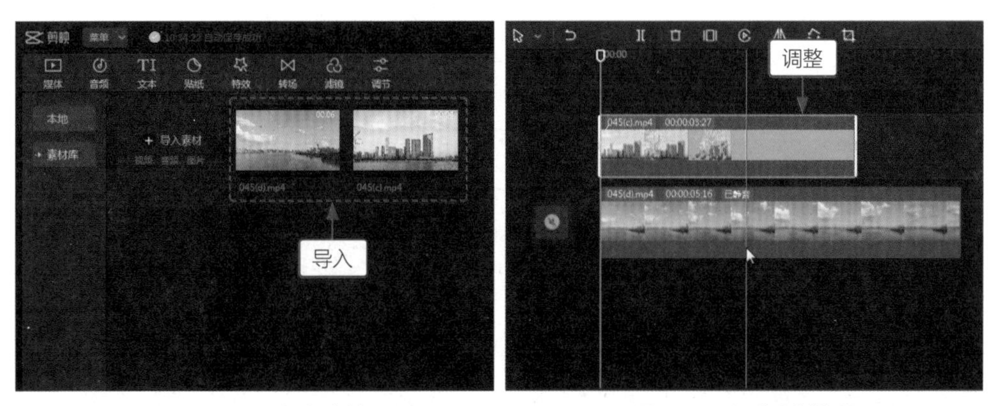

图 7-38 导入视频素材　　图 7-39 调整素材位置

步骤 07 选择画中画轨道，❶切换至“抠像”选项区；❷选中“色度抠图”复选框；❸单击“取色器”按钮；❹拖曳取色器取样画面中的绿色，如图 7-40 所示。

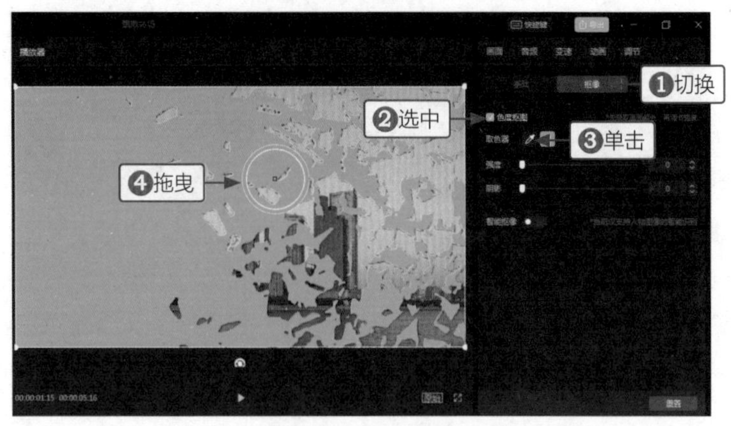

图 7-40　取样绿色

步骤 08 拖曳滑块，设置“强度”和“阴影”参数为 100，如图 7-41 所示。

图 7-41　设置参数

步骤 09 ❶单击“音频”按钮；❷添加合适的音乐，如图 7-42 所示。

步骤 10 调整音频时长，对齐视频素材时长，如图 7-43 所示。

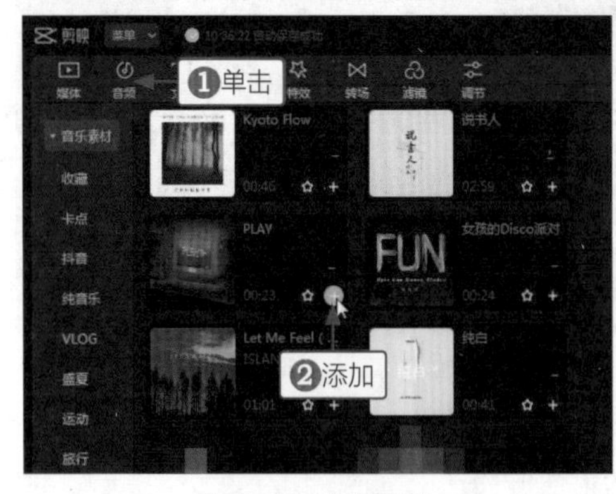

图 7-42　添加音频

图 7-43　调整音频时长

步骤 11 单击"导出"按钮，导出并播放视频，如图 7-44 所示。

图 7-44　导出并播放视频

用户可以在抖音搜索和下载转场绿幕素材，制作转场会更加方便快捷。

实战046　制作形象逼真的撕纸转场

【效果展示】：撕纸转场的形象逼真，用在同一场景日夜变换视频中的效果特别好，如图 7-45 所示。

案例效果

教学视频

图 7-45　撕纸转场效果展示

下面介绍在剪映中制作撕纸转场的操作方法。

步骤 01 在剪映中导入视频素材和撕纸绿幕视频素材，如图 7-46 所示。

步骤 02 把视频素材添加到视频轨道中，把绿幕素材拖曳至画中画轨道中，调整位置，对齐视频轨道的末尾位置，如图 7-47 所示。

步骤 03 选择画中画轨道，❶切换至"抠像"选项区；❷选中"色度抠图"复选框；❸单击"取色器"按钮；❹拖曳取色器取样画面中的浅绿色，如图 7-48 所示。

步骤 04 ❶拖曳滑块，设置"强度"参数为 6、"阴影"参数为 100；❷单击"导出"按钮，如图 7-49 所示。

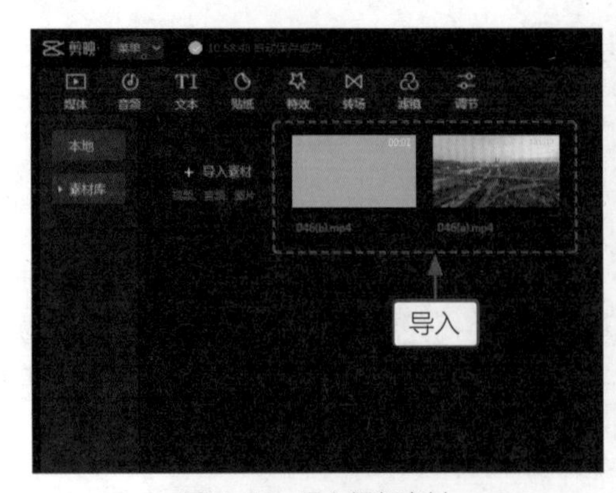

图 7-46　导入视频素材

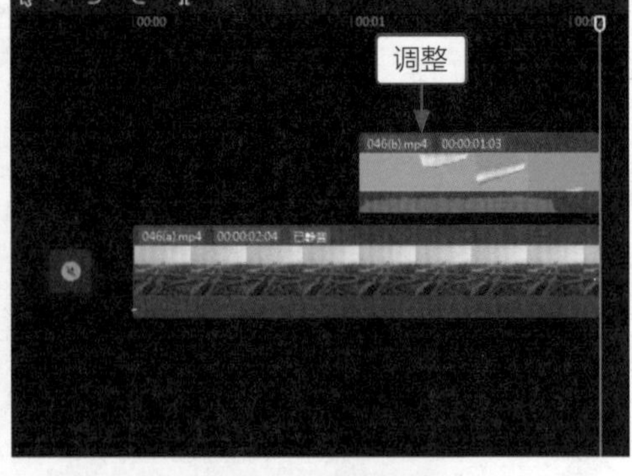

图 7-47　调整位置

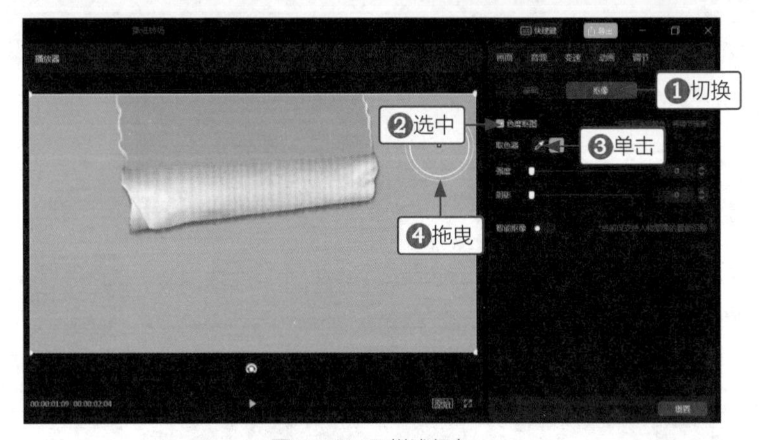

图 7-48　取样浅绿色

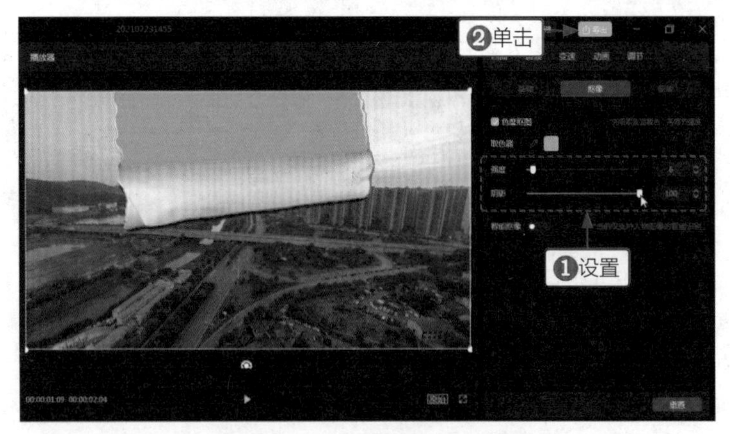

图 7-49　设置参数并导出

步骤 05 在剪映中导入第二段视频素材和上一步导出的视频素材，如图 7-50 所示。

步骤 06 把视频素材添加到视频轨道中，把上一步导出的视频素材拖曳至画中画轨道中，调整位置，对齐视频素材的起始位置，如图 7-51 所示。

图 7-50　导入视频素材

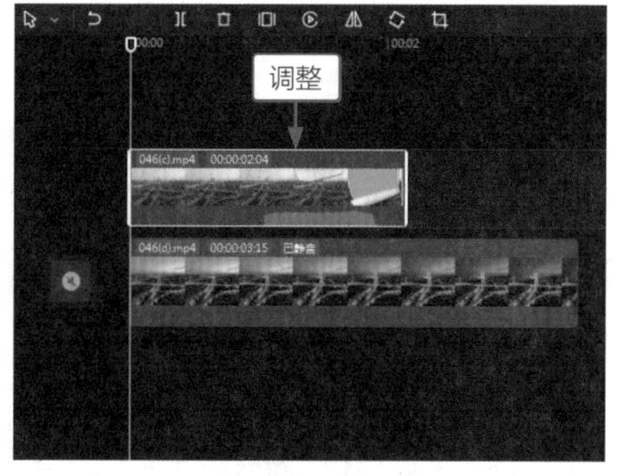

图 7-51　调整素材位置

步骤 07 ❶切换至“抠像”选项区；❷选中“色度抠图”复选框；❸单击“取色器”按钮；❹拖曳取色器，取样画面中的深绿色，如图 7-52 所示。

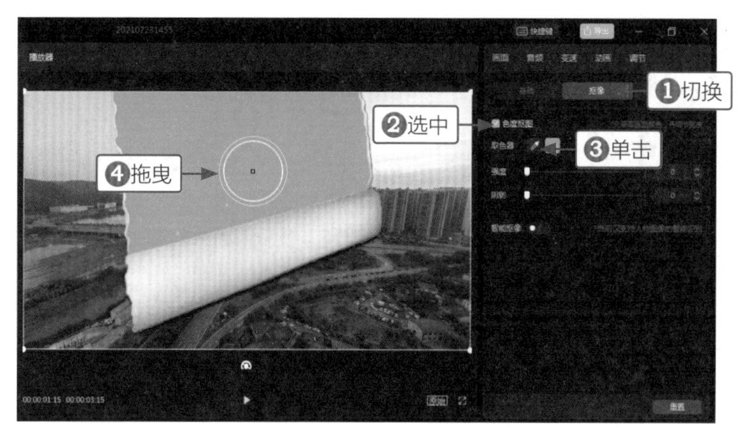

图 7-52　取样深绿色

步骤 08 拖曳滑块，设置“强度”和“阴影”参数为 100，如图 7-53 所示。

图 7-53　设置参数

步骤 09 ❶单击“音频”按钮；❷添加合适的音乐，如图 7-54 所示。

步骤 10 调整音频时长，对齐视频素材时长，如图 7-55 所示。

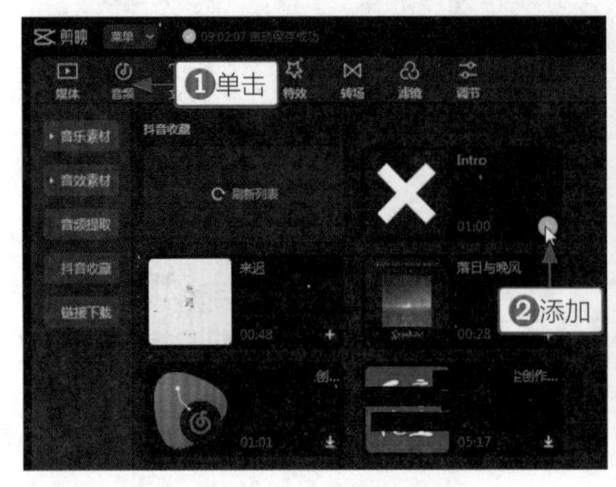

图 7-54　添加音频

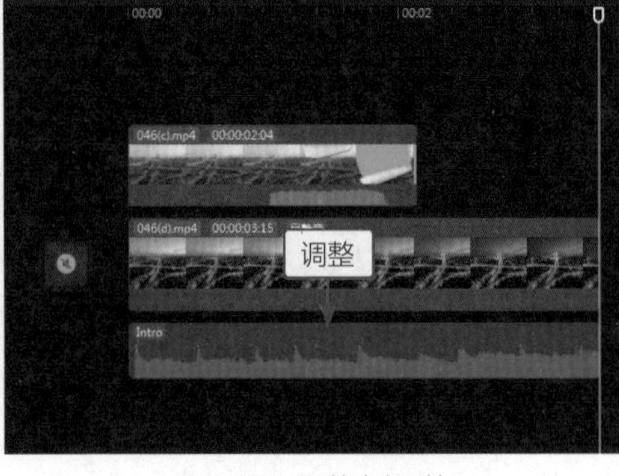

图 7-55　调整音频时长

步骤 11 单击“导出”按钮，导出并播放视频，如图 7-56 所示。

图 7-56　导出并播放视频

实战047　制作完美过渡的曲线变速转场

【效果展示】：曲线变速转场能让视频之间的过渡更加自然，很适合用在运镜角度差不多的视频中，效果如图 7-57 所示。

案例效果

教学视频

图 7-57　曲线变速转场效果展示

下面介绍在剪映中制作曲线变速转场的操作方法。

步骤 01 在剪映中导入两段视频素材，如图 7-58 所示。

步骤 02 把这两段视频素材都添加到视频轨道中，调整位置，如图 7-59 所示。

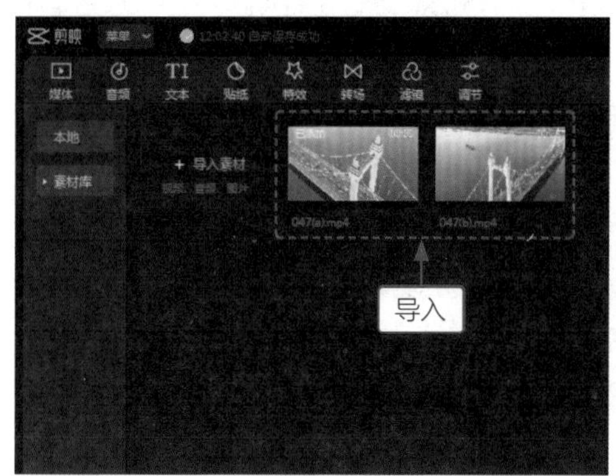

图 7-58　导入视频素材

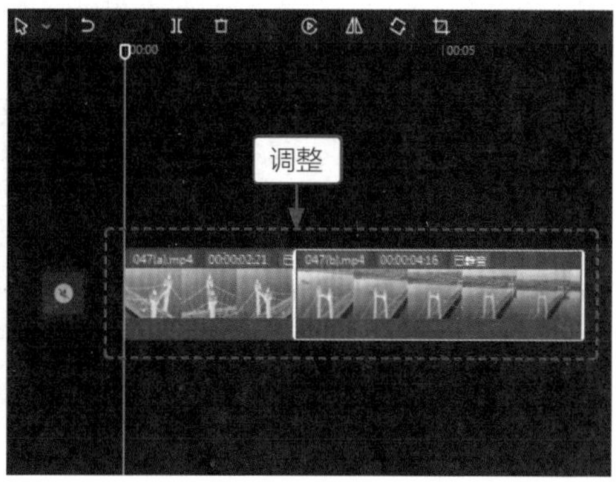

图 7-59　添加并调整素材

步骤 03 选择第一段视频素材，❶单击“变速”按钮；❷切换至“曲线变速”选项卡；❸选择“自定义”选项；❹把前面三个变速点拖曳至第四条虚线的位置，把后面两个变速点拖曳至第一条虚线的位置，如图 7-60 所示。

步骤 04 选择第二段视频素材，❶选择“自定义”选项；❷把前面三个变速点拖曳至第一条虚线的位置上，把后面两个变速点拖曳至第四条虚线的位置，如图 7-61 所示。

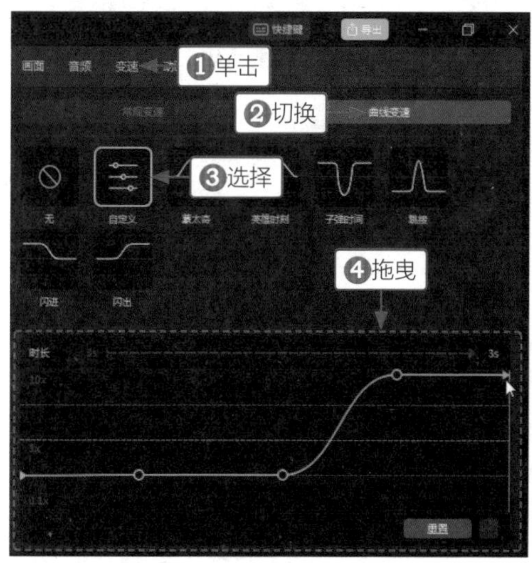

图 7-60　调整第一段视频

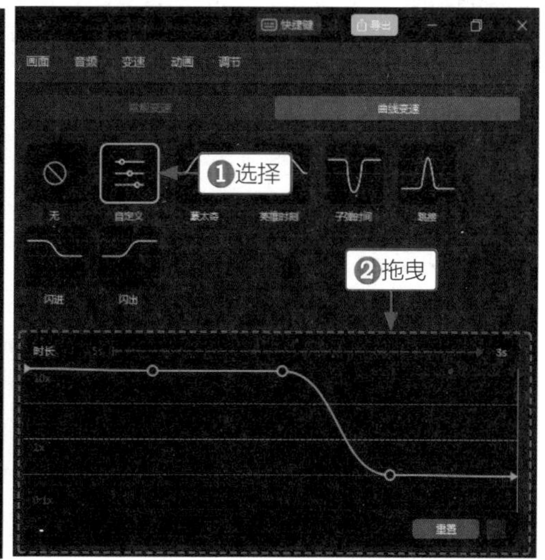

图 7-61　调整第二段视频

步骤 05 ❶单击“音频”按钮；❷切换至“音效素材”选项卡；❸在“转场”选项区中添加一款音效，如图 7-62 所示。

步骤 06 ❶在搜索栏中搜索音效；❷添加选中的音效，如图 7-63 所示。

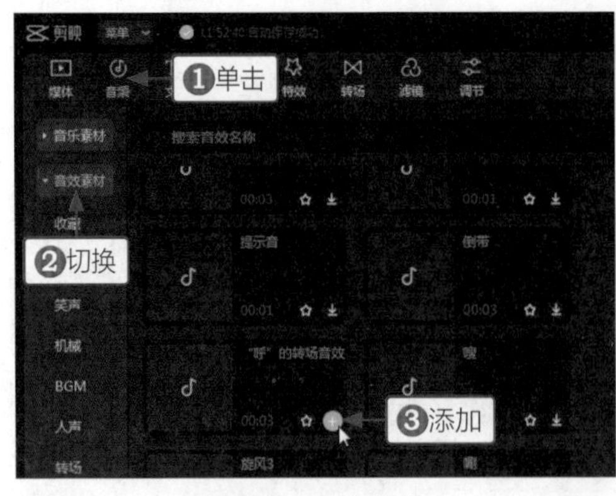

图 7-62　添加音频

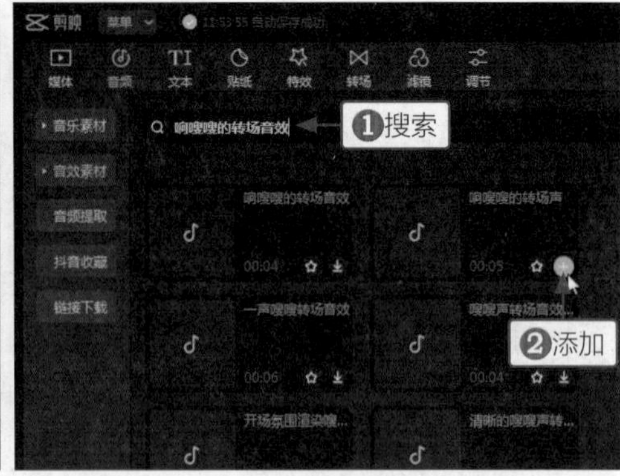

图 7-63　搜索并添加音效

步骤 07 调整两段音效的时长和位置，使这两段音效刚好处于转场位置上，如图 7-64 所示。

步骤 08 最后添加合适的背景音乐，并调整音乐的时长，如图 7-65 所示。

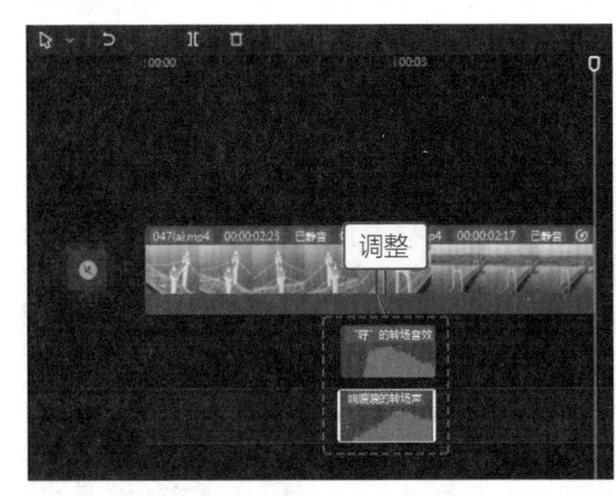

图 7-64　调整音效时长和位置

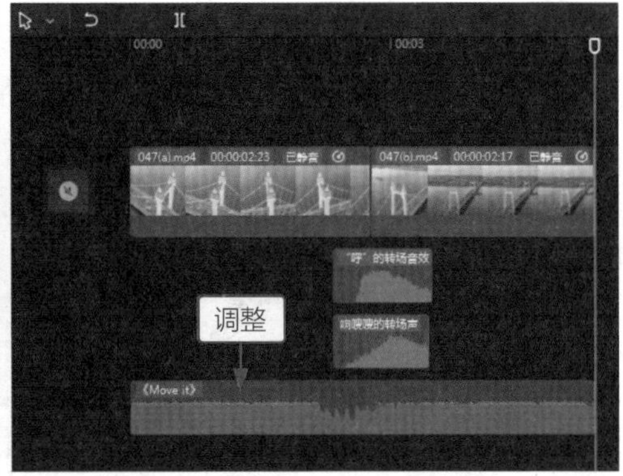

图 7-65　添加并调整背景音乐

步骤 09 单击“导出”按钮，导出并播放视频，如图 7-66 所示。

图 7-66　导出并播放视频

实战048 制作运镜必备的坡度变速转场

【效果展示】：坡度变速转场适合有运镜手法的视频，效果如图 7-67 所示。

案例效果

教学视频

图 7-67　坡度变速转场效果展示

专家提醒

运镜手法指的是镜头拍摄画面的方式，如前推、后拉、摇镜头、移动镜头、跟镜头、甩镜头和升降镜头等方式。

下面介绍在剪映中制作坡度变速转场的操作方法。

步骤 01 在剪映中导入两段视频素材，如图 7-68 所示。

步骤 02 ❶拖曳时间指示器至 00:00:02:17 的位置；❷单击“分割”按钮，如图 7-69 所示。

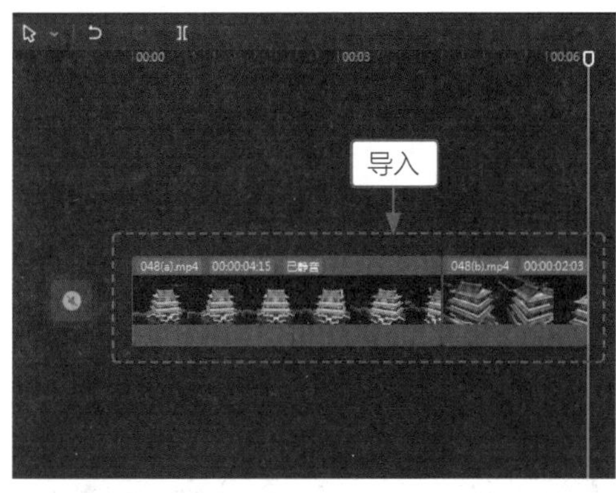

图 7-68　导入视频素材

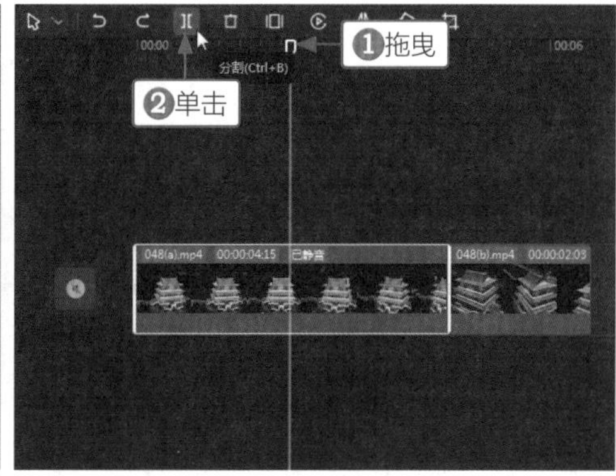

图 7-69　分割视频

步骤 03 选择第二段视频素材，❶单击“变速”按钮；❷拖曳滑块，设置 2x 变速效果，如图 7-70 所示。

步骤 04 ❶拖曳时间指示器至 00:00:04:15 的位置；❷单击“分割”按钮，如图 7-71 所示。

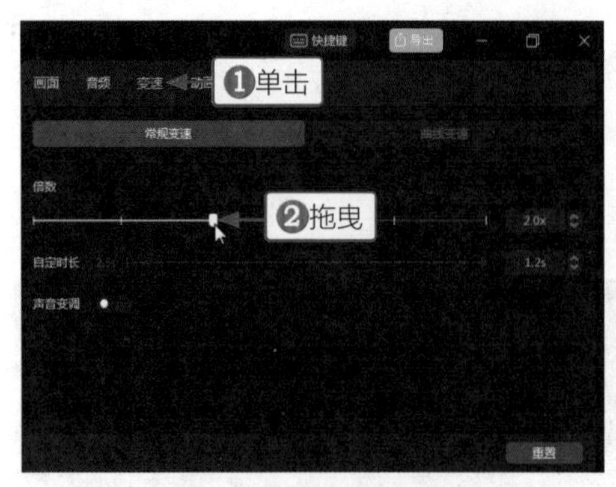

图 7-70　设置变速效果

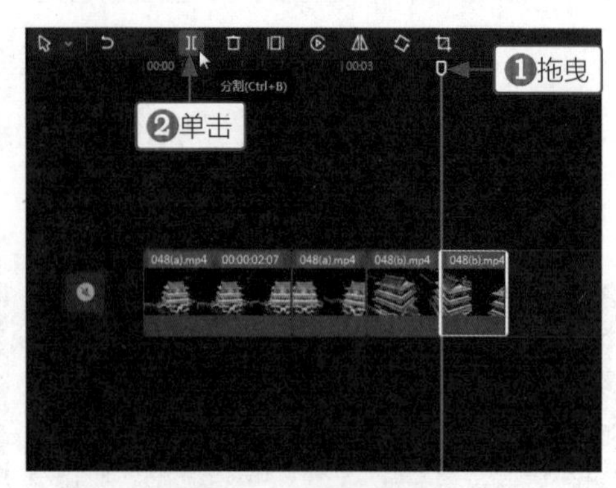

图 7-71　再次分割视频

步骤 05 选择第三段视频素材，设置 2.0x 变速效果，如图 7-72 所示。

步骤 06 选择第四段视频素材，设置 0.5x 变速效果，如图 7-73 所示。

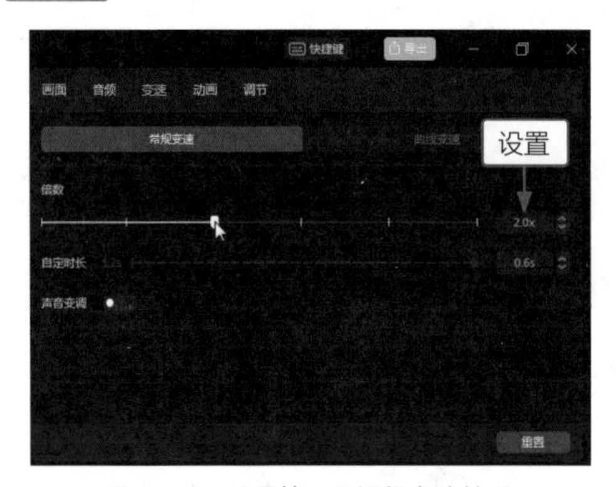

图 7-72　设置第三段视频变速效果

图 7-73　设置第四段视频变速效果

步骤 07 ❶单击“音频”按钮；❷切换至“抖音收藏”选项卡；❸添加合适的音乐，如图 7-74 所示。

步骤 08 调整音频时长，对齐视频素材时长，如图 7-75 所示。

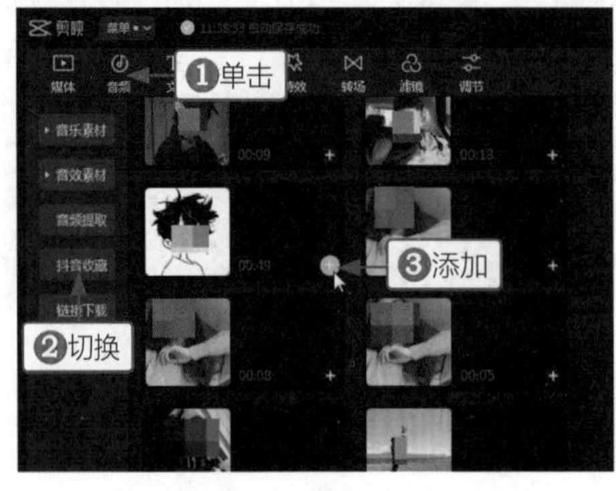

图 7-74　添加音频

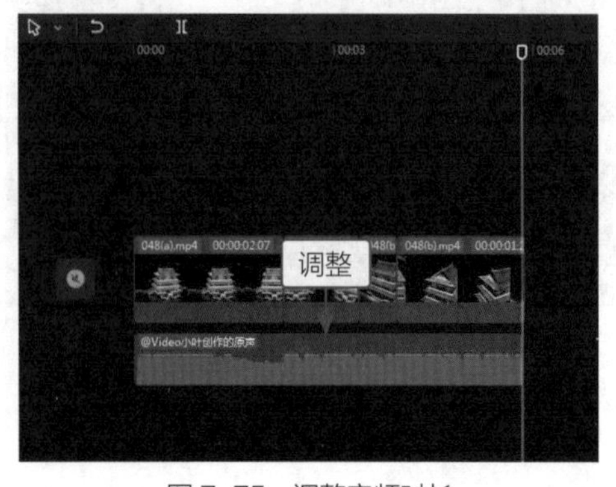

图 7-75　调整音频时长

步骤 09 单击“导出”按钮，导出并播放视频，如图 7-76 所示。

图 7-76　导出并播放视频

第 8 章

片头片尾案例

一个完美的片头能够吸引观众继续观看视频，一个有特色的片尾能让观众意犹未尽，也能让观众记住作者的名字。本章主要介绍如何设置自带的片头片尾，以及制作文字消散片头、涂鸦片头、年会片头、个性片尾、结束片尾和电影落幕片尾的方法，帮助用户制作出各种风格的片头片尾，使视频的前后片段更加出色。

实战049　学会设置自带的片头片尾

【效果展示】：在剪映素材库选项卡中有许多素材，其中包括不少片头片尾的素材，用户可直接使用，方法非常简单，效果如图 8-1 所示。

案例效果

教学视频

图 8-1　设置片头片尾效果展示

下面介绍在剪映中如何设置自带的片头片尾。

步骤 01 在剪映中导入一段视频素材，如图 8-2 所示。

步骤 02 ❶切换至“素材库”选项卡；❷在“片头”选项区中选择一款片头素材，如图 8-3 所示。

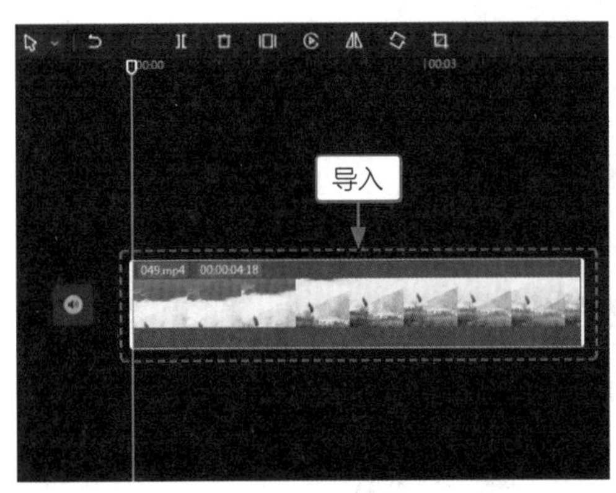

图 8-2　导入视频素材

图 8-3　选择片头素材

步骤 03 拖曳时间指示器至视频末尾位置，❶切换至“片尾”选项区；❷选择一款片尾素材，如图 8-4 所示。

步骤 04 ❶单击“音频”按钮；❷添加合适的背景音乐，如图 8-5 所示。

步骤 05 调整音频的时长和位置，对齐第二段素材时长，如图 8-6 所示。

步骤 06 切换至“音效素材”选项卡，在“魔法”选项区中添加合适的音效，如图 8-7 所示。

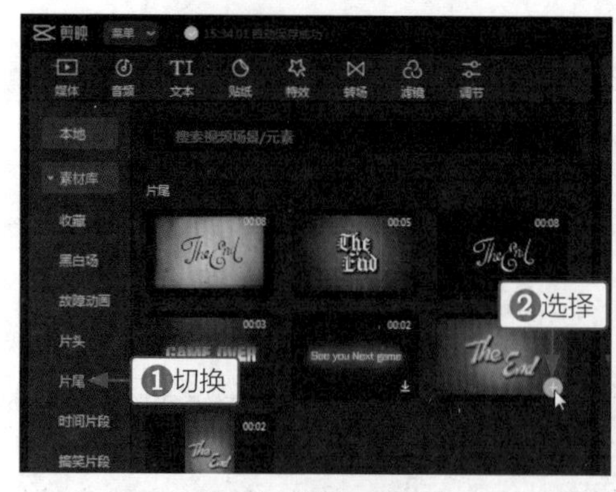

图 8-4　选择片尾素材

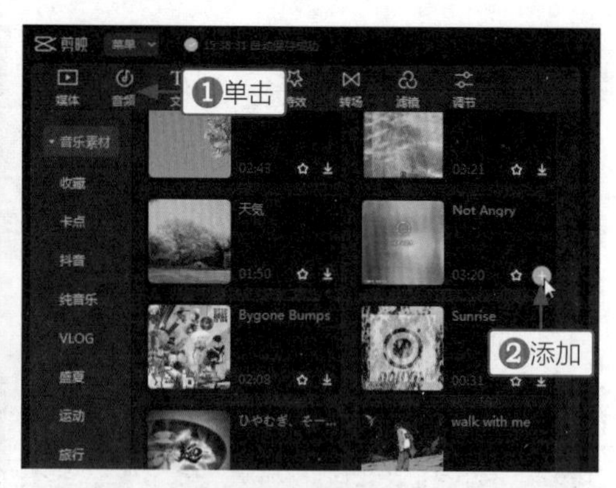

图 8-5　添加背景音乐

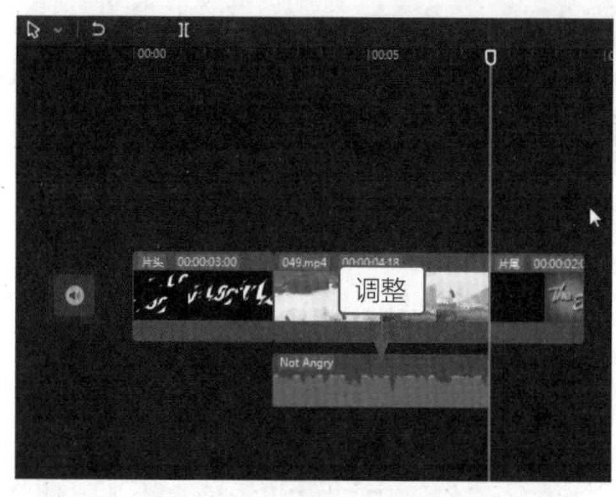

图 8-6　调整音频时长和位置

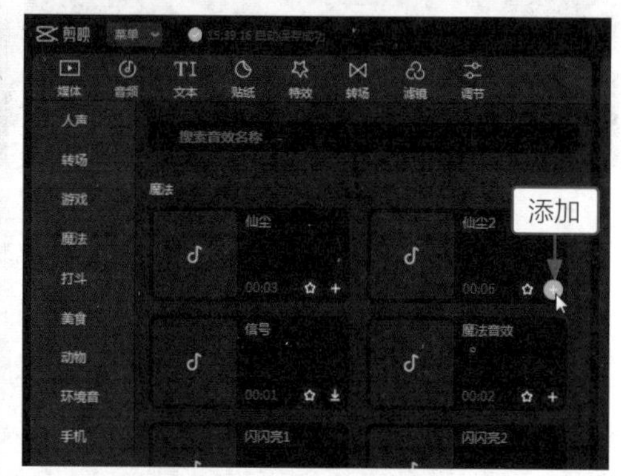

图 8-7　添加音效

步骤 07 ❶在搜索栏中搜索音效；❷添加音效，如图 8-8 所示。

步骤 08 调整音效的时长和位置，对齐片头和片尾素材，如图 8-9 所示。

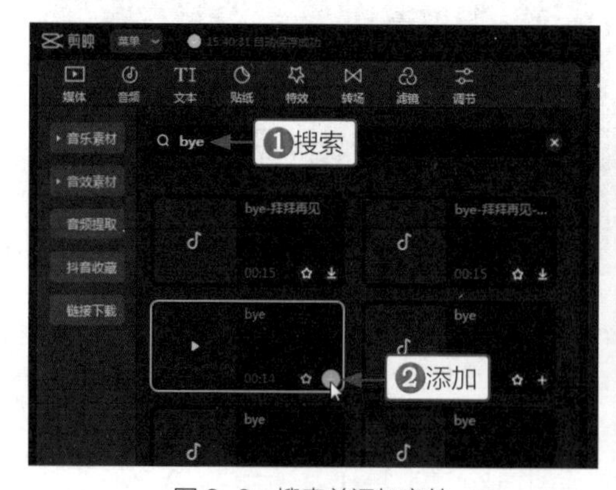

图 8-8　搜索并添加音效

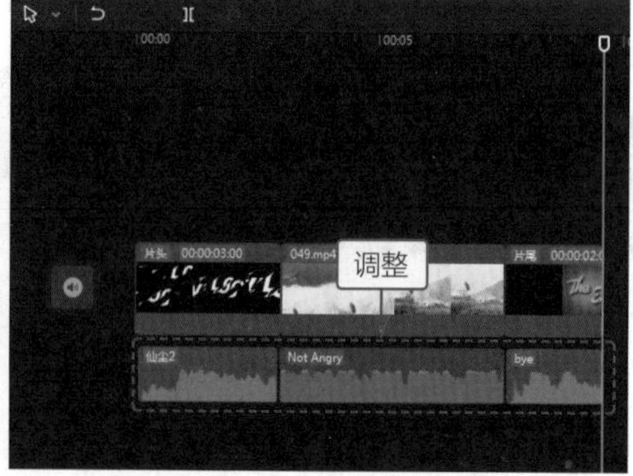

图 8-9　调整音效时长和位置

步骤 09 单击“导出”按钮，导出并播放视频，如图 8-10 所示。

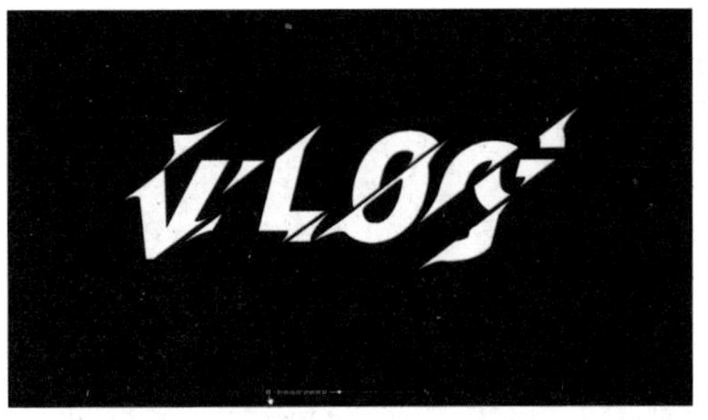

图 8-10　导出并播放视频

实战050　制作唯美的文字消散片头

【效果展示】：在剪映中利用消散粒子素材就能做出文字消散的效果，画面非常唯美，如图 8-11 所示。

案例效果

教学视频

图 8-11　文字消散片头效果展示

用户可以在抖音搜索和下载消散粒子素材，也可以下载其他素材。

下面介绍在剪映中制作文字消散片头的操作方法。

步骤 01 在剪映中导入一段视频素材，如图 8-12 所示。

步骤 02 ❶单击“文本”按钮；❷添加“默认文本”，如图 8-13 所示。

步骤 03 ❶输入文字内容；❷选择合适的字体；❸调整文字的大小，“缩放”参数如图 8-14 所示。

步骤 04 调整文字的时长，对齐视频素材时长，如图 8-15 所示。

步骤 05 将消散粒子素材拖曳至画中画轨道中，并调整其位置，对齐视频素材末尾位置，如图 8-16 所示。

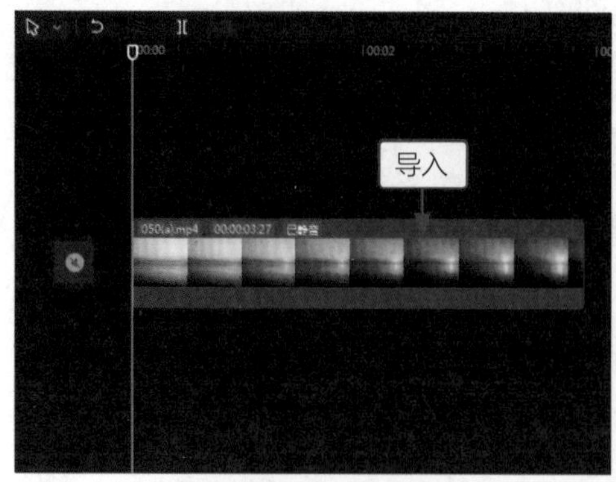

图 8-12　导入视频素材

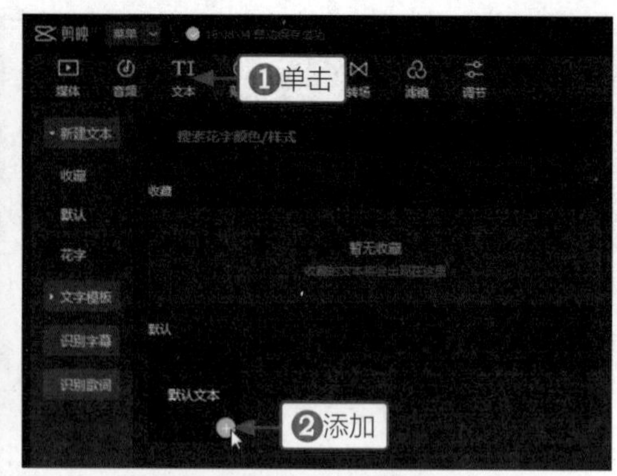

图 8-13　添加“默认文本”

图 8-14　调整文字的大小

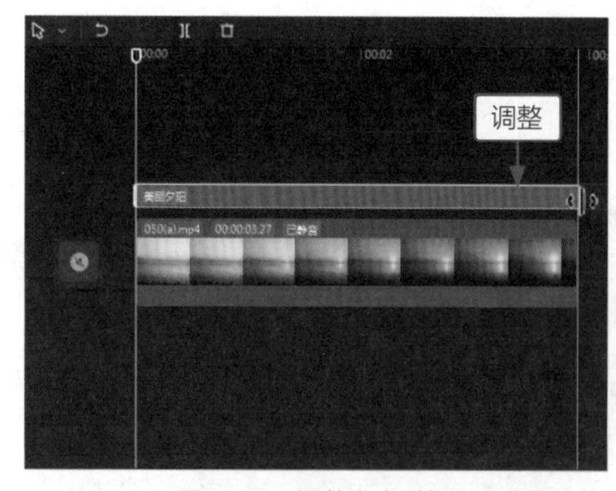

图 8-15　调整文字时长

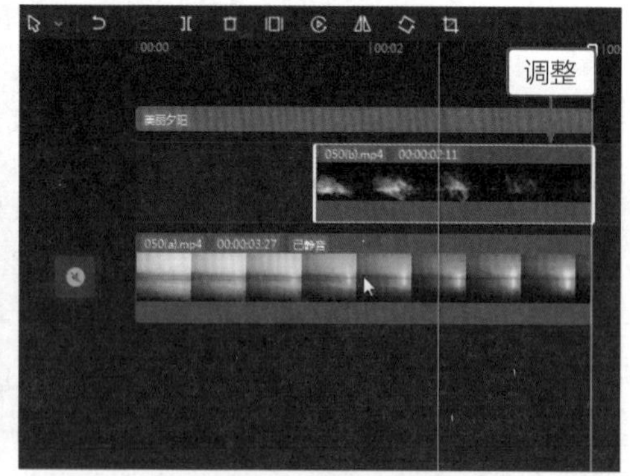

图 8-16　调整素材的位置

步骤 06 ❶在“混合模式”面板中选择“滤色”选项；❷调整粒子素材的位置，使消散的范围刚好覆盖文字，如图 8-17 所示。

步骤 07 选择文字轨道，❶切换至“动画”选项卡；❷在“出场”选项区中选择“溶解”动画；❸拖曳滑块，设置“动画时长”为 2.4s，如图 8-18 所示。

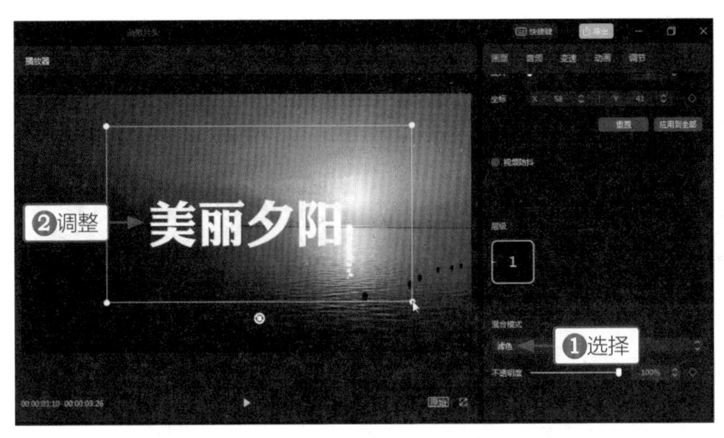

图 8-17　选择素材并调整

图 8-18　设置动画及时长

步骤 08 ❶单击“音频”按钮；❷添加合适的背景音乐，如图 8-19 所示。

步骤 09 调整音频的时长，对齐视频素材时长，如图 8-20 所示。

图 8-19　添加音频

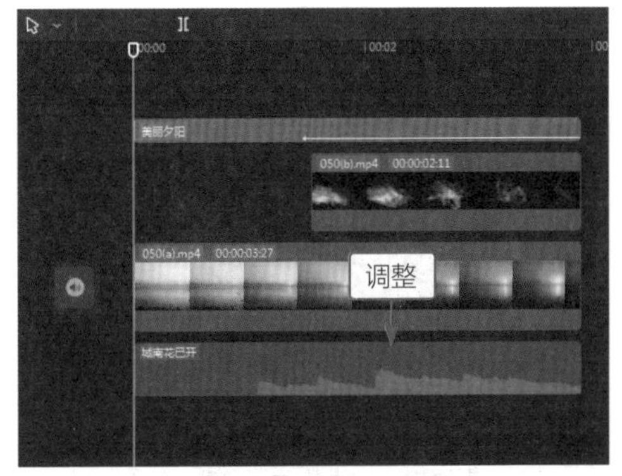

图 8-20　调整音频时长

步骤 10 单击“导出”按钮，导出并播放视频，如图 8-21 所示。

图 8-21　导出并播放视频

实战051　制作有趣好玩的涂鸦片头

案例效果

教学视频

【效果展示】：涂鸦片头也是利用视频素材制作的，制作的关键在于设置混合模式，当然还可以设置一些有趣好玩的字体和文字动画，使视频的整体效果充满趣味，如图 8-22 所示。

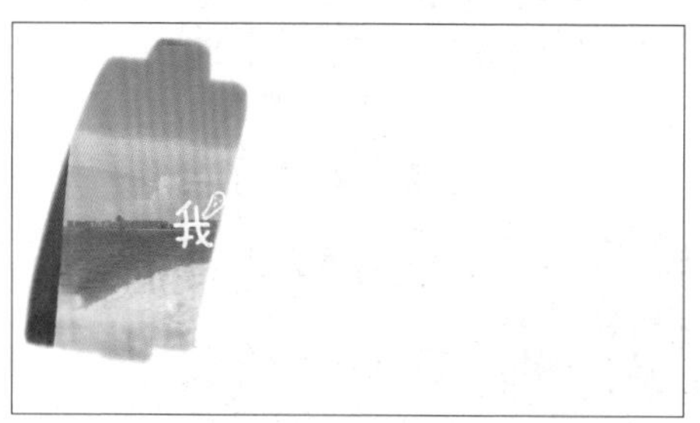

图 8-22　涂鸦片头效果展示

下面介绍在剪映中制作文字消散片头的操作方法。

步骤 01 在剪映中导入一段风景视频素材，然后再导入一段涂鸦视频素材，如图 8-23 所示。

步骤 02 把视频素材添加到视频轨道中，拖曳涂鸦视频素材至画中画轨道中，并调整素材的位置，对齐视频素材的起始位置，如图 8-24 所示。

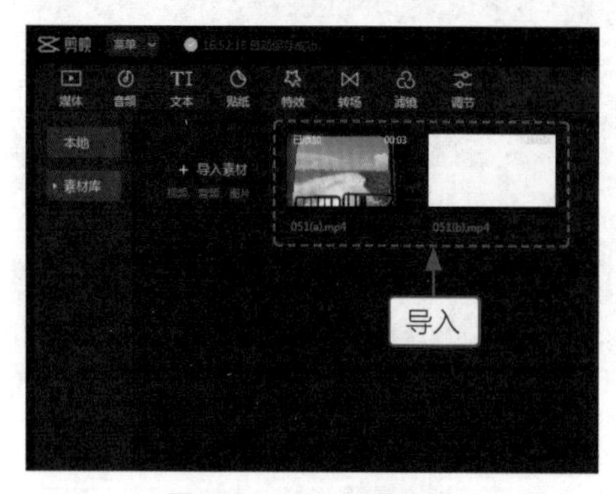

图 8-23　导入视频素材

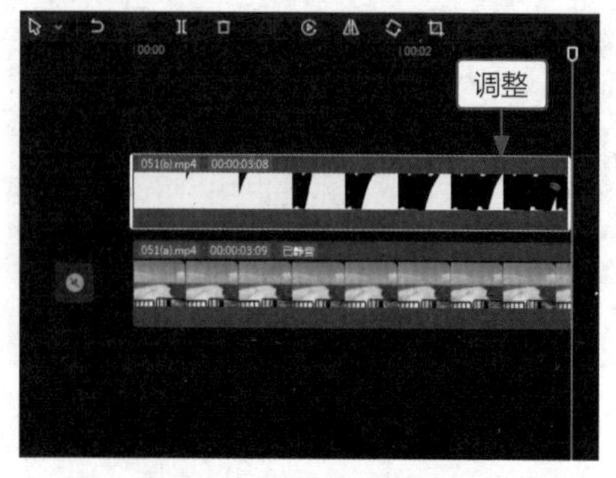

图 8-24　调整素材位置

步骤 03 为画中画轨道中的素材设置“滤色”混合模式，如图 8-25 所示。

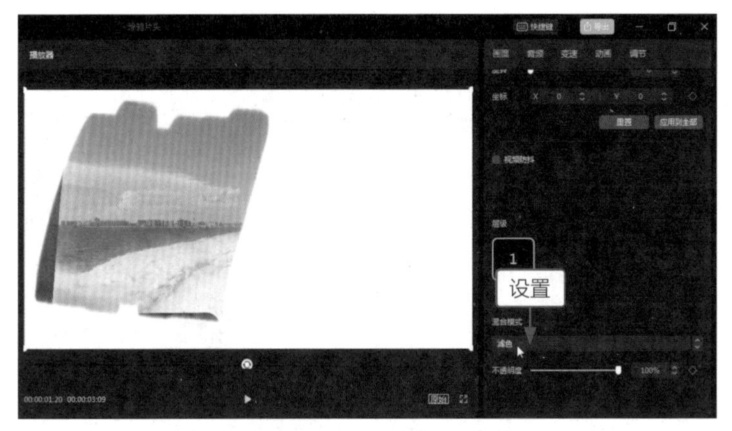

图 8-25　设置“滤色”混合模式

步骤 04 ❶单击“文本”按钮；❷添加“默认文本”，如图 8-26 所示。

步骤 05 调整文本的位置，对齐视频轨道末尾位置，如图 8-27 所示。

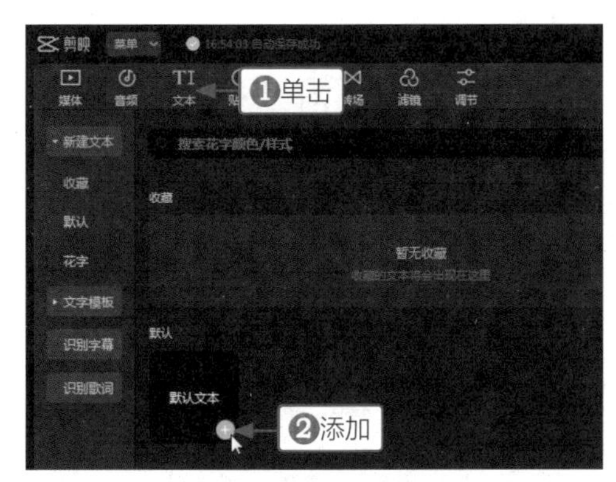

图 8-26　添加文本

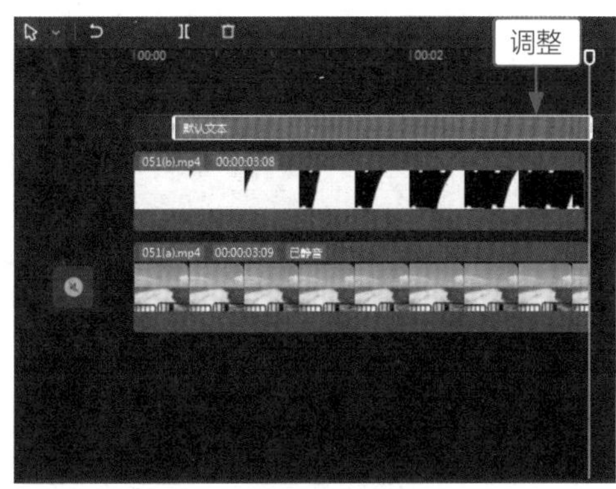

图 8-27　调整文本的位置

步骤 06 ❶输入文字内容；❷选择合适的字体，如图 8-28 所示。

图 8-28　输入文字并选择字体

步骤 07 ❶切换至“动画”选项卡；❷在“入场”选项区中选择“打字机 II”动画；❸拖曳滑块，设置“动画时长”为 2.5s，如图 8-29 所示。

图 8-29　设置动画时长

步骤 08 ❶单击“音频”按钮；❷添加合适的背景音乐，如图 8-30 所示。

步骤 09 调整音频的时长，对齐视频素材时长，如图 8-31 所示。

图 8-30　添加背景音乐

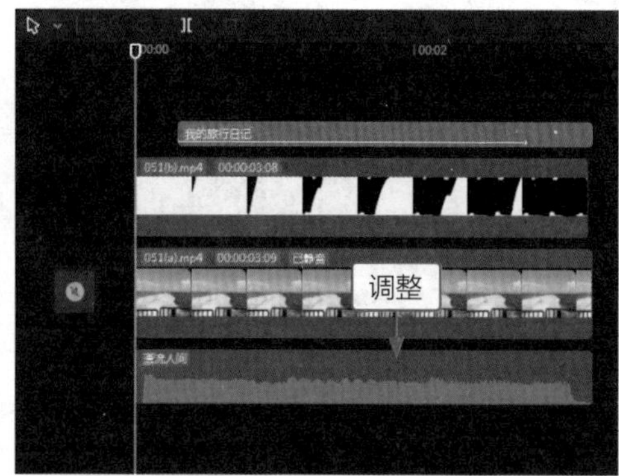

图 8-31　调整音频时长

步骤 10 单击“导出”按钮，导出并播放视频，如图 8-32 所示。

图 8-32　导出并播放视频

实战052　制作商务爆款年会片头

【效果展示】：利用倒计时素材即可制作爆款年会片头，效果如图 8-33 所示。

案例效果

教学视频

图 8-33　年会片头效果展示

下面介绍在剪映中制作爆款年会片头的操作方法。

步骤 01 在剪映中导入一段倒计时视频素材，如图 8-34 所示。

步骤 02 ❶单击“音频”按钮；❷添加合适的背景音乐，如图 8-35 所示。

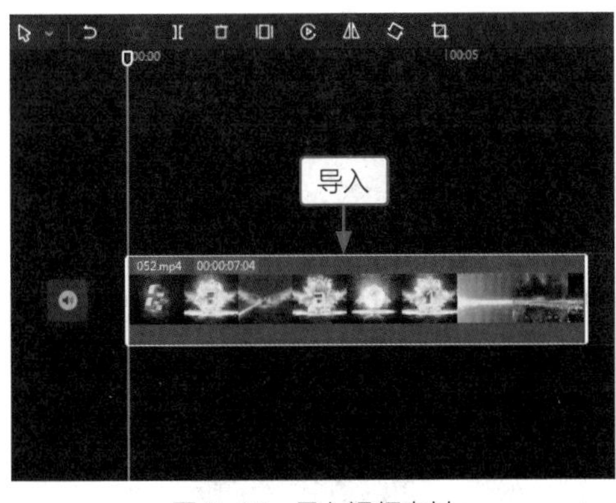

图 8-34　导入视频素材

图 8-35　添加背景音乐

步骤 03 调整音频的时长，对齐视频素材时长，如图 8-36 所示。

步骤 04 ❶单击“文本”按钮；❷添加“默认文本”，如图 8-37 所示。调整文字时长，对齐视频素材末尾位置。

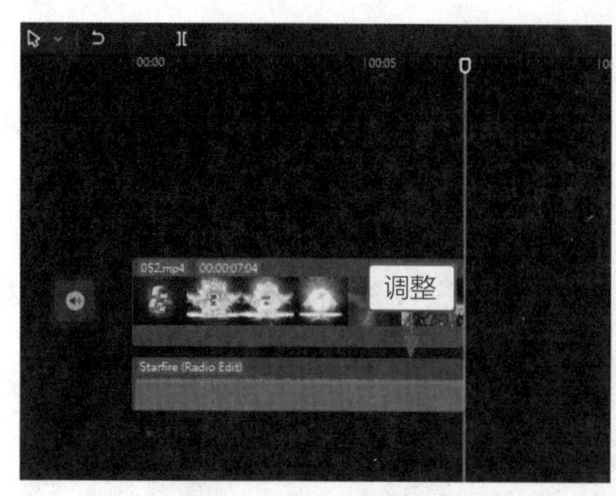

图 8-36　调整音频时长

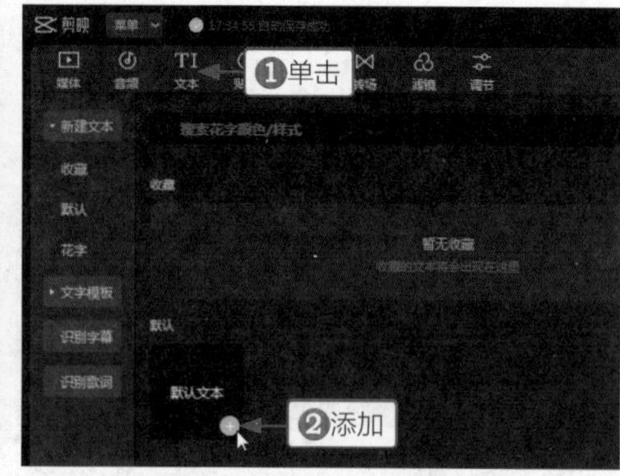

图 8-37　添加文本并调整

步骤 05 ❶输入文字内容；❷选择字体；❸选择文字颜色，如图 8-38 所示。

图 8-38　输入并设计文字

步骤 06 选中“阴影”复选框，给文字添加阴影，如图 8-39 所示。

图 8-39　添加阴影

步骤 07 ❶切换至“动画”选项卡；❷选择“放大”入场动画；❸设置“动画时长”为 1.5s，如图 8-40 所示。

图 8-40　选择并设置入场动画

步骤 08 ❶切换至“出场”选项区；❷选择“放大”动画，如图 8-41 所示。

图 8-41　选择并设置出场动画

步骤 09 单击“导出”按钮，导出并播放视频，如图 8-42 所示。

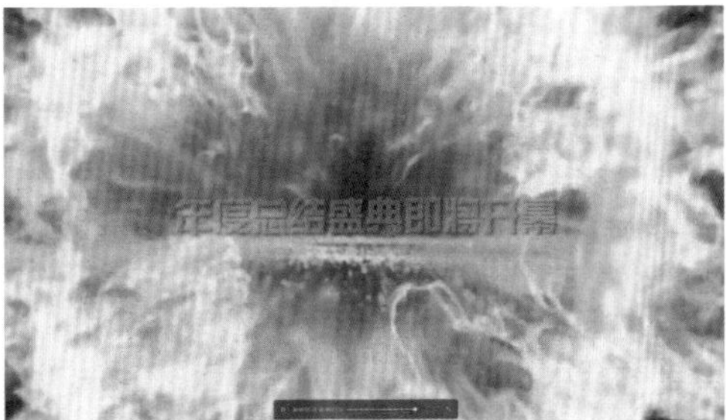

图 8-42　导出并播放视频

实战053 制作简单的个性片尾

【效果展示】：简单有个性的片尾能为视频引流，增加关注度和粉丝量，在剪映中可以制作专属于自己的个性片尾，效果如图 8-43 所示。

案例效果

教学视频

图 8-43　个性片尾效果展示

下面介绍在剪映中制作个性片尾的操作方法。

步骤 01 在剪映中导入一张头像素材和一段头像模板绿幕素材，如图 8-44 所示。

步骤 02 把照片素材添加到视频轨道中，拖曳头像模板绿幕素材至画中画轨道中，调整其画面大小，并调整两条轨道中素材的时长，使其一样长，如图 8-45 所示。

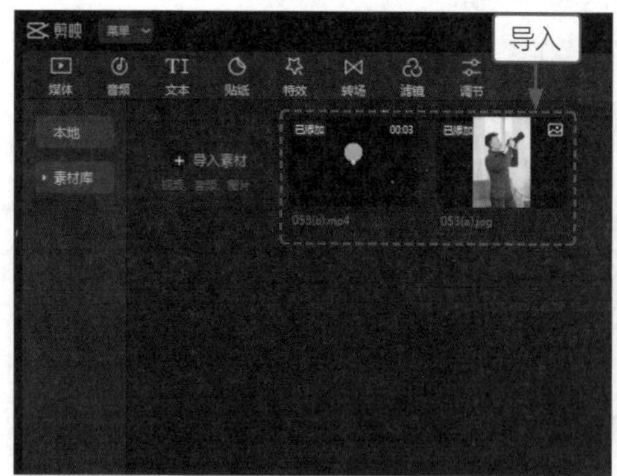

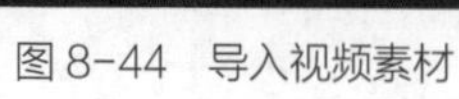
图 8-44　导入视频素材

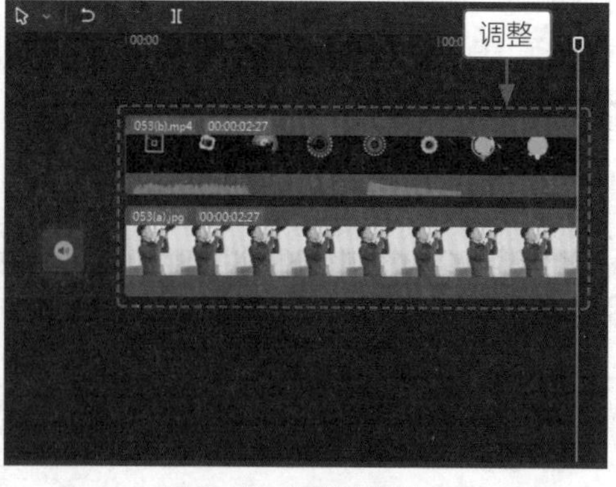

图 8-45　调整素材时长

步骤 03 选中画中画轨道中的素材，❶切换至“抠像”选项区；❷选中“色度抠图”复选框；❸单击“取色器”按钮；❹拖曳取色器取样绿色，如图 8-46 所示。

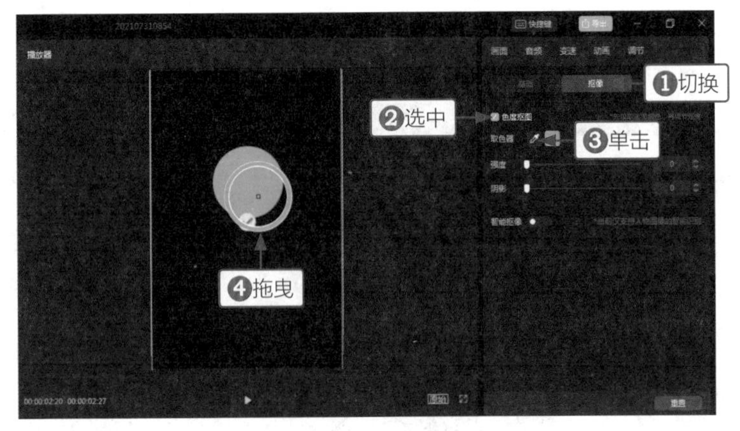

图 8-46　取样绿色

步骤 04 拖曳滑块，设置“强度”和“阴影”参数为 100，如图 8-47 所示。

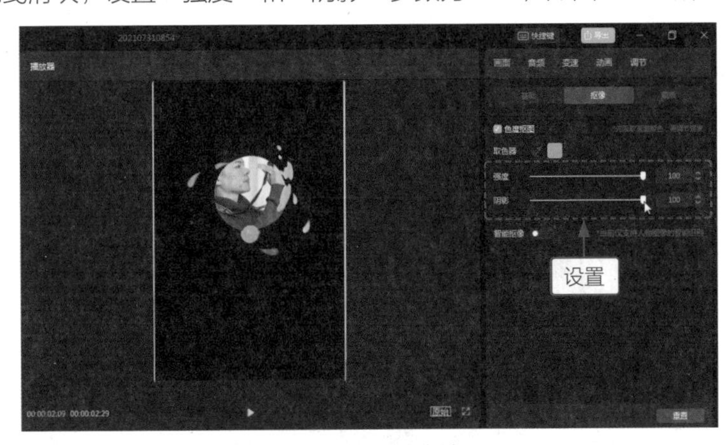

图 8-47　设置参数

步骤 05 调整头像素材的大小和位置，“缩放”和“坐标”参数如图 8-48 所示。

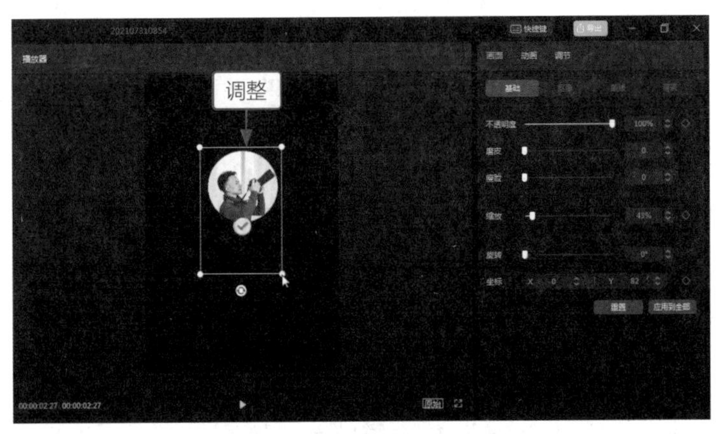

图 8-48　调整素材并设置参数

步骤 06 拖曳时间指示器至视频 00:00:01:24 的位置，❶单击“文本”按钮；❷添加“默认文本”，如图 8-49 所示。

步骤 07 调整文字的时长，对齐视频素材末尾位置，如图 8-50 所示。

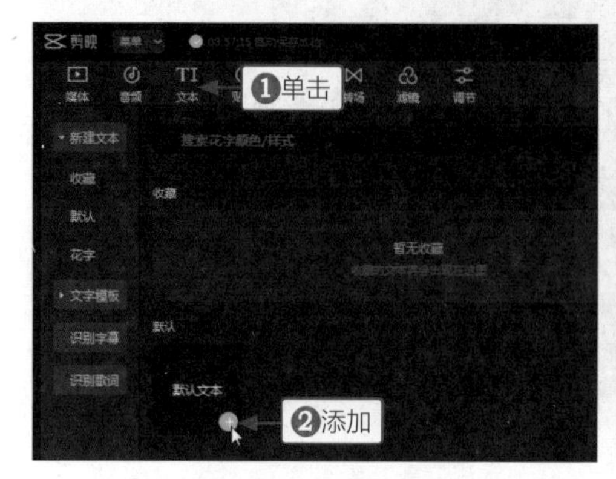

图 8-49　添加默认文本

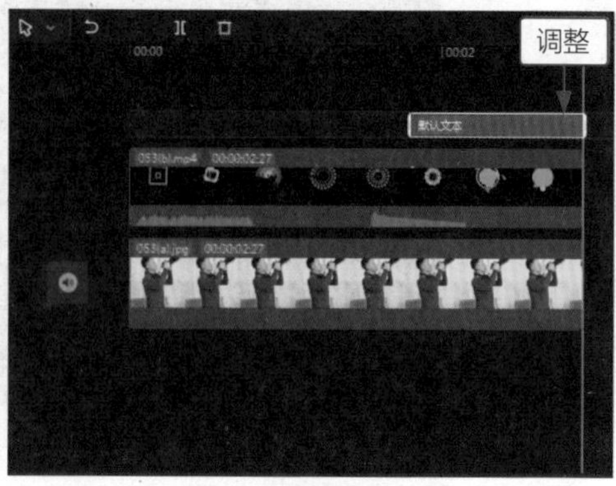

图 8-50　调整文字时长

步骤 08 ❶输入文字内容；❷选择字体；❸调整文字大小和位置，如图 8-51 所示。

图 8-51　输入文字并调整

步骤 09 ❶单击“动画”按钮；❷切换至“循环”选项卡；❸添加“逐字放大”动画；❹设置“动画快慢”为 1.1s，如图 8-52 所示。

图 8-52　设置动画效果

步骤 10 单击“导出”按钮，导出并播放视频，如图 8-53 所示。

图 8-53　导出并播放视频

实战054　制作万能的结束片尾

【效果展示】：万能的结束片尾可以用在各种类型的短视频或者长视频中，为视频画上完美的句号，效果如图 8-54 所示。

案例效果

教学视频

图 8-54　结束片尾效果展示

下面介绍在剪映中制作结束片尾的操作方法。

步骤 01 在剪映中导入一段视频素材，如图 8-55 所示。

步骤 02 ❶单击“文本”按钮；❷添加“默认文本”，如图 8-56 所示。添加文本后调整文字的时长，对齐视频素材时长。

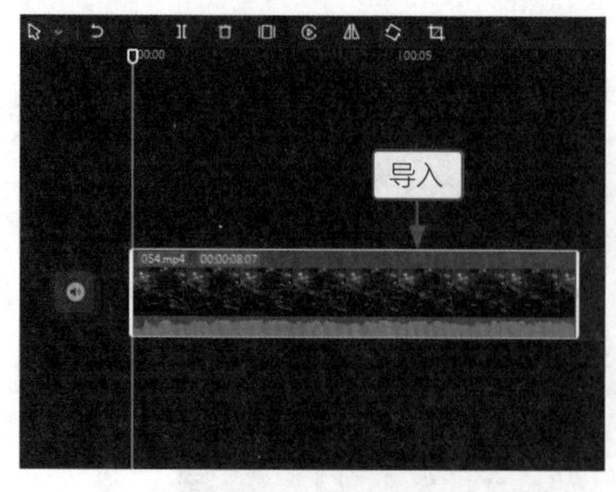

图 8-55　导入视频素材

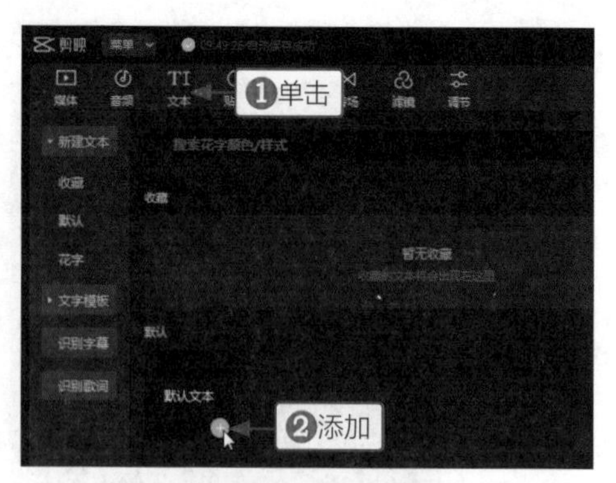

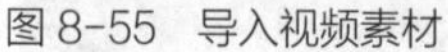

图 8-56　添加默认文本

步骤 03 ❶输入文字内容；❷选择字体，如图 8-57 所示。

图 8-57　输入文字并选择字体

步骤 04 ❶单击"动画"按钮；❷选择"放大"动画；❸设置"动画时长"为 2.5s，如图 8-58 所示。

图 8-58　选择并设置动画

步骤 05 ❶切换至"出场"选项卡；❷选择"渐隐"动画；❸设置"动画时长"为 1s，如图 8-59 所示。

图 8-59 设置出场动画

步骤 06 ❶单击“特效”按钮；❷切换至“自然”选项卡；❸选择“落叶”特效，如图 8-60 所示。

步骤 07 ❶切换至“基础”选项卡；❷添加“闭幕”特效，如图 8-61 所示。

图 8-60 选择“落叶”特效

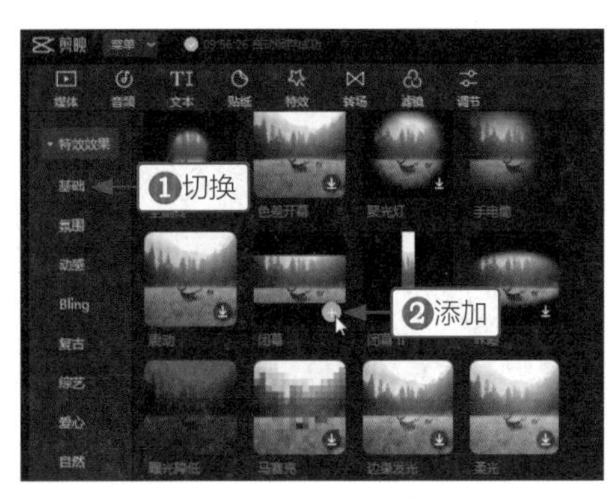

图 8-61 选择“闭幕”特效

步骤 08 调整两段特效的时长和位置，如图 8-62 所示。

步骤 09 单击“导出”按钮，如图 8-63 所示。

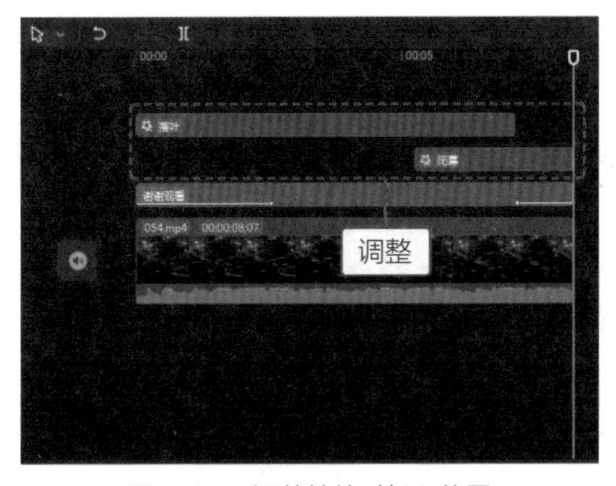

图 8-62 调整特效时长和位置

图 8-63 单击“导出”按钮

步骤 10 导出并播放视频，如图 8-64 所示。

图 8-64　导出并播放视频

实战055　制作电影落幕片尾

案例效果

教学视频

【效果展示】：电影落幕片尾主要是运用关键帧功能制作出来的，适合用在剧情结束的视频中，效果如图 8-65 所示。

图 8-65　电影落幕片尾效果展示

下面介绍在剪映中制作电影落幕片尾的操作方法。

步骤 01 在剪映中导入视频，单击“缩放”和“坐标”右侧的关键帧按钮◇，添加关键帧，如图 8-66 所示。

图 8-66　添加关键帧

步骤 02 拖曳时间指示器至视频 00:00:04:00 的位置，调整视频的大小并调整其位置到画面的左边，“缩放”和“坐标”右侧会自动添加关键帧◆，如图 8-67 所示。

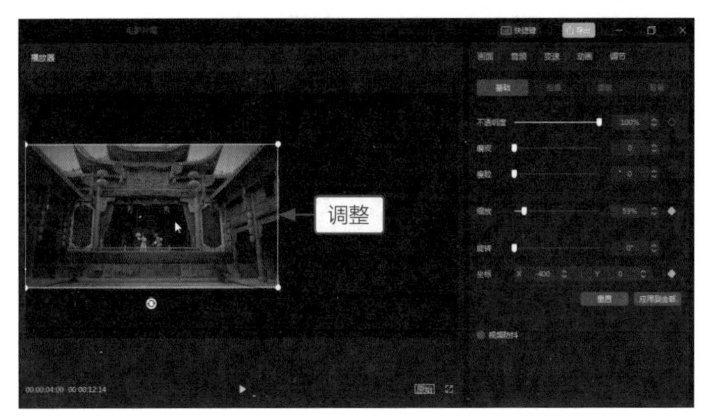

图 8-67　调整视频大小和位置

步骤 03 ❶单击“文本”按钮；❷添加“默认文本”，如图 8-68 所示。

步骤 04 调整文本的时长，对齐视频素材的末尾位置，如图 8-69 所示。

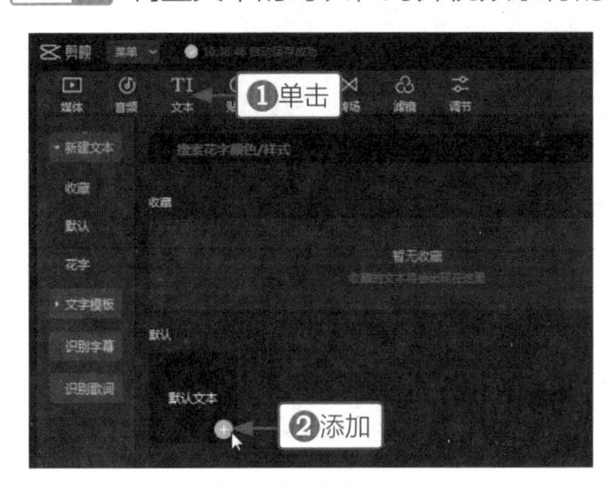

图 8-68　添加文本

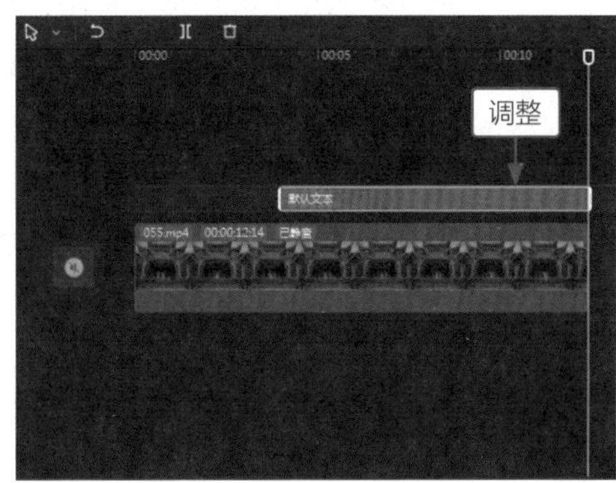

图 8-69　调整文本时长

步骤 05 ❶输入文字内容；❷选择字体；❸添加加粗B样式，如图 8-70 所示。

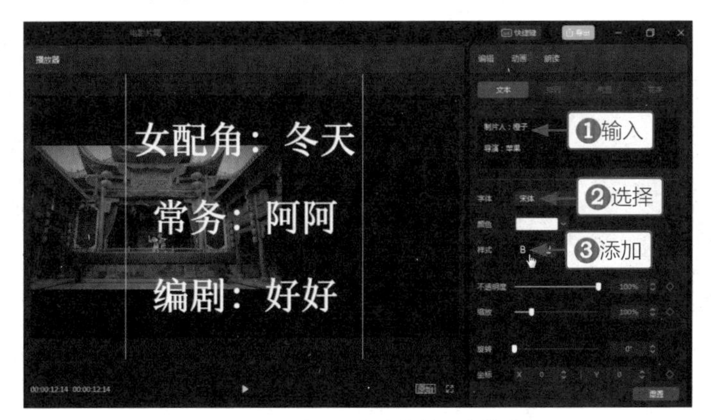

图 8-70　输入文字内容并设计样式

步骤 06 ❶在文字的起始位置单击“缩放”和“坐标”右侧的关键帧按钮◇，添加关键帧；❷调整文本框的大小和位置，如图 8-71 所示。

图 8-71　添加关键帧

步骤 07 拖曳时间指示器至文字的末尾位置，调整文本框的位置，“坐标”右侧会自动添加关键帧◆，如图 8-72 所示。

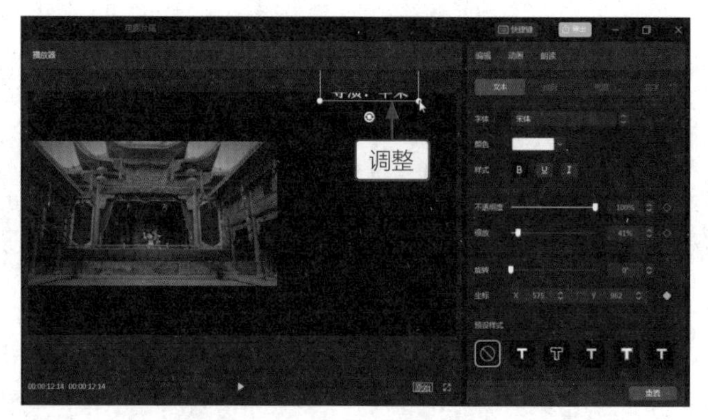

图 8-72　调整文本框的位置

步骤 08 ❶单击“音频”按钮；❷添加合适的背景音乐，如图 8-73 所示。

步骤 09 调整音频的时长，对齐视频素材时长，如图 8-74 所示。

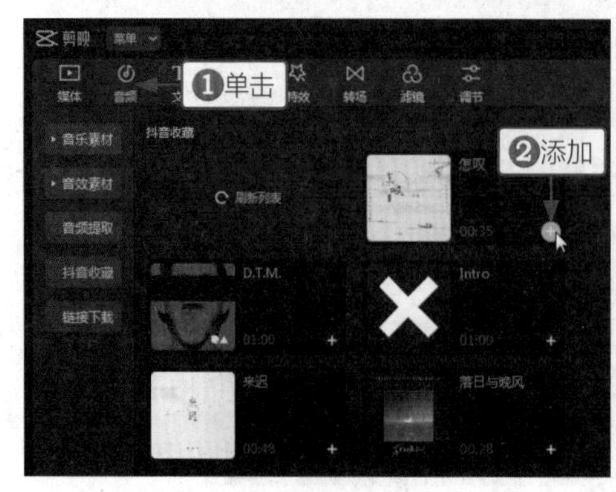

图 8-73　添加音频

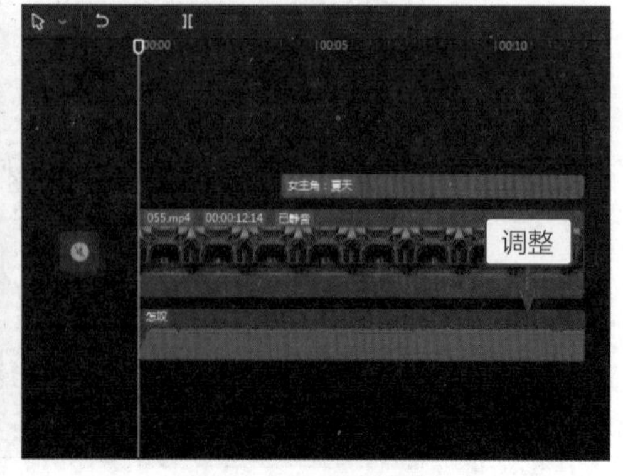

图 8-74　调整音频时长

步骤 10 单击“导出”按钮，导出并播放视频，如图 8-75 所示。

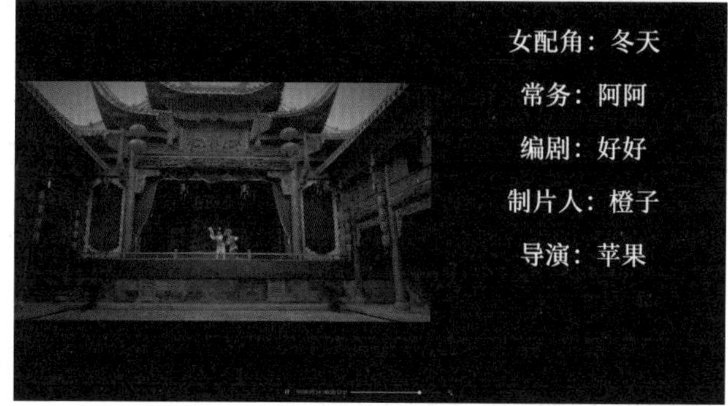

图 8-75　导出并播放视频

第 9 章

动感相册新玩法

照片做成视频最直接的方式就是制作相册视频，运用各种功能、添加多种特效就能做出动感的相册视频。本章主要介绍婚纱相册、儿童相册、写真相册、夜景相册和风光相册的制作方法，为用户提供多种模板选择，帮助大家制作出丰富多彩的相册视频，让相簿中的照片换一种记录方式。

实战056　婚纱相册：《我们的婚礼》

【效果展示】：在剪映中运用各种精彩的特效、动画和搭配合适的背景音乐，就能做出浪漫唯美的婚纱相册，效果如图 9-1 所示。

案例效果

教学视频

图 9-1　婚纱相册效果展示

下面介绍在剪映中制作婚纱相册视频的操作方法。

步骤 01 在剪映中导入八张婚纱照片素材，如图 9-2 所示。

步骤 02 ❶切换至“素材库”选项卡；❷添加白场素材，如图 9-3 所示。

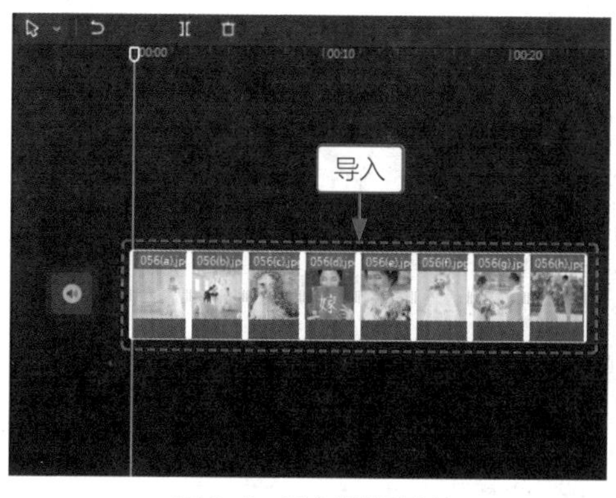

图 9-2　导入照片素材

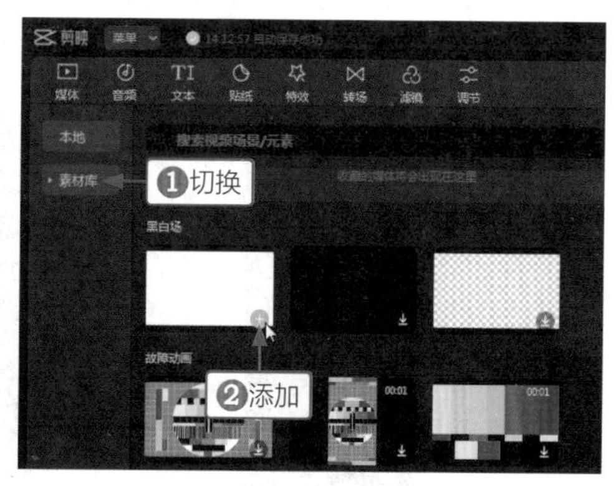

图 9-3　添加白场素材

步骤 03 ❶设置画面比例为 9 ： 16；❷选择“背景填充”面板中的第四个“模糊”背景样式；❸单击“应用到全部”按钮，如图 9-4 所示。

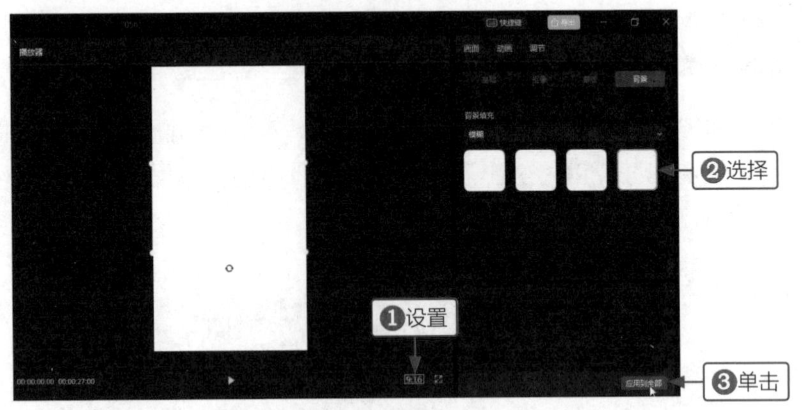

图 9-4　设置画面比例和背景

步骤 04 ❶单击“文本”按钮；❷添加“默认文本”，如图 9-5 所示。

步骤 05 调整文本和第一段素材的时长，使其一样长，如图 9-6 所示。

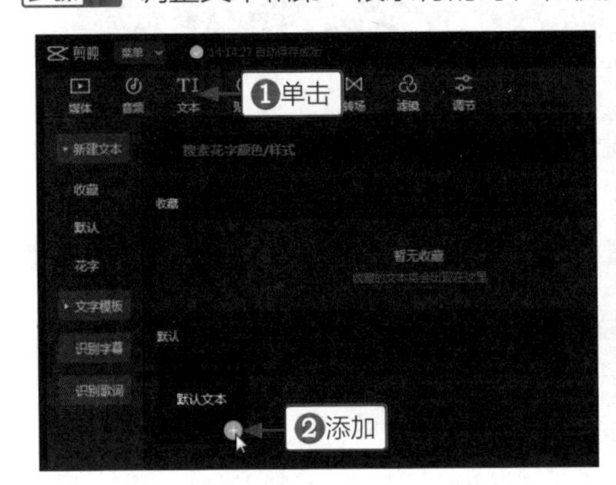

图 9-5　添加文本

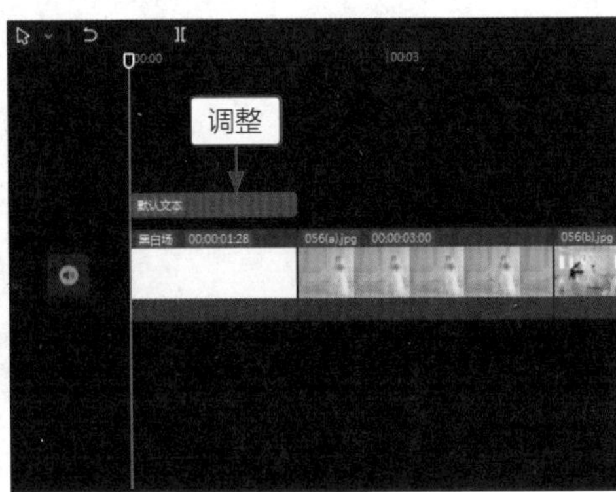

图 9-6　调整文本时长

步骤 06 ❶输入文字内容；❷选择字体；❸选择文字颜色；❹调整文字的大小和位置，如图 9-7 所示。

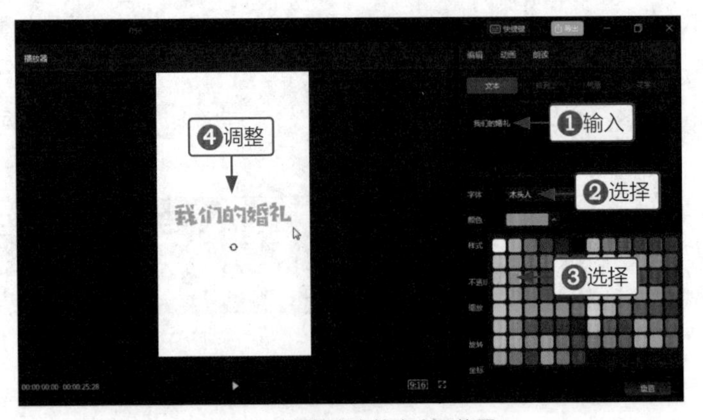

图 9-7　调整文字的大小和位置

步骤 07 ❶添加“打字机 II”动画；❷设置“动画时长”为 1.9s，如图 9-8 所示。

图 9-8　设置动画效果

步骤 08 ❶单击“音频”按钮；❷添加“打字声”机械音效，如图 9-9 所示。

步骤 09 调整音效的时长，对齐第一段素材，如图 9-10 所示。

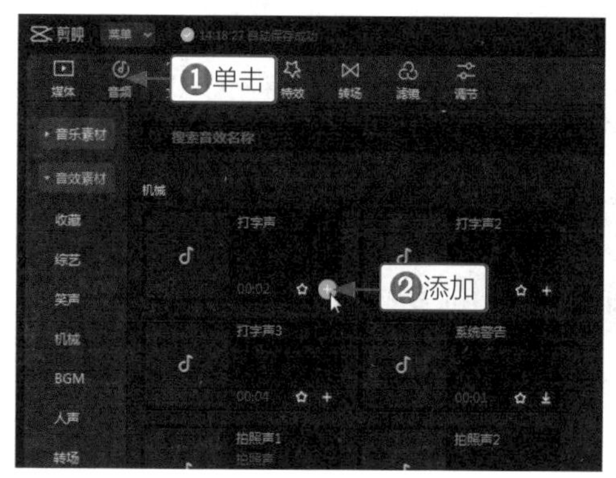

图 9-9　添加音频

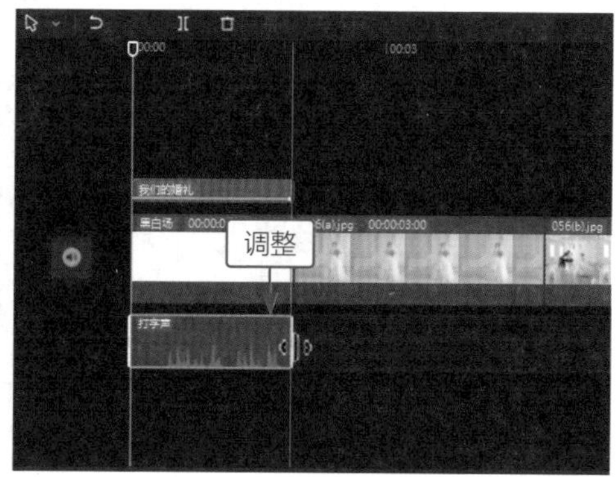

图 9-10　调整音效时长

步骤 10 ❶切换至“抖音收藏”选项卡；❷添加合适的音乐，如图 9-11 所示。

步骤 11 ❶单击“自动踩点”按钮；❷在弹出的面板中选择“踩节拍 II”选项，如图 9-12 所示。

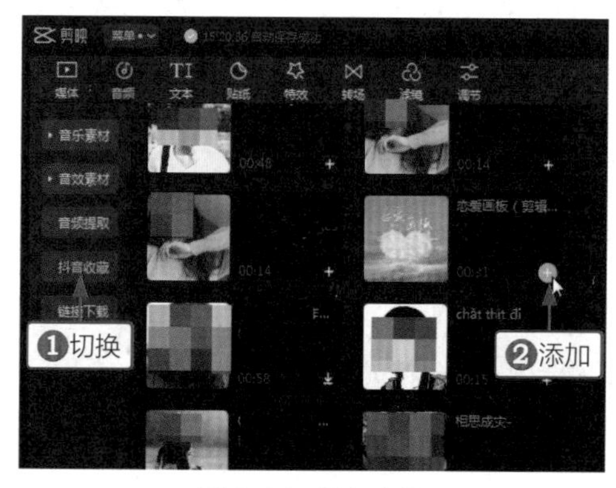

图 9-11　添加音频

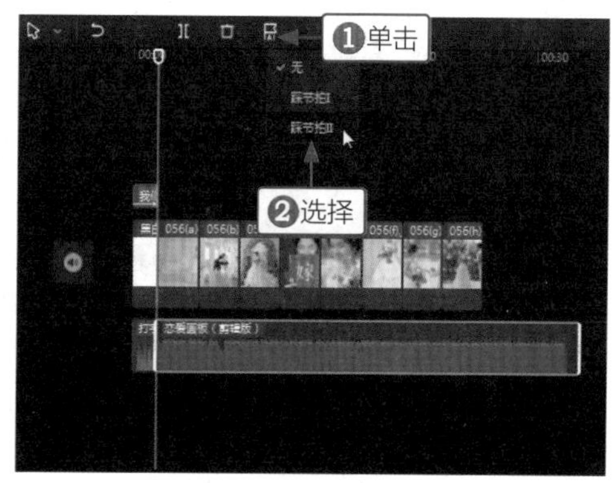

图 9-12　选择踩点音效

步骤 12 根据踩点和歌词调整每段素材的时长，删除多余音频，如图 9-13 所示。

图 9-13　调整素材时长

步骤 13 选择第三段素材，添加“缩放”组合动画，如图 9-14 所示。分别为第四段素材添加“四格转动”动画、为第七段素材添加“向左缩小”动画、为第八段素材添加“悠悠球”动画、为第九段素材添加“碎块滑动 II”动画。

图 9-14　添加“缩放”组合动画

步骤 14 ❶单击“特效”按钮；❷选择“变清晰”特效，如图 9-15 所示。

步骤 15 调整特效的时长和位置，对齐第二段素材，如图 9-16 所示。

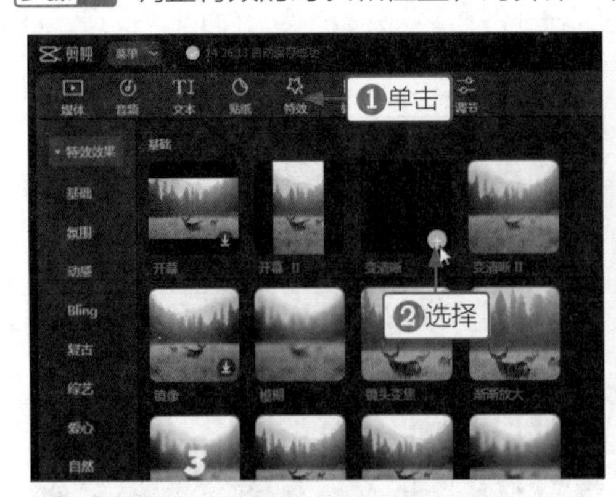

图 9-15　选择“变清晰”特效

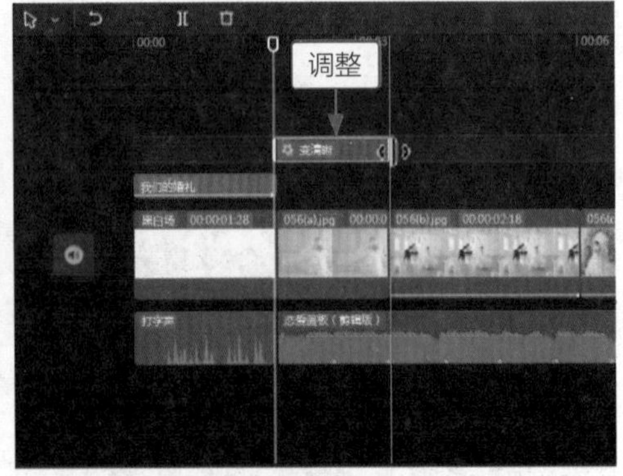

图 9-16　调整特效时长和位置

步骤 16 用同样的方法，为剩下的部分素材添加“星火炸开”“飘落散粉”和“怦然心动”特效，并调整到合适的位置，如图 9-17 所示。

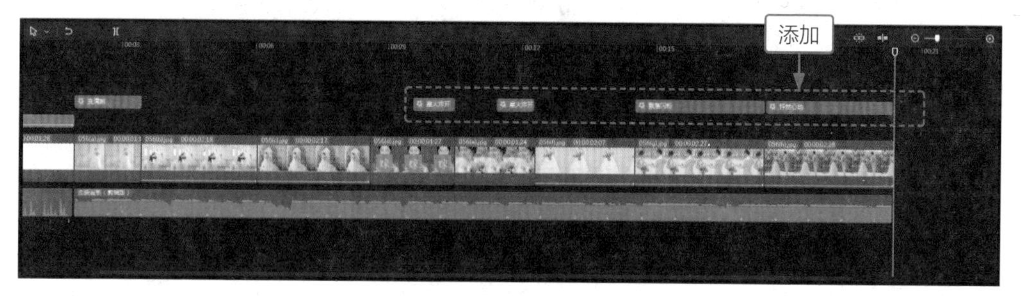

图 9-17　添加特效

步骤 17 单击“导出”按钮，导出并播放视频，如图 9-18 所示。

图 9-18　导出并播放视频

实战057　儿童相册：《快乐成长》

【效果展示】：在制作儿童相册时，可以添加一些童趣贴纸丰富画面，还可以加入手势素材，使照片的切换更加自然，效果如图 9-19 所示。

案例效果　教学视频

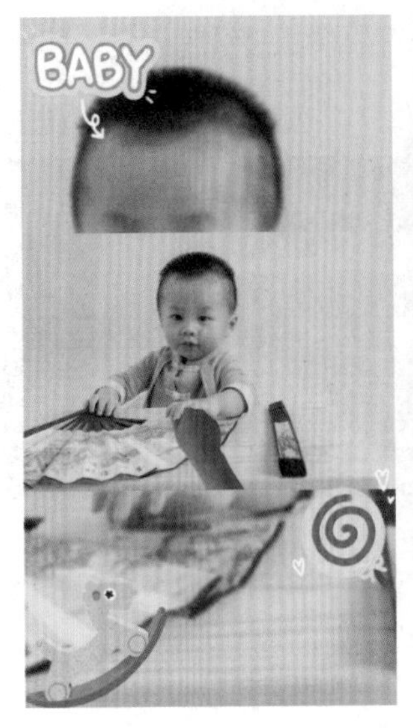

图 9-19　儿童相册效果展示

下面介绍在剪映中制作儿童相册视频的操作方法。

步骤 01 在剪映中导入十六张照片素材至视频轨道中，拖曳手势绿幕视频素材至画中画轨道中，如图 9-20 所示。

步骤 02 ❶单击“音频”按钮；❷切换至“抖音收藏”选项卡；❸添加合适的背景音乐，如图 9-21 所示。

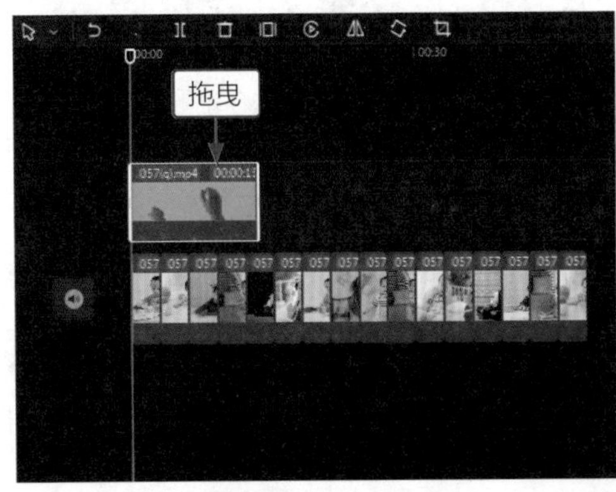

图 9-20　导入素材

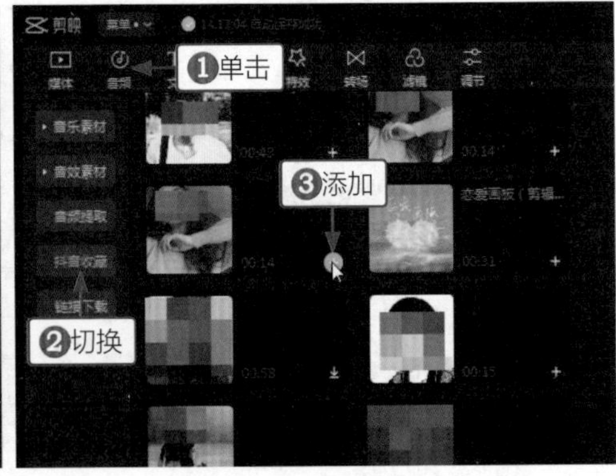

图 9-21　添加背景音乐

步骤 03 ❶设置画面比例为 9 ：16；❷选择“背景填充”面板中的第一个“模糊”背景样式；❸单击“应用到全部”按钮，如图 9-22 所示。

步骤 04 ❶切换至“抠像”选项区；❷选中“色度抠图”复选框；❸单击“取色器”按钮；❹拖曳取色器，取样画面中的绿色，如图 9-23 所示。

步骤 05 ❶设置“强度”和“阴影”参数为 100；❷调整画中画轨道中素材的大小和位置，如图 9-24 所示。

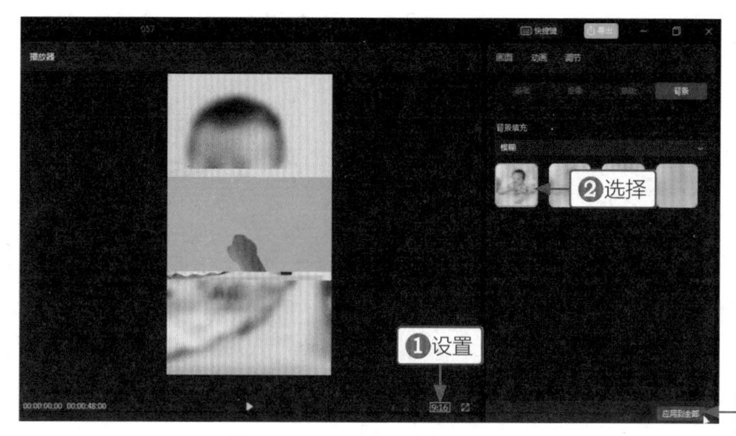

图 9-22　设置画面比例和背景

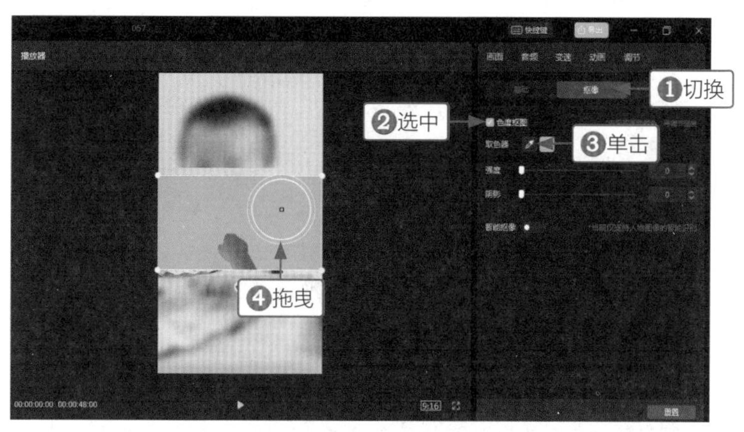

图 9-23　取样绿色

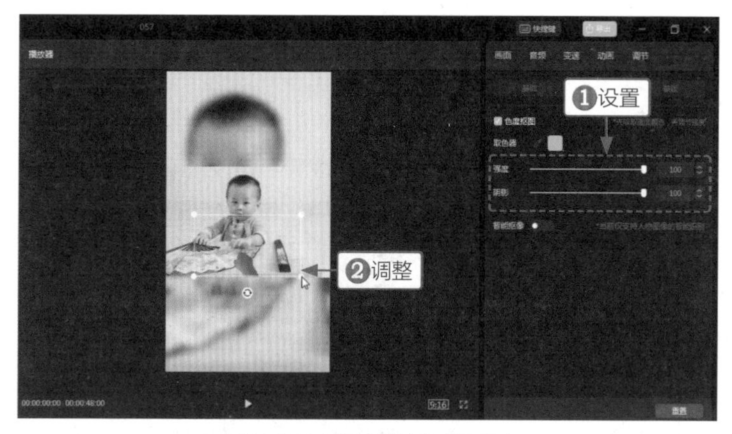

图 9-24　设置参数并调整画面

步骤 06 根据画中画轨道中素材的手势和时长，调整视频轨道中每段素材的时长，并删除多余的音频，如图 9-25 所示。

步骤 07 ❶单击“贴纸”按钮；❷在“亲子”选项卡中添加贴纸，如图 9-26 所示。

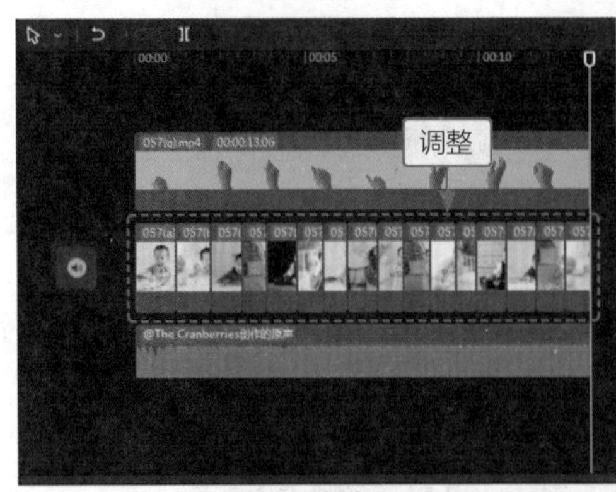

图 9-25　调整素材时长

图 9-26　添加贴纸

步骤 08 添加三款“亲子”贴纸，调整其大小和位置，如图 9-27 所示。调整后，贴纸的时长对齐视频轨道的时长。

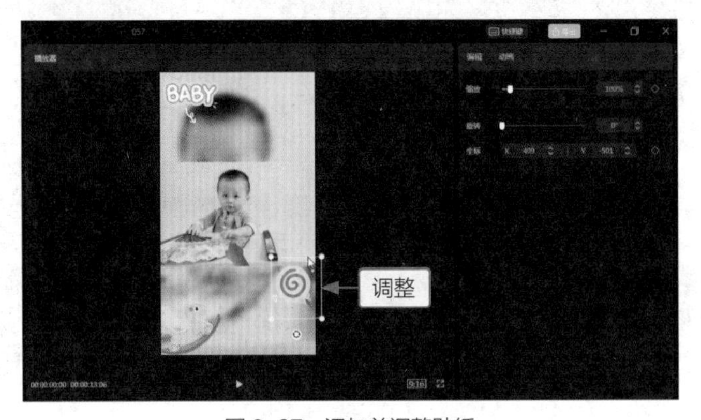

图 9-27　添加并调整贴纸

步骤 09 选择第一段素材，❶单击“动画”按钮；❷切换至“出场”选项卡；❸选择“向左滑动”动画，如图 9-28 所示。用同样的方法，为第二段至第三段素材添加“向左滑动”出场动画，为第四段至第七段素材添加“向下滑动”出场动画，为第八段至第十二段素材添加“向左滑动”出场动画，为第十三段至第十六段素材添加“轻微放大”出场动画。

图 9-28　选择“向左滑动”动画

步骤 10 单击“导出”按钮，导出并播放视频，如图 9-29 所示。

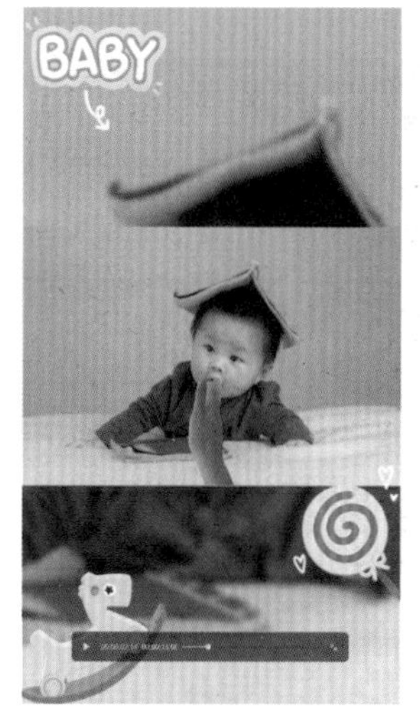

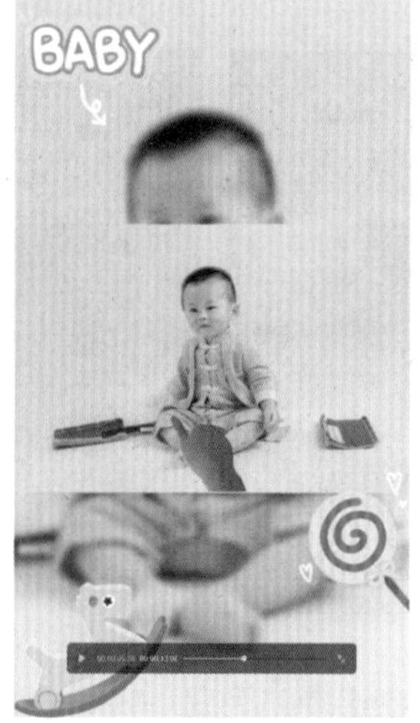

图 9-29　导出并播放视频

实战058　写真相册：《记录美好的时光》

【效果展示】：根据背景音乐，添加转场和文字能让写真相册中的人物变得具有动感和富有吸引力，效果如图 9-30 所示。

案例效果

教学视频

图 9-30　写真相册效果展示

下面介绍在剪映中制作写真相册视频的操作方法。

步骤 01 在剪映中导入七张照片素材，❶单击“音频”按钮；❷切换至“抖音收藏”选项卡；❸添加合适的背景音乐，如图 9-31 所示。

步骤 02 单击“手动踩点”按钮，根据音乐的节奏为音频添加六个小黄点，根据卡点再调整每段素材的时长，如图 9-32 所示。

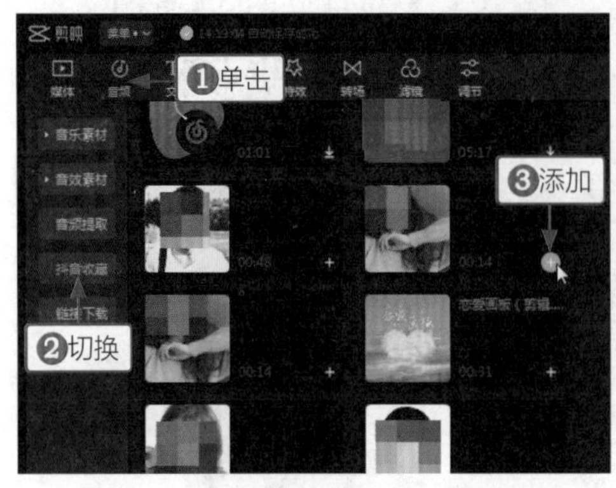

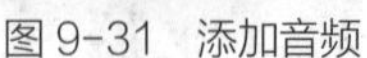
图 9-31　添加音频

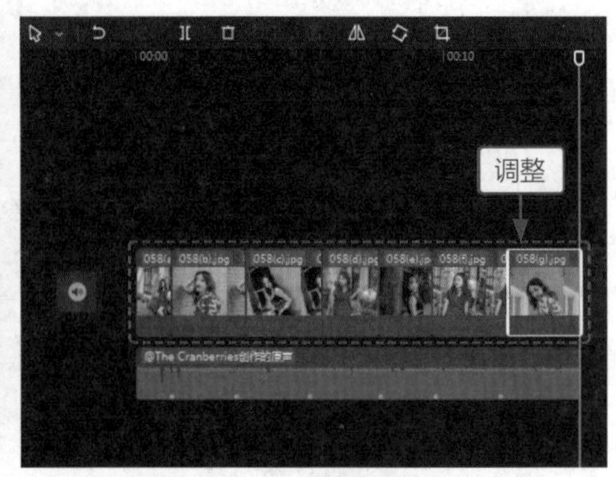

图 9-32　调整素材的时长

步骤 03 ❶单击“转场”按钮；❷选择“闪白”转场，如图 9-33 所示。

步骤 04 单击“应用到全部”按钮，设置统一的转场，如图 9-34 所示。

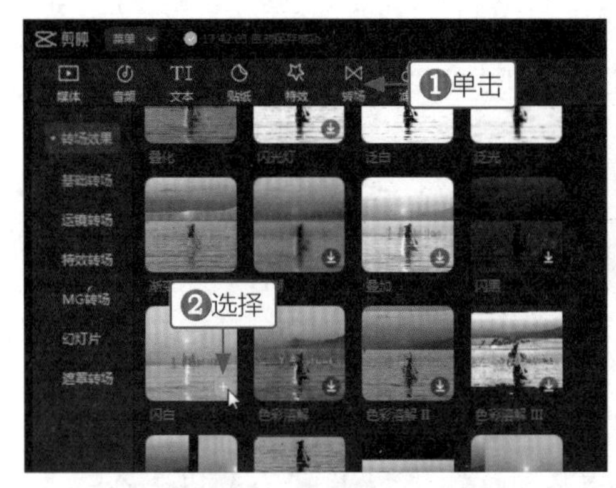

图 9-33　选择转场方式

图 9-34　设置统一的转场

步骤 05 ❶单击“特效”按钮；❷选择“变清晰”特效，如图 9-35 所示。

步骤 06 调整特效的时长，对齐第一段素材，如图 9-36 所示。

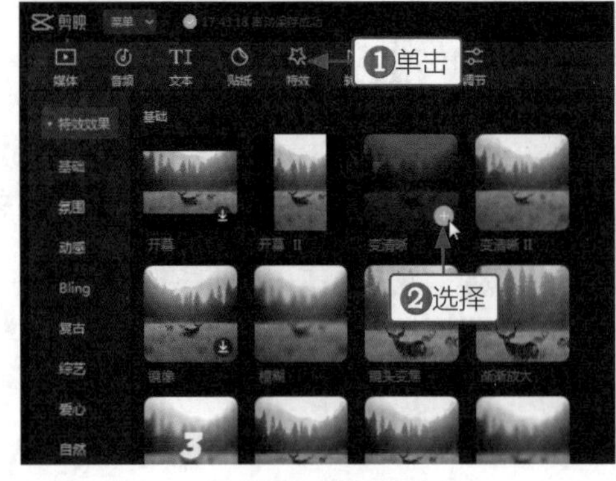

图 9-35　选择特效

图 9-36　调整特效时长

步骤 07 ❶单击“文本”按钮；❷切换至“文字模板”选项卡；❸选择一款文字模板，如图 9-37 所示。

步骤 08 调整文字的时长，使其与视频轨道中的素材一样长，如图 9-38 所示。

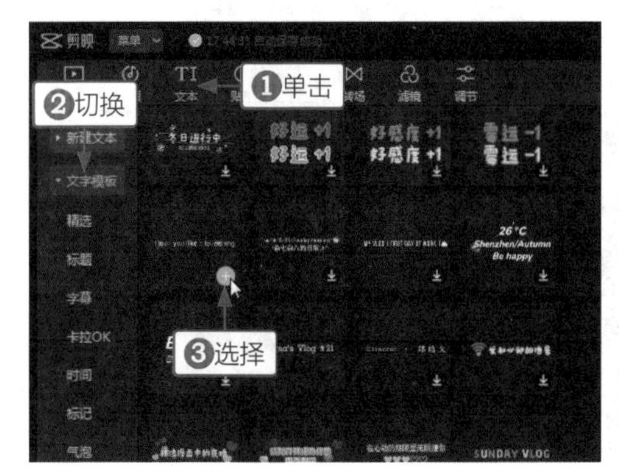

图 9-37　选择文字模板

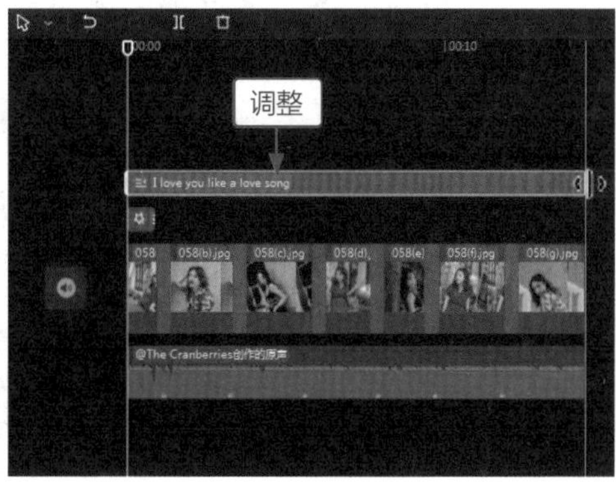

图 9-38　调整文字时长

步骤 09 ❶更改文字内容；❷调整文字的大小和位置，如图 9-39 所示。

图 9-39　调整文字的大小和位置

步骤 10 单击“原始”按钮，设置画面比例为 9 ： 16，如图 9-40 所示。

图 9-40　设置画面比例

步骤 11 ❶切换至“背景”选项卡；❷选择“背景填充”面板中的第四个“模糊”背景样式；❸单击“应用到全部”按钮，如图 9-41 所示。

图 9-41　设置背景

步骤 12 单击“导出”按钮，导出并播放视频，如图 9-42 所示。

图 9-42　导出并播放视频

实战059　夜景相册：《橘子洲烟花盛宴》

【效果展示】：制作夜景烟花相册时可以加上星火炸开的特效，使效果更加绚烂，画面更加震撼，如图 9-43 所示。

案例效果　教学视频

图 9-43　夜景相册效果展示

下面介绍在剪映中制作夜景相册视频的操作方法。

步骤 01 在视频轨道前后导入两段烟花视频素材，在视频素材中间导入十五张烟花照片素材，如图 9-44 所示。

步骤 02 ❶单击“音频”按钮；❷切换至“抖音收藏”选项卡；❸添加背景音乐，如图 9-45 所示。

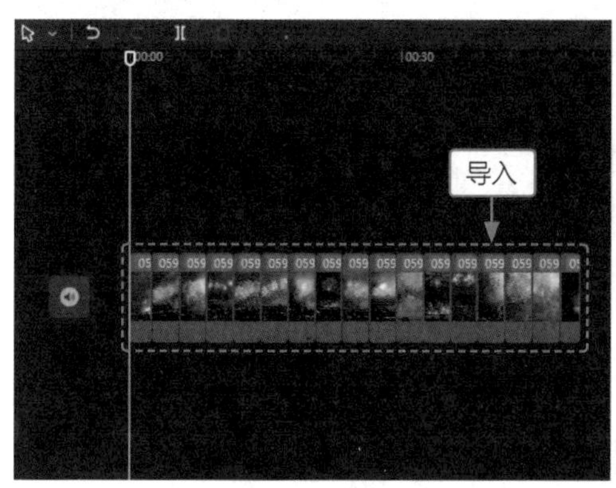

图 9-44　导入素材

图 9-45　添加背景音乐

步骤 03 ❶切换至“音效素材”选项卡；❷搜索音效；❸添加“烟花声”音效，如图 9-46 所示。

步骤 04 ❶选中音频素材；❷单击“自动踩点”按钮；❸选择“踩节拍 II”选项，如图 9-47 所示。

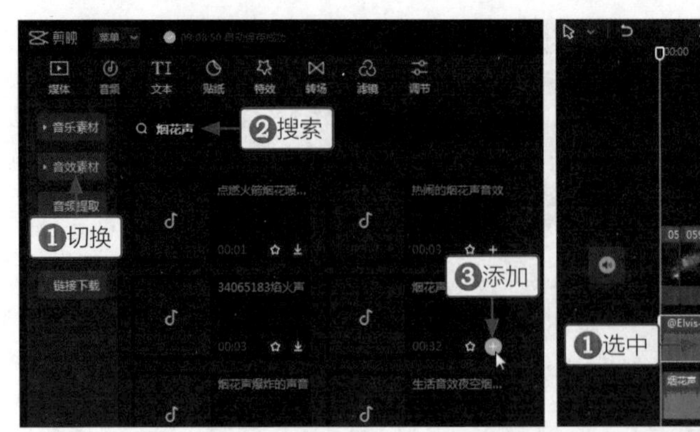

图 9-46　搜索并添加音效

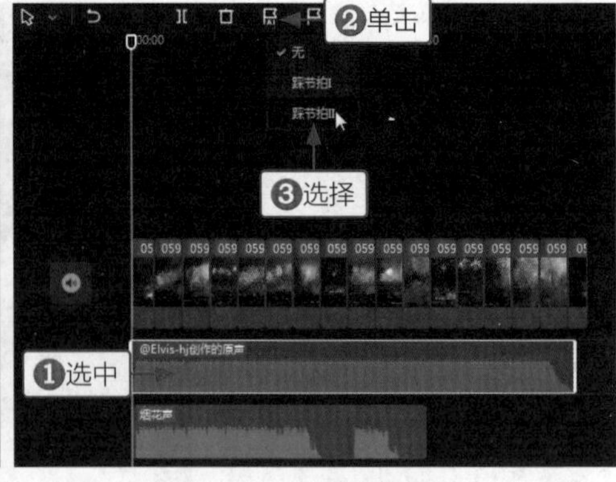

图 9-47　选择踩点音效

步骤 05 根据小黄点的位置，调整照片素材的时长，对齐两个小黄点内的时长，视频时长则不变，最后删除多余的音效和音频，如图 9-48 所示。

步骤 06 在“播放器”面板中单击“原始”按钮，设置画面比例为 9 ：16，如图 9-49 所示。

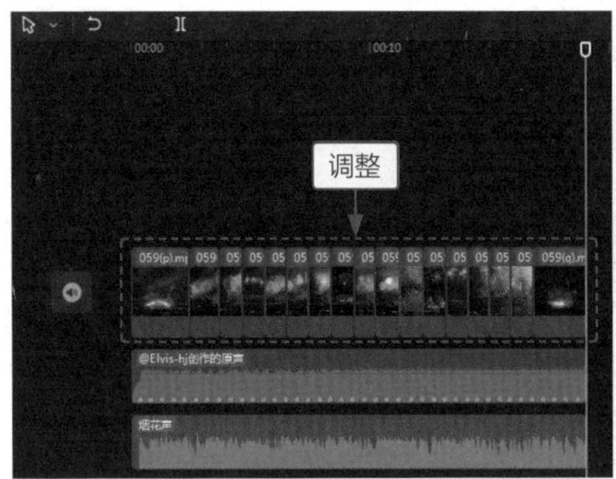

图 9-48　调整素材时长

图 9-49　设置画面比例

步骤 07 ❶切换至“背景”选项卡；❷选择“背景填充”面板中的第一个“模糊”背景样式；❸单击“应用到全部”按钮，如图 9-50 所示。

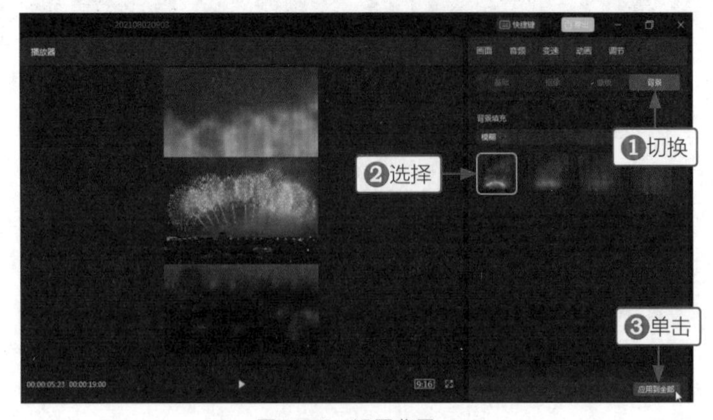

图 9-50　设置背景

步骤 08 ❶单击“特效”按钮；❷选择“花火”特效，如图 9-51 所示。

步骤 09 调整特效的时长，对齐第一段素材，如图 9-52 所示。

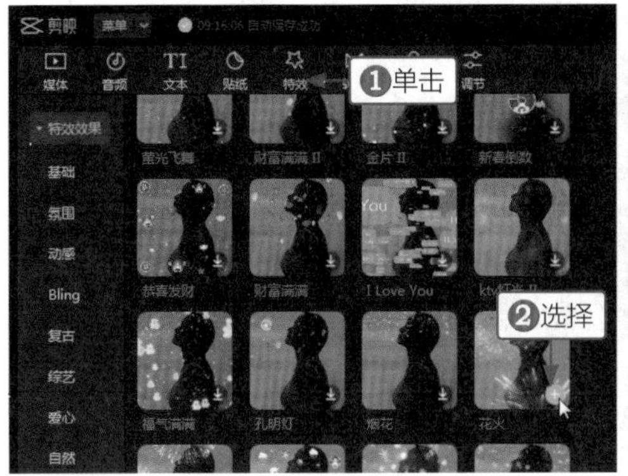

图 9-51　选择特效

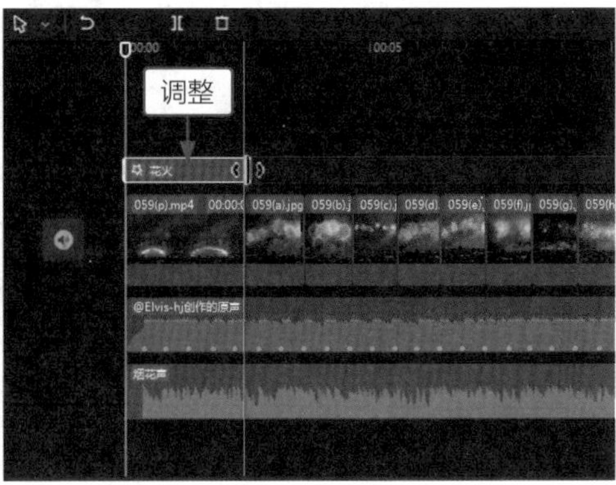

图 9-52　调整特效时长

步骤 10 为剩下的素材添加“星火炸开”和“花火”特效，如图 9-53 所示。

图 9-53　添加特效

步骤 11 ❶单击“文本”按钮；❷添加“默认文本”，如图 9-54 所示。

步骤 12 调整文本的时长，对齐第一段素材，如图 9-55 所示。

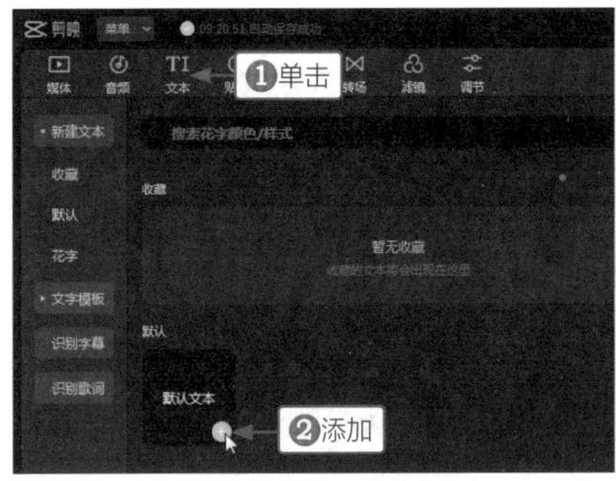

图 9-54　添加文本

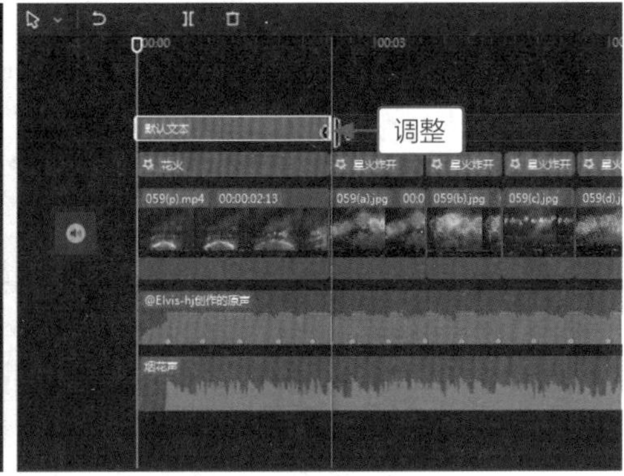

图 9-55　调整文本时长

步骤 13 ❶更改文字内容；❷选择字体；❸调整文字的位置，如图 9-56 所示。

图 9-56　更改文字内容并设计样式

步骤 14 ❶单击“动画”按钮；❷切换至“循环”选项卡；❸选择“色差故障”动画；❹设置“动画快慢”为 2.4s，如图 9-57 所示。用相同的方法，再添加第二段文字。

图 9-57　选择并设置动画

步骤 15 选择第二段素材，添加“降落旋转”组合动画，如图 9-58 所示。用同样的方法，为剩下的照片素材添加各种组合动画。

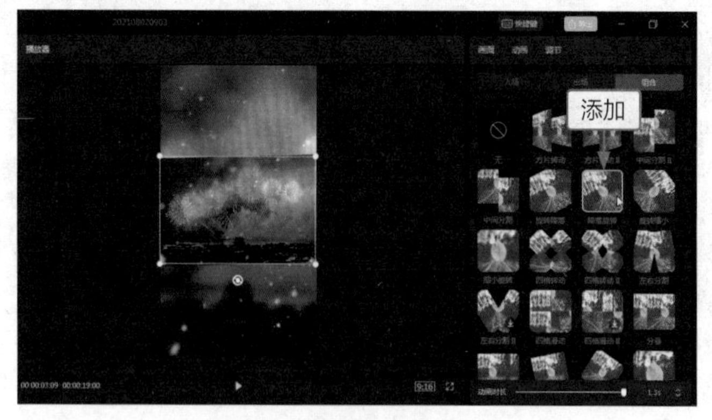

图 9-58　添加组合动画

步骤 16 单击“导出”按钮，导出并播放视频，如图 9-59 所示。

图 9-59　导出并播放视频

实战060　风光相册：《零陵古城》

【效果展示】：利用蒙版功能可以制作出相册翻页的效果，使风光相册更加生动，效果如图 9-60 所示。

案例效果

教学视频

图 9-60　风光相册效果展示

下面介绍在剪映中制作风光相册视频的操作方法。

步骤 01 在剪映中导入五张照片素材，如图 9-61 所示。

步骤 02 ❶拖曳视频轨道中的第二段素材至画中画轨道中，对齐视频轨道的起始位置；❷设置时长为 00:00:01:15，如图 9-62 所示。

步骤 03 ❶切换至“蒙版”选项卡；❷单击“线性”按钮；❸长按按钮，旋转角度为 90°，如图 9-63 所示。

步骤 04 ❶复制第一条画中画轨道中的素材至第二条画中画轨道中；❷设置素材时长为 00:00:03:00，如图 9-64 所示。

步骤 05 在“蒙版”面板中单击“反转”按钮，如图 9-65 所示。

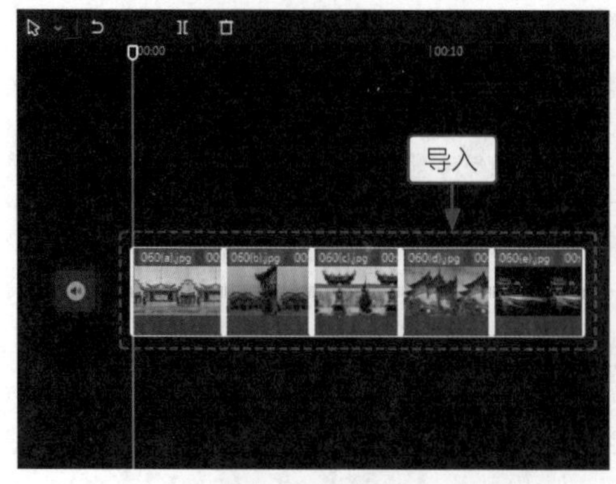

图 9-61　导入照片素材

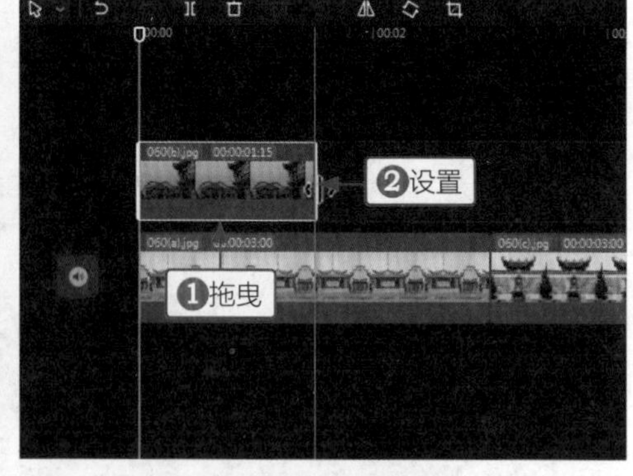

图 9-62　设置时长

图 9-63　添加蒙版

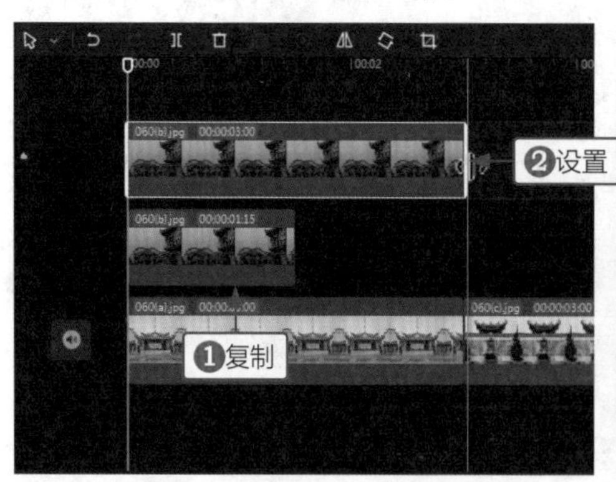

图 9-64　添加素材并设置时长

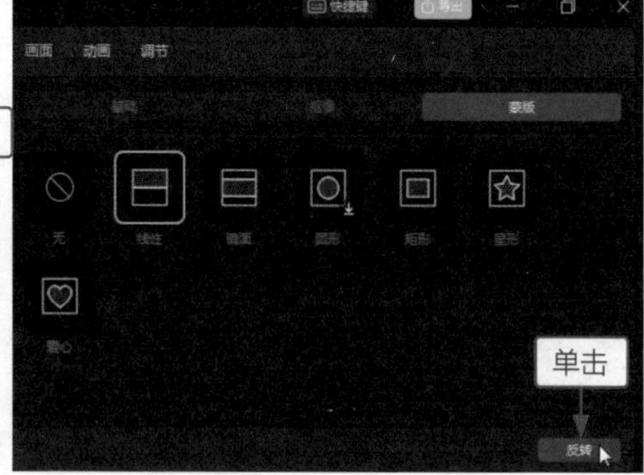

图 9-65　单击“反转”按钮

步骤 06 ❶复制视频轨道中的第一段素材至第一条画中画轨道中；❷调整位置，对齐画中画轨道中的素材；❸拖曳时间指示器至该段素材中间的位置；❹单击“分割”按钮，如图 9-66 所示。

步骤 07 选择分割出来的前半部分素材，❶单击“线性”按钮；❷长按按钮，旋转角度为 270°，如图 9-67 所示。

图 9-66　分割视频素材

图 9-67　旋转素材

步骤 08 ❶切换至"动画"选项卡；❷选择"镜像翻转"入场动画；❸设置"动画时长"为 1.5s，如图 9-68 所示。

图 9-68　选择并设置入场动画

步骤 09 选择第一条画中画轨道中的第一段素材，❶切换至"出场"选项区；❷选择"镜像翻转"动画；❸设置"动画时长"为 1.5s，如图 9-69 所示。

步骤 10 用同样的方法，设置后面的素材，如图 9-70 所示。

步骤 11 ❶单击"音频"按钮；❷添加背景音乐，如图 9-71 所示。

步骤 12 调整音频时长，对齐视频轨道，如图 9-72 所示。

步骤 13 单击"导出"按钮，导出并播放视频，如图 9-73 所示。

图 9-69　选择并设置出场动画

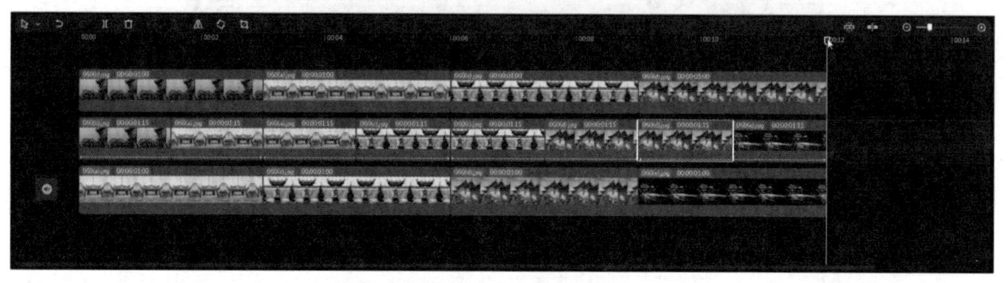

图 9-70　设置其他素材

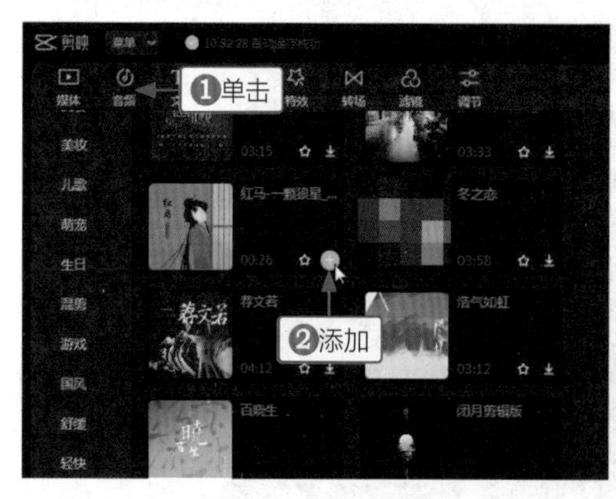

图 9-71　添加音频

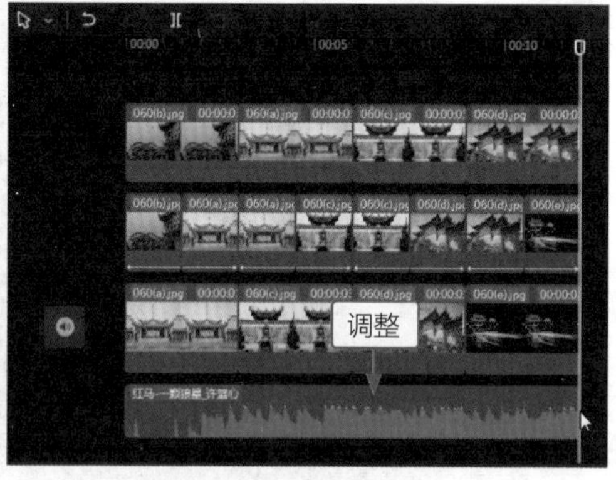

图 9-72　调整音频时长

图 9-73　导出并播放视频

第 10 章
短视频制作流程：《我的健身日常》

在剪映电脑版中制作短视频非常方便，因为界面较大，用户可以导入很多照片素材进行加工，比剪映手机版更加专业化。本章主要介绍《我的健身日常》短视频的制作流程，包括效果欣赏和导入素材、添加音乐、动画、特效和文字，设置比例和背景，以及导出视频，帮助大家了解操作流程，制作出属于自己的短视频。

10.1 效果欣赏与导入素材

在学习制作《我的健身日常》短视频之前，读者可预览视频的画面效果，然后再具体学习视频的制作方法，以更好地掌握视频制作的整体流程。

10.1.1 效果欣赏

在剪映中添加动画和特效能让视频变得动感，特别是健身类的视频，很适合加入动感特效，能够让画面变得更加吸人眼球，效果如图 10-1 所示。

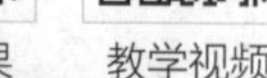

图 10-1 《我的健身日常》效果展示

10.1.2 导入素材

这个短视频是由照片组合制作而成的，制作视频的第一步就是按图片顺序导入这些照片素材。下面介绍在剪映中导入素材的操作方法。

步骤 01 在文件夹中全选照片素材，拖曳至剪映中，如图 10-2 所示。

步骤 02 ❶全选“本地”面板中的所有照片素材；❷单击第一个素材右下角的⊕按钮，如图 10-3 所示。

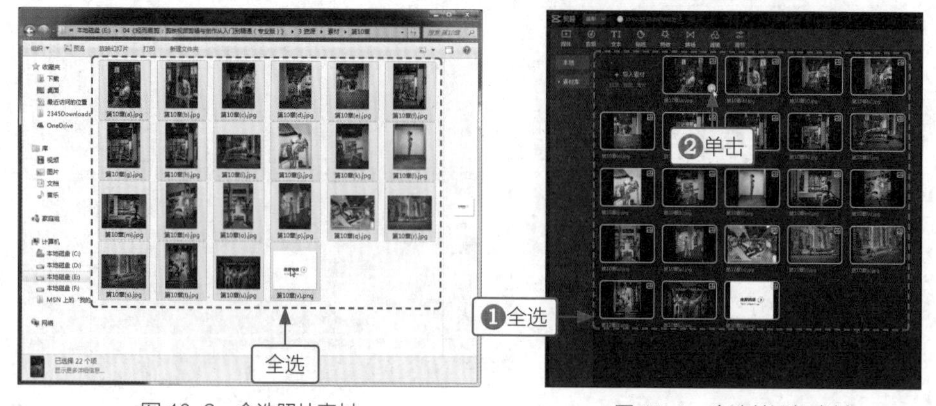

图 10-2 全选照片素材

图 10-3 全选并添加素材

步骤 03 执行操作后，即可把所有照片素材导入视频轨道中，如图 10-4 所示。

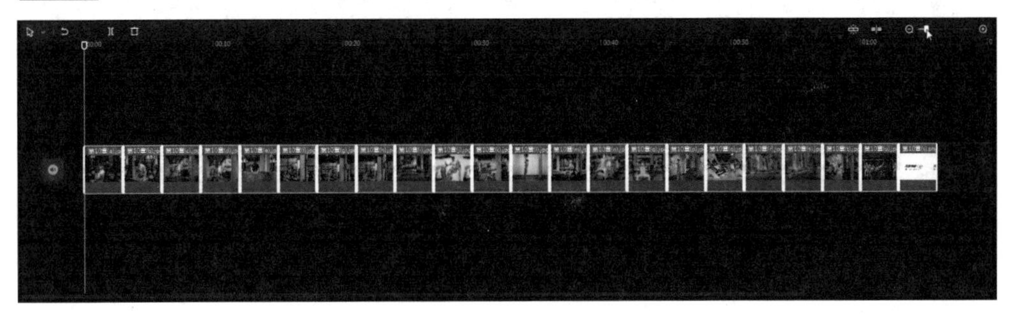

图 10-4　导入全部素材至视频轨道

10.2 制作效果

导入素材后，即可对素材进行加工制作，让照片变得动感起来，组合成一个精美的、有内容的视频。下面主要介绍如何添加音乐、动画、特效和文字，让视频变得完整。

10.2.1 添加音乐

我们在添加背景音乐时，可以添加“抖音收藏”中已有的歌曲，这样会更加方便快捷。下面介绍在剪映中添加音乐的操作方法。

步骤 01 ❶单击“音频”按钮；❷切换至“混剪”选项卡；❸添加合适的背景音乐，如图 10-5 所示。

步骤 02 ❶单击“自动踩点”按钮；❷选择“踩节拍 II”选项，如图 10-6 所示。

图 10-5　添加音频

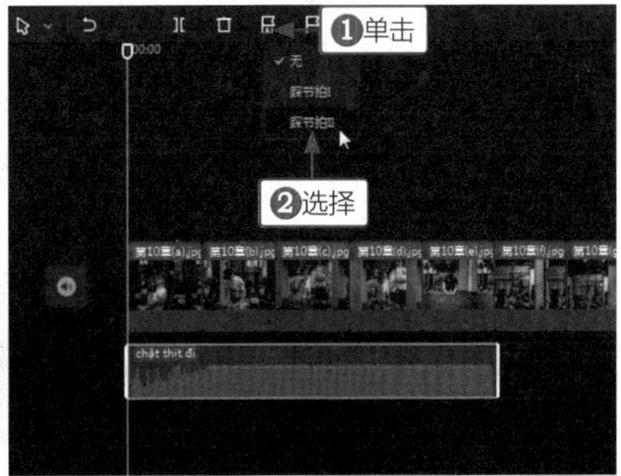

图 10-6　选择踩点音效

步骤 03 根据小黄点的位置和音乐节奏，调整每段素材的时长，最后删除多余的音频，如图 10-7 所示。

图 10-7　调整素材时长

10.2.2 添加动画

素材的动感离不开动画效果，添加合适的入场动画和组合动画，能让素材之间的连接更加自然，也能让视频更加精彩。下面介绍在剪映中添加动画的操作方法。

步骤 01 选中第一段素材，❶单击“动画”按钮；❷切换至“组合”选项卡；❸选择“抖入放大”动画，如图 10-8 所示。

图 10-8　选择组合动画

步骤 02 选中第九段素材，❶切换至“入场”选项卡；❷选择“轻微抖动”动画，如图 10-9 所示。

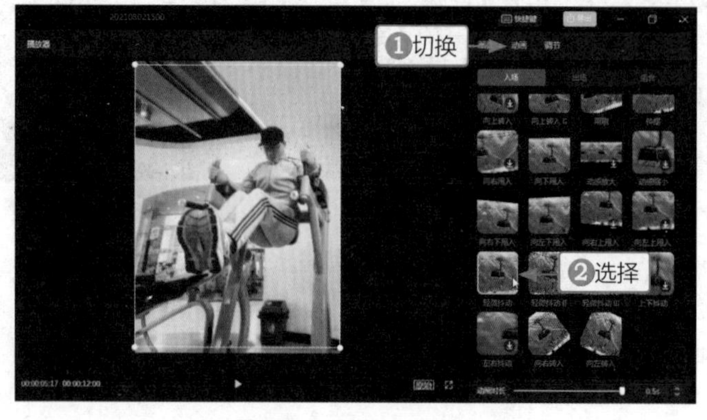

图 10-9　选择入场动画

步骤 03 上面主要介绍了添加两个不同动画的操作方法，根据视频需要，为剩下的素材添加合适的“入场”或者“组合”动画，如图 10-10 所示。

图 10-10　添加动画

10.2.3 添加特效

运动类的短视频很适合添加动感特效，添加之后会使画面变得更加炫彩夺目。下面介绍在剪映中添加特效的操作方法。

步骤 01 ❶单击“特效”按钮；❷切换至“动感”选项卡；❸选择“几何图形”特效，如图 10-11 所示。

步骤 02 拖曳时间指示器至特效素材的末尾位置，如图 10-12 所示。

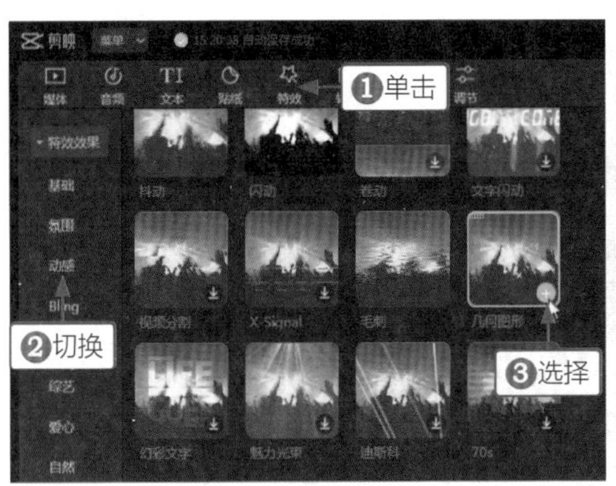

图 10-11　选择特效

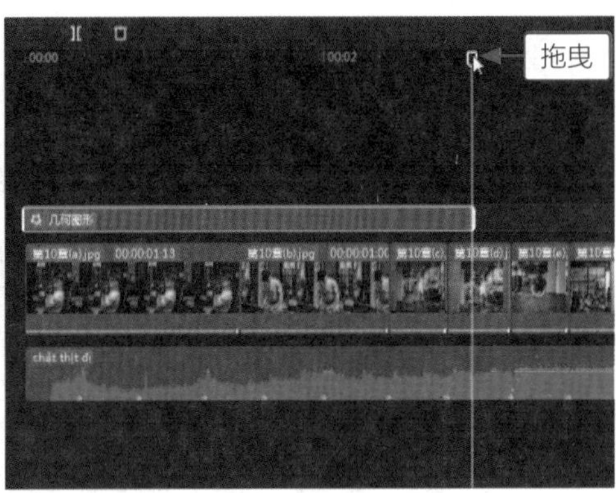

图 10-12　拖曳时间指示器

步骤 03 用同样的方法，添加三段“动感”特效，具体特效如图 10-13 所示。

图 10-13　添加特效

10.2.4 添加文字

为了让观众了解视频的主题，添加合适的文字是非常关键的。下面介绍在剪映中添加文字的操作方法。

步骤 01 ❶单击“文本”按钮；❷单击“默认文本”选项右下角的⊕按钮，如图 10-14 所示。

步骤 02 调整文本的时长，对齐第二段素材的末尾位置，如图 10-15 所示。

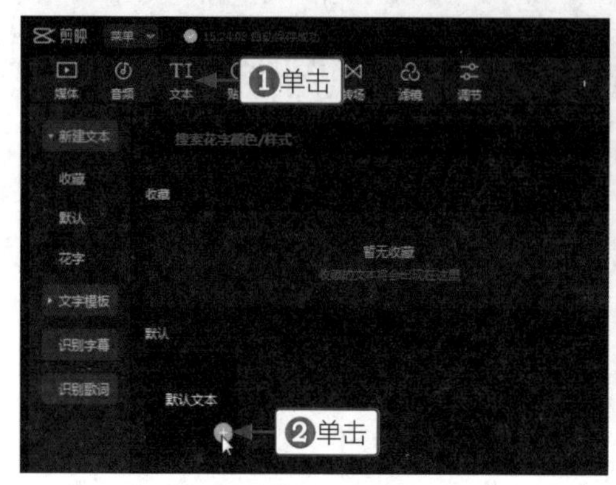

图 10-14　添加文本

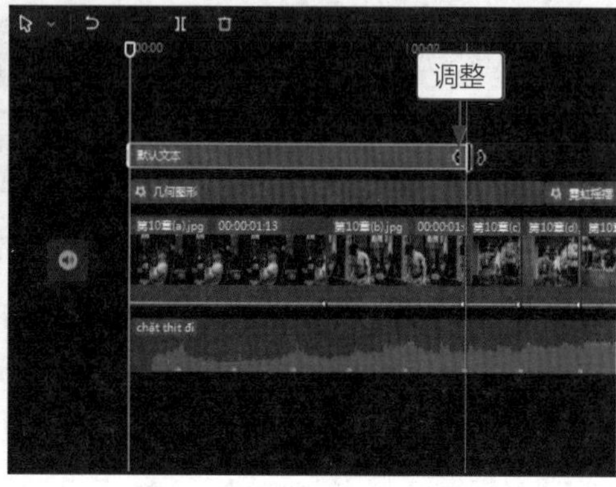

图 10-15　调整文本时长

步骤 03 ❶更改文字内容；❷选择合适的字体；❸调整文字的大小和位置，如图 10-16 所示。

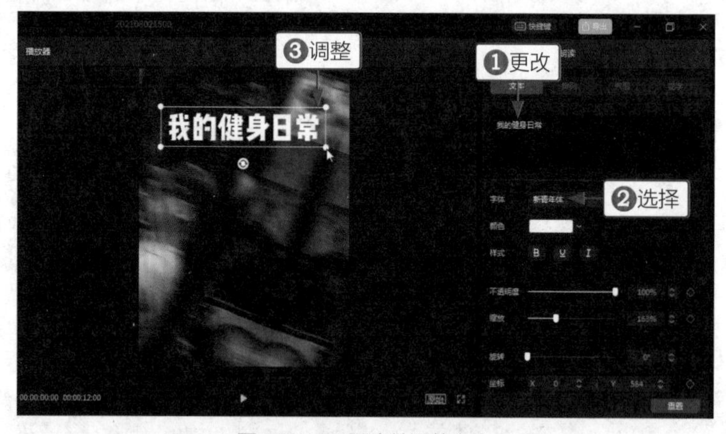

图 10-16　更改并调整文字

步骤 04 ❶单击“动画”按钮；❷切换至“循环”选项卡；❸选择“心跳”动画；❹设置“动画快慢”为 2.4s，如图 10-17 所示。

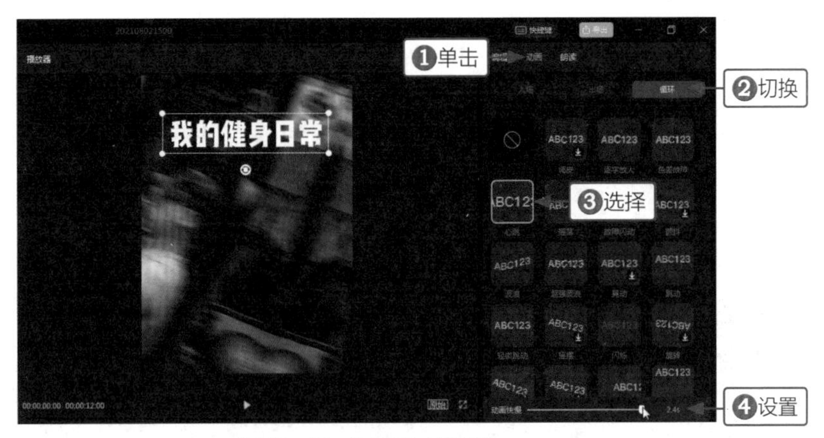

图 10-17 选择动画并设置

10.3 后期处理

当用户导入素材和制作效果后，接下来可以对视频进行后期编辑处理，主要包括设置比例和背景，以及导出视频。

10.3.1 设置比例和背景

由于照片素材的规格不统一，所以后期要设置统一的比例和背景样式，让视频变得整体化。下面介绍在剪映中设置比例和背景的操作方法。

步骤 ❶单击“原始”按钮，设置画面比例为 9 ∶ 16；❷切换至“背景”选项卡；❸在“背景填充”面板中选择第二个“模糊”背景样式；❹单击“应用到全部”按钮，如图 10-18 所示。

图 10-18 设置画面比例和背景

10.3.2 导出视频

所有操作完成后，即可导出视频，在“导出”面板中可以设置相应的参数，导出之后还可以直接分享到其他平台中去。下面介绍在剪映中导出视频的操作方法。

步骤 01 操作完成后，单击“导出”按钮，如图 10-19 所示。

步骤 02 ❶在弹出的“导出”面板中更改“作品名称”；❷单击“导出至”右侧的按钮，设置相应的保存路径；❸单击“导出”按钮，如图 10-20 所示。

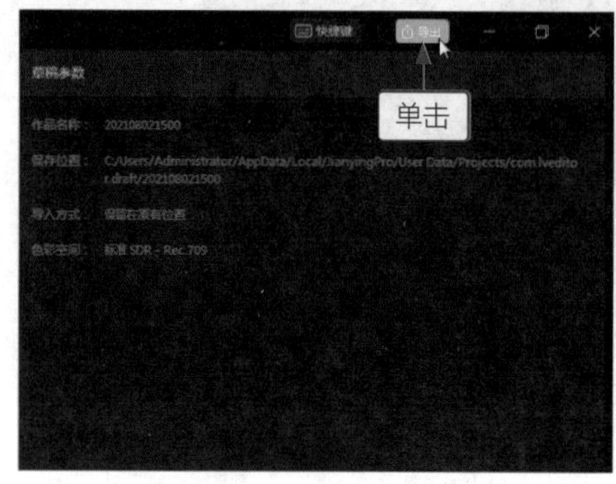

图 10-19 单击“导出”按钮

图 10-20 设置名称并保存

步骤 03 导出视频后，单击“关闭”按钮，即可结束操作，如图 10-21 所示。

图 10-21 导出视频并关闭操作

第 11 章

制作日转夜延时视频：《梅溪湖美景》

在剪映中能够制作延时视频，在制作之前需要拍摄延时照片，延时照片一般都是几百张，因此拍摄用时也需要几个小时。日转夜延时一般是金色黄昏时刻到蓝调时刻天空光线的变化效果，只要天气晴朗，日转夜的延时视频都非常漂亮，光线的变化极具视觉冲击力。本章主要介绍日转夜延时视频的后期制作方法。

11.1 效果欣赏与导入素材

在制作延时视频之前，读者可预览视频的画面，欣赏整体的延时效果。本章的重点是展示视频效果和导入素材的操作方法。

11.1.1 效果欣赏

延时视频的亮点就在于几秒钟就能预览几个小时的画面，特别是日夜转换的延时视频，画面是非常大气和震撼人心的，短短几秒钟，画面就从白天转换到夜晚，效果如图 11-1 所示。

案例效果

教学视频

图 11-1　延时视频效果展示

11.1.2 导入素材

延时视频一般都是由几百张照片制作而成的，因此第一步就是按图片顺序导入照片素材。下面介绍在剪映中导入素材的操作方法。

步骤 01 在文件夹中全选两百张照片素材，拖曳至剪映中，如图 11-2 所示。

步骤 02 ❶全选“本地”面板中的所有照片素材；❷单击第一个素材右下角的⊕按钮，如图 11-3 所示。

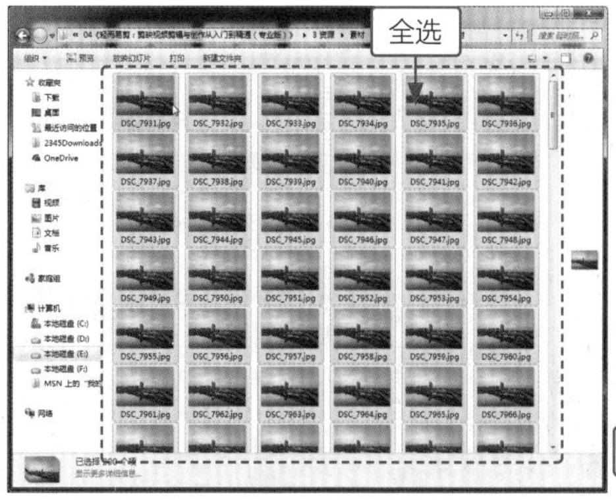

图 11-2　全选照片素材

图 11-3　全选并添加素材

步骤 03 执行操作后，即可将两百张照片素材导入视频轨道中，如图 11-4 所示。

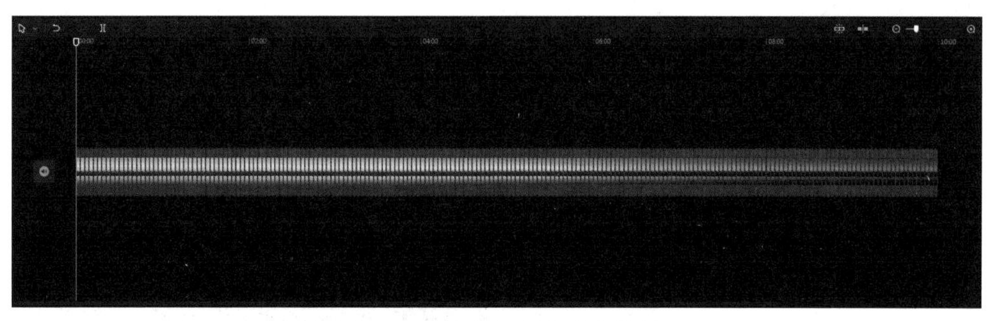

图 11-4　导入全部素材至视频轨道

11.2 制作效果与导出视频

导入素材后，即可对素材进行初步加工，将照片变成视频后再次加工，把初步导出的视频制作成一个完整的延时视频。下面主要介绍如何初步导出、设置时长、添加音乐和导出视频。

11.2.1 初步导出

添加照片素材至视频轨道后，需要导出这些素材，把照片变成视频。下面介绍在剪映中初步导出素材的操作方法。

步骤 01 单击“导出”按钮，如图 11-5 所示。

步骤 02 ❶在弹出的“导出”面板中更改“作品名称”；❷单击“导出至”右侧的按钮，如图 11-6 所示。

步骤 03 ❶在弹出的“请选择导出路径”面板中选择相应的保存路径；❷单击“选择文件夹”按钮，如图 11-7 所示。

步骤 04 操作完成后，单击“导出”按钮，如图 11-8 所示。

图 11-5　单击“导出”按钮

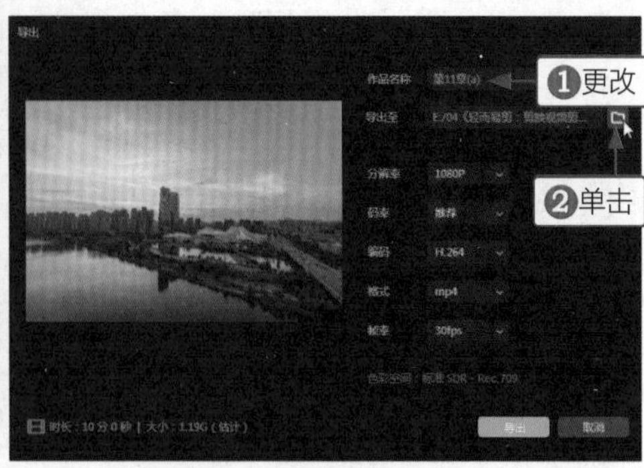

图 11-6　更改作品名称并导出

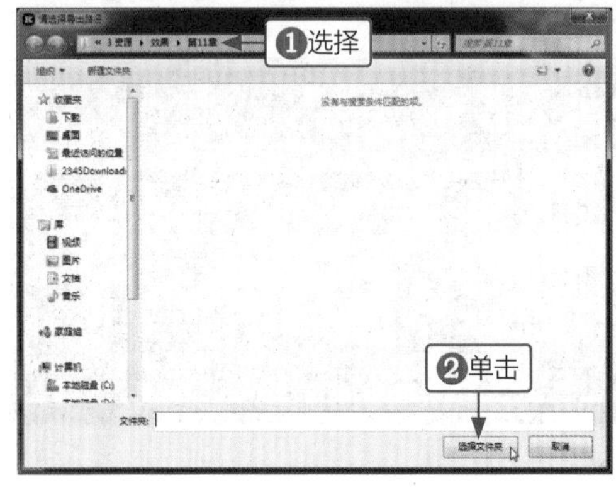

图 11-7　选择保存路径

图 11-8　单击“导出”按钮

步骤 05 “导出”面板中显示导出进度条，如图 11-9 所示，由于视频有十分钟的时长，所以导出用时比较长，耐心等待即可。

步骤 06 导出完成后，单击“关闭”按钮，如图 11-10 所示，即可完成延时视频初步导出的操作。

图 11-9　显示进度条

图 11-10　单击“关闭”按钮

11.2.2 设置时长

上一步导出的视频有十分钟的时长，不符合延时视频的时长标准，因此需要对上一步导出的视频重新设置时长。下面介绍在剪映中设置时长的操作方法。

步骤 01 在剪映中，把上一步导出的视频导入视频轨道中，如图 11-11 所示。

步骤 02 ❶单击“变速”按钮；❷设置“自定时长”为 10s，如图 11-12 所示。

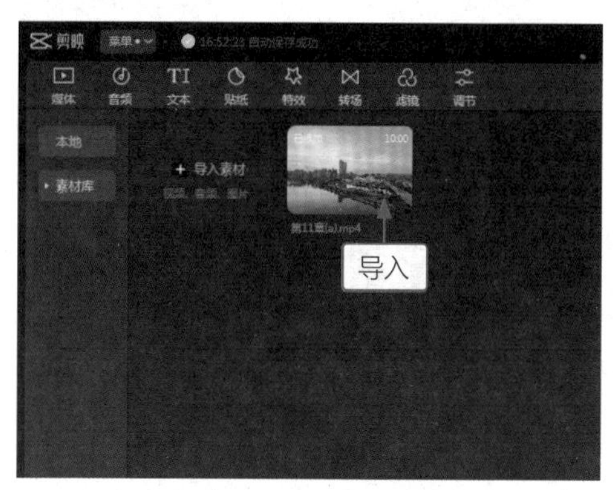

图 11-11　导入视频素材

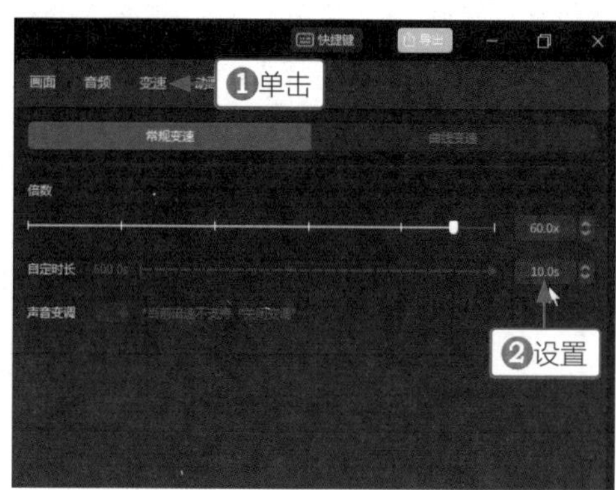

图 11-12　设置时长

步骤 03 操作完成后，即可将十分钟的视频变成十秒钟，如图 11-13 所示。

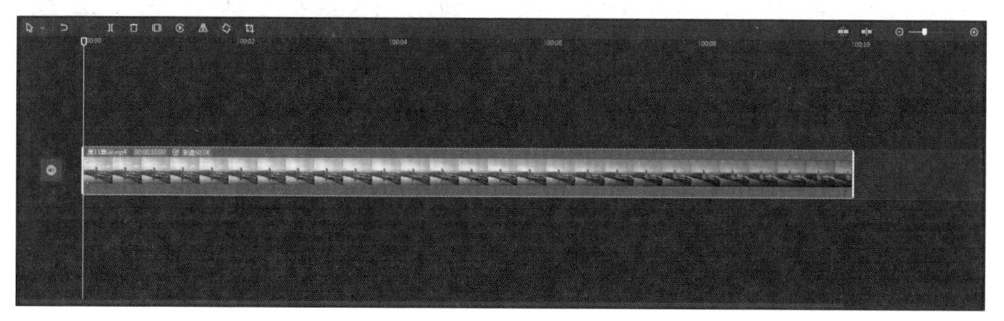

图 11-13　显示时长

11.2.3 添加音乐

没有背景音乐的视频只能算半成品，为视频添加合适的背景音乐，能够让延时视频如虎添翼。音乐的选择最好是气势宏大的纯音乐，能让画面气势更加磅礴。下面介绍在剪映中添加音乐的操作方法。

步骤 01 ❶单击“音频”按钮；❷切换至“混剪”选项卡；❸添加合适的背景音乐，如图 11-14 所示。

步骤 02 ❶拖曳时间指示器至 00:00:00:14 的位置；❷单击“分割”按钮，如图 11-15 所示。

步骤 03 ❶选择分割出来的前半部分音频素材；❷单击“删除”按钮，如图 11-16 所示。

步骤 04 调整音频素材对齐视频轨道的起始位置，之后分割和删除后面多余的音频素材，使音频素材的时长对齐视频素材的时长，如图 11-17 所示。

图 11-14　添加音乐

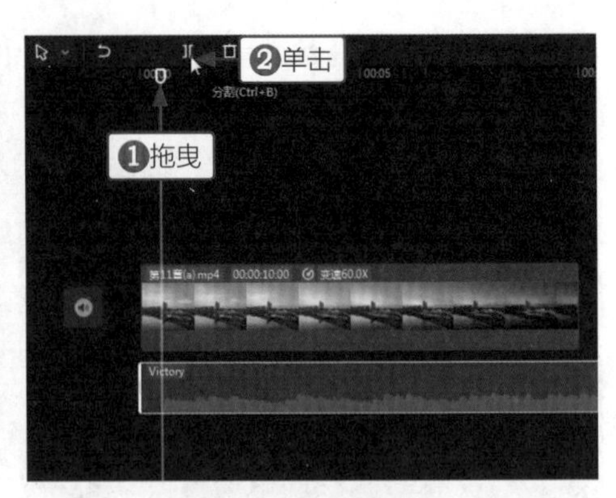

图 11-15　分割视频

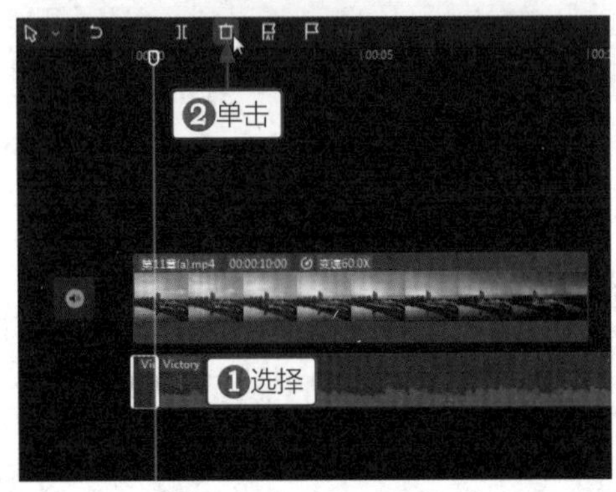

图 11-16　删除多余音频

图 11-17　调整音频时长

11.2.4　导出视频

所有操作完成后，即可导出视频，在“导出”面板中可以设置相应的参数，导出之后还可以直接分享到其他平台。下面介绍在剪映中导出视频的操作方法。

步骤 01 操作完成后，单击“导出”按钮，如图 11-18 所示。

步骤 02 ❶在弹出的“导出”面板中更改“作品名称”；❷单击“导出”按钮，如图 11-19 所示。

图 11-18　单击“导出”按钮

图 11-19　更改作品名称并导出

步骤 03 导出视频后，单击“关闭”按钮，即可结束操作，如图 11-20 所示。

图 11-20　导出视频并关闭操作

第 12 章

制作旅游广告视频：《梦幻巴厘岛》

剪映专业版更适合制作长视频。我们经常在朋友圈、抖音、快手等平台看到一些制作精美的广告视频，现在这些在剪映中也能制作出来。本章以旅游广告视频为例，教大家如何在剪映中导入素材，添加音乐、转场、滤镜、文字及贴纸，制作出别样的旅游广告视频。

12.1 效果欣赏与导入素材

旅游广告视频讲究画面精美，文案体现亮点，以及有记忆点，记忆点可以从背景音乐、文字和画面上体现，因此这三个方面最重要。在剪映中只要运用好现有的编辑功能，就能制作出独特的视频效果。

12.1.1 效果欣赏

旅游广告视频的开头和结尾非常重要，因此首尾要做得尽量精美，用文字和贴纸制作独特的效果，中间也可以加上一些亮点文案，让读者了解旅游地，对旅游地产生浓厚的兴趣，效果如图 12-1 所示。

案例效果

教学视频

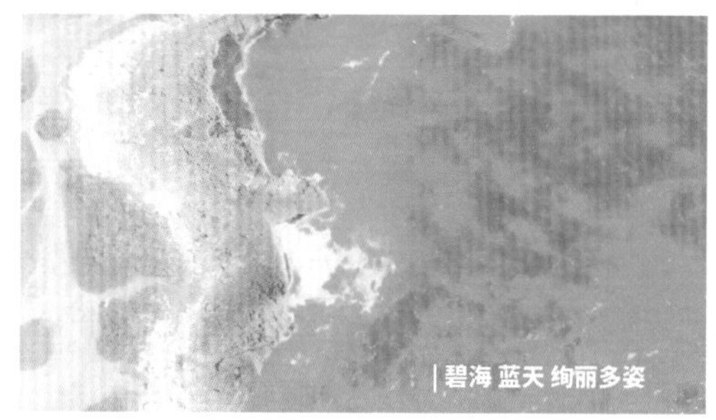

图 12-1　旅游广告效果展示

12.1.2 导入素材

在制作视频之前，可以在原始视频的基础上挑选和保存想要的视频片段，提升视频效果，省去二次剪辑的时间。下面介绍在剪映中导入素材的操作方法。

步骤 01 在文件夹中全选保存好的视频片段，拖曳至剪映中，如图 12-2 所示。

步骤 02 ❶全选“本地”面板中的所有视频素材；❷单击第一个素材右下角的⊕按钮，如图 12-3 所示。

步骤 03 执行操作后，即可将视频素材导入视频轨道中，如图 12-4 所示。

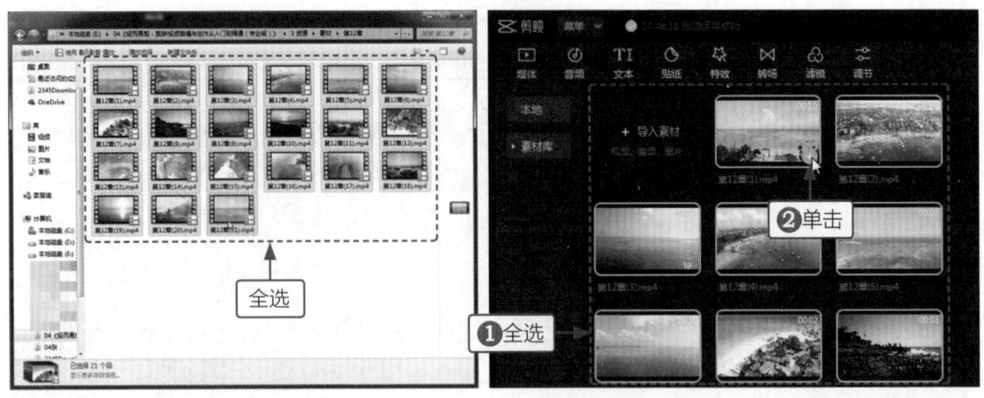

图 12-2　全选视频素材　　　　图 12-3　全选并添加素材

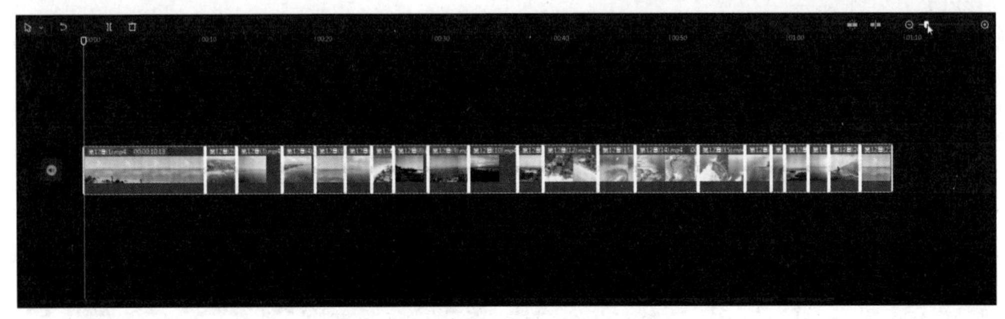

图 12-4　导入全部素材至视频轨道

12.2 制作效果与导出视频

本节主要介绍旅游广告视频的制作过程，如给视频添加背景音乐、添加文字和贴纸等内容，有些方法前面章节已涉及，就不过于详细介绍步骤了。下面主要介绍如何添加背景音乐、转场、滤镜、文字和贴纸的操作方法。

12.2.1 添加音乐和转场

旅游广告类的背景音乐一定要贴合主题，设置转场也要根据素材之间运镜的变化来添加。下面介绍在剪映中添加音乐和转场的操作方法。

步骤 01 ❶单击“音频”按钮；❷切换至“音频提取”选项卡；❸单击“导入素材”按钮，如图 12-5 所示。

步骤 02 ❶选择要提取音乐的视频文件；❷单击“打开”按钮，如图 12-6 所示。

步骤 03 单击“提取音频”右下角的⊕按钮，即可添加背景音乐，如图 12-7 所示。

步骤 04 ❶单击“转场”按钮；❷在“基础转场”选项卡中添加“叠化”转场，如图 12-8 所示。用同样的方法，为后面的素材设置合适的转场。

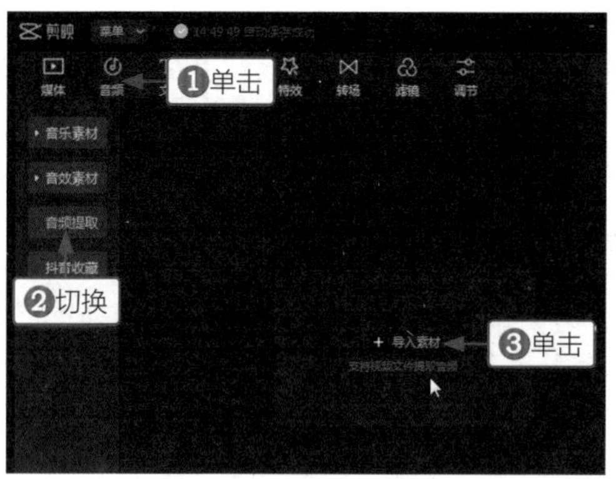

图 12-5　导入音频

图 12-6　选择音乐文件

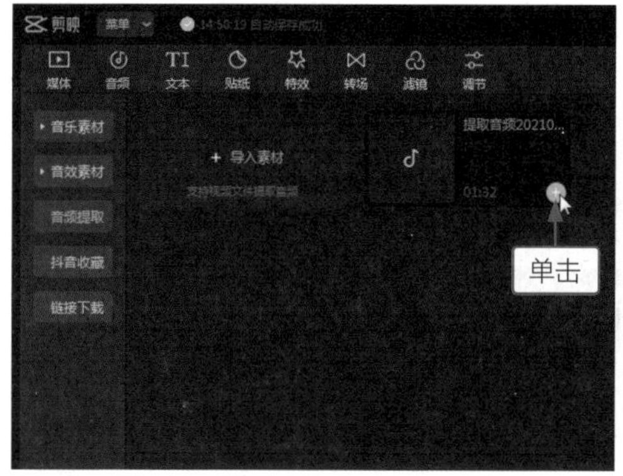

图 12-7　添加音乐

图 12-8　设置转场方式

步骤 05 选择最后一段素材，❶单击"变速"按钮；❷设置 0.3x 变速效果，如图 12-9 所示。

步骤 06 删除多余的音频后，设置音频的"淡出时长"为 0.5s，如图 12-10 所示。

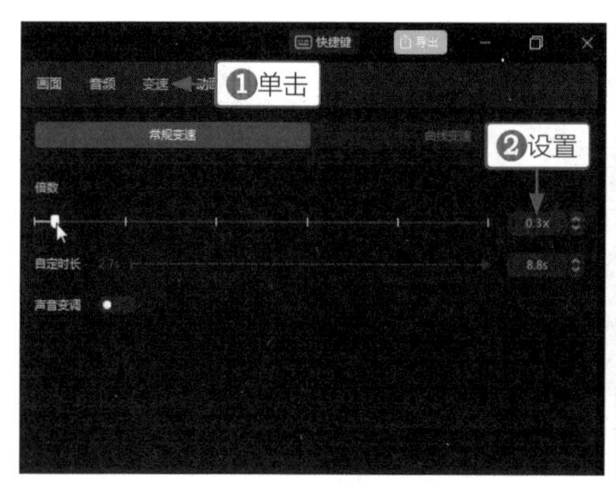

图 12-9　设置变速效果

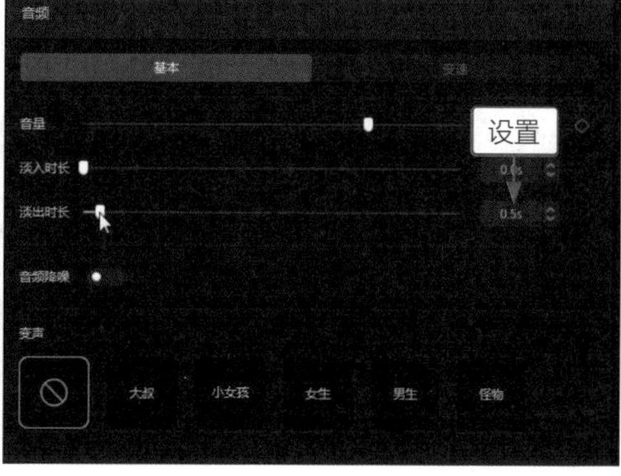

图 12-10　设置淡出时长

步骤 07 操作完成后，即可添加合适的背景音乐和转场效果，如图 12-11 所示。

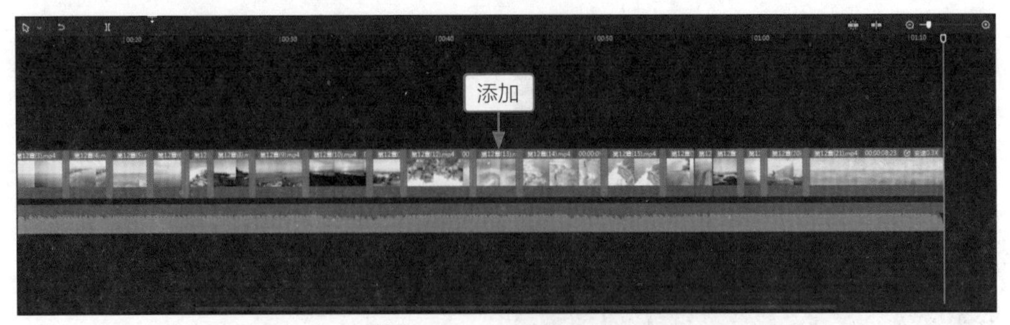

图 12-11 添加音乐和转场

12.2.2 添加滤镜

添加合适的滤镜能让画面变得更精美，下面介绍在剪映中添加滤镜的操作方法。

步骤 01 ❶单击“滤镜”按钮；❷添加“鲜亮”滤镜，如图 12-12 所示。

步骤 02 ❶切换至“美食”选项卡；❷添加“暖食”滤镜，如图 12-13 所示。

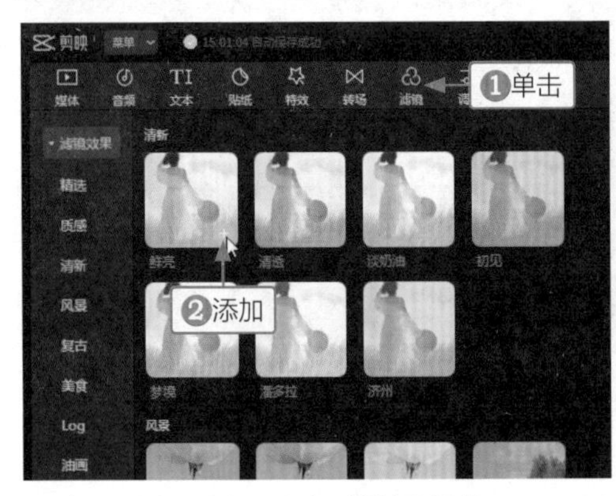

图 12-12 添加“鲜亮”滤镜

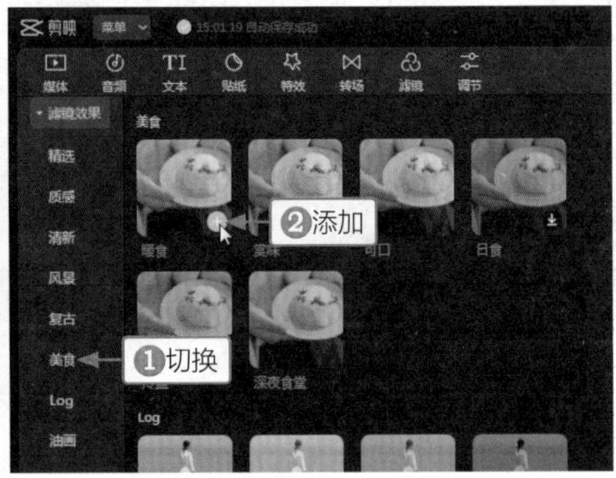

图 12-13 添加“暖食”滤镜

步骤 03 根据画面需要，调整两段滤镜的时长和位置，如图 12-14 所示。

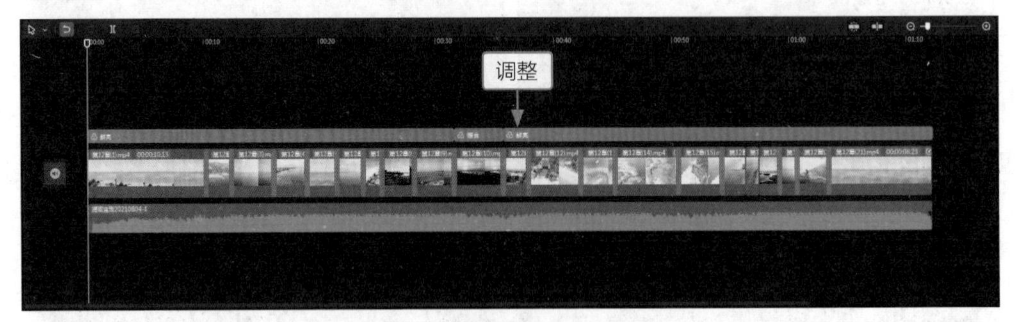

图 12-14 调整滤镜的时长和位置

12.2.3 添加文字

旅游广告视频少不了亮点文字，下面介绍在剪映中添加文字的操作方法。

步骤 01 ❶单击“文本”按钮；❷添加“默认文本”，如图 12-15 所示。

步骤 02 调整文本时长，对齐第一段视频素材，如图 12-16 所示。

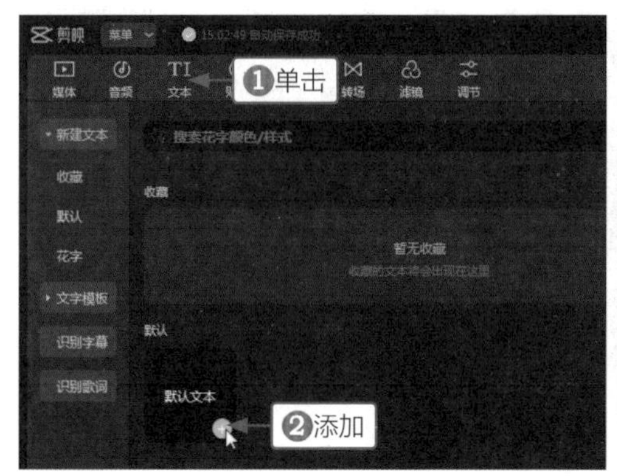

图 12-15　添加文本

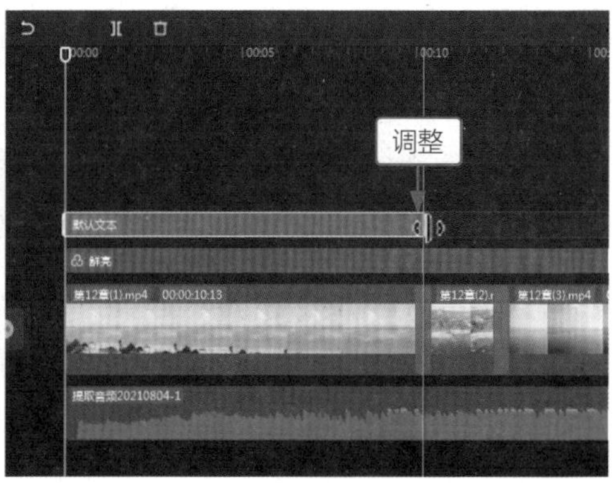

图 12-16　调整文本时长

步骤 03 ❶更改文字内容；❷选择字体；❸调整位置和大小，如图 12-17 所示。

图 12-17　更改和调整文字

步骤 04 用同样的方法添加三段文字，并都设置“溶解”动画，如图 12-18 所示。

图 12-18　添加文字并设置动画

步骤 05 根据画面需要，在视频中间添加几段文字介绍，如图 12-19 所示。设置文字的入场动画为“开幕”、出场动画为“溶解”。

图 12-19 添加文字介绍

步骤 06 为最后一段素材添加两段文字，如图 12-20 所示。设置入场动画为“渐显”、出场动画为“渐隐”。

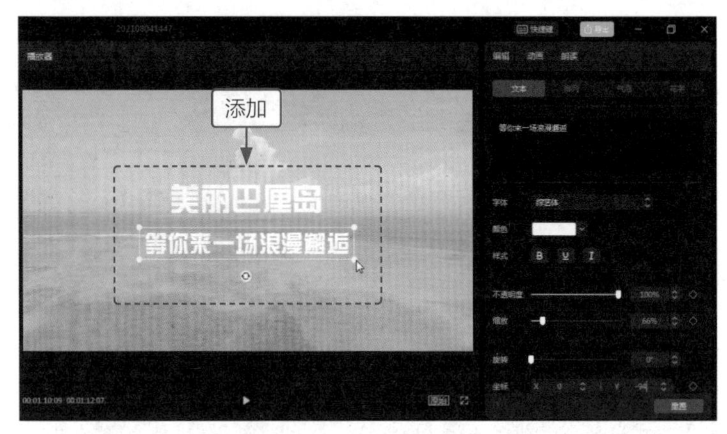

图 12-20 添加两段文字

12.2.4 添加贴纸和导出视频

剪映中有各种各样有趣的贴纸，添加合适的贴纸能让视频画面变得更加丰富多彩。下面介绍在剪映中添加贴纸的操作方法。

步骤 01 ❶单击“贴纸”按钮；❷切换至“季节”选项卡；❸选择合适的贴纸，如图 12-21 所示。

步骤 02 添加四段贴纸后，调整每段贴纸的时长和位置，如图 12-22 所示，使贴纸逐一显现出来。

步骤 03 根据文字画面需要，调整贴纸的大小和位置，并把视频和文字都设置为“渐隐”动画，如图 12-23 所示。

步骤 04 用同样的方法，为第一段素材添加“旅行”选项卡中的飞机贴纸，调整合适的时长、大小和位置，并设置“渐隐”出场动画，如图 12-24 所示。

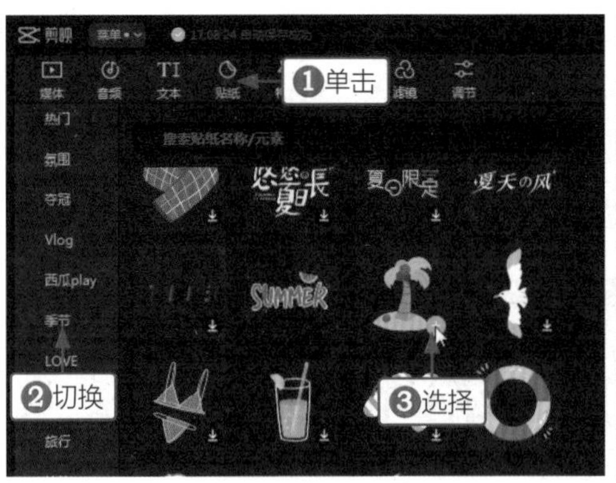

图 12-21　选择贴纸

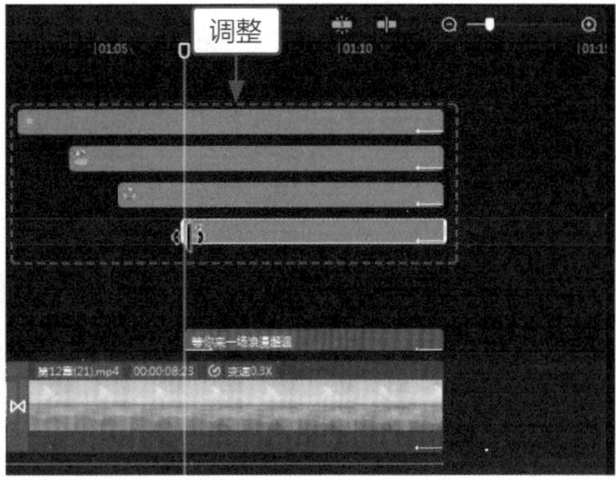

12-22　调整贴纸时长和位置

图 12-23　设置“渐隐”动画

图 12-24　添加贴纸并设置出场动画

步骤 05 操作完成后，单击“导出”按钮，❶在弹出的“导出”面板中更改“作品名称”；❷单击“导出”按钮，如图 12-25 所示。

步骤 06 导出视频后，单击“关闭”按钮，即可结束操作，如图 12-26 所示。

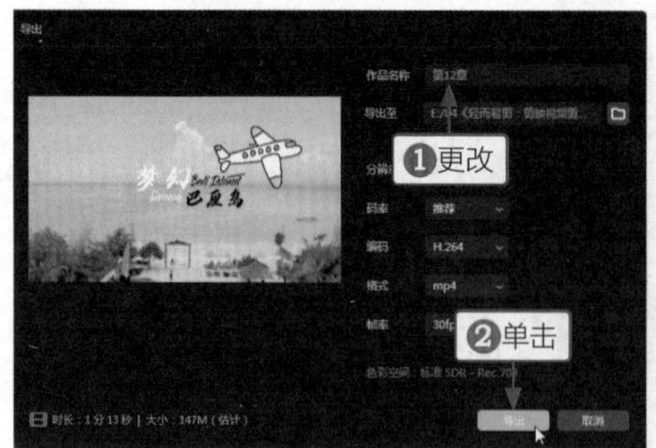

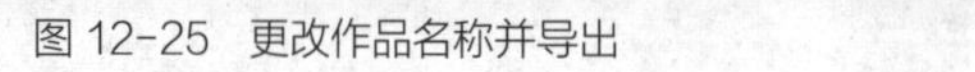
图 12-25　更改作品名称并导出

图 12-26　导出视频并关闭操作

第 13 章

制作图书宣传视频：《手机慢门摄影》

在各大网络电商贸易平台，如淘宝网、当当网、易趣网、拍拍网、京东网，经常能看到图书的宣传视频，用视频的方法来介绍产品会比图片更加直观，也更利于推销产品，好的宣传视频能带来更多的利润。本章主要介绍制作图书宣传视频的方法，帮助大家掌握基本的方法和思路，从而制作出属于自己的产品宣传视频。

13.1 效果欣赏与导入素材

在制作视频之前，首先需要获得产品的宣传图片素材，还有背景素材，背景画面一定要和素材画面搭配和谐，才能让二者完美融合，当然宣传视频也少不了特点文案。

13.1.1 效果欣赏

图书宣传视频可以分为三个部分，开头、中间内容和结尾。开头先介绍书名和作者，中间内容介绍图书的亮点部分，结尾介绍出版社，这样的结构能让读者在几十秒内获得图书的重点信息，效果如图 13-1 所示。

案例效果

教学视频

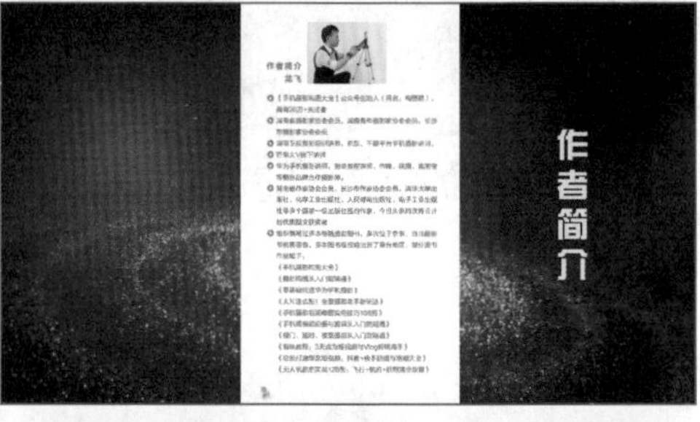

图 13-1　图书宣传视频效果展示

13.1.2 导入素材

制作视频的第一步就是导入准备好的照片和视频素材，下面介绍在剪映中导入素材的操作方法。

步骤 01 ❶在剪映中选中“本地”面板中的背景视频素材；❷单击第一个素材右下角的⊕按钮，如图 13-2 所示。

步骤 02 ❶单击🔊按钮，为视频素材设置静音效果；❷为第一段素材设置 0.7x 变速效果，如图 13-3 所示。

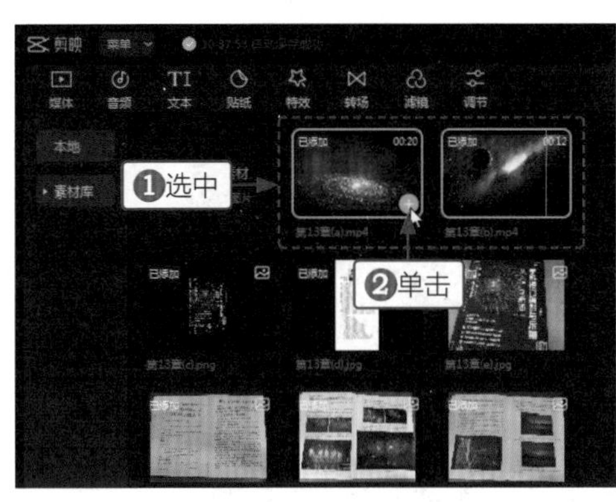

图 13-2　选择视频素材

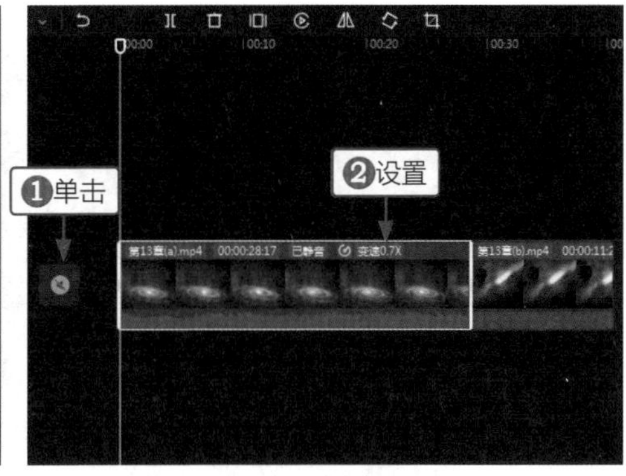

图 13-3　设置静音和变速效果

步骤 03 拖曳图片素材至画中画轨道，调整时长对齐视频素材，如图 13-4 所示。

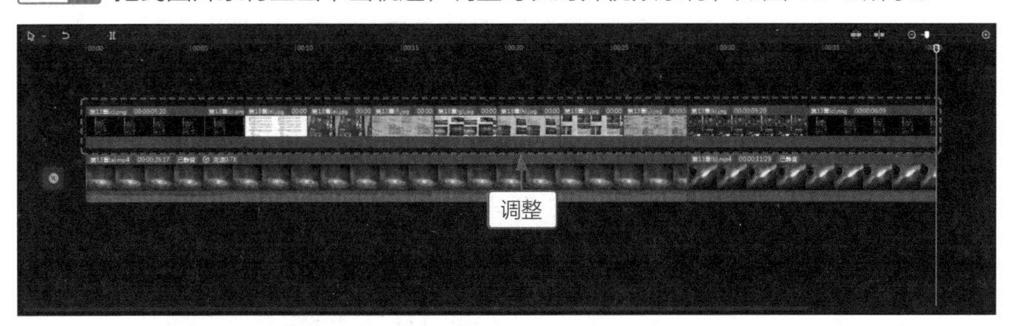

图 13-4　导入并调整素材

13.2 制作效果与导出视频

本节主要介绍图书宣传视频的制作过程，如给视频设置关键帧、添加文字和动画等内容，有些方法前面章节已涉及，所以步骤就不详细介绍了。下面主要介绍如何设置关键帧，以及添加文字、动画、音乐和贴纸的操作方法。

13.2.1 设置关键帧

为了让静止的图片素材动起来，可以在“缩放”和“坐标”中设置关键帧，制作想要的视频效果。下面介绍在剪映中设置关键帧的操作方法。

步骤 01 选中画中画轨道中的第一段素材，❶单击“坐标”和“缩放”右侧的关键帧按钮◇，添加关键帧；❷调整素材的大小，如图 13-5 所示。

步骤 02 拖曳时间指示器至视频 00:00:02:20 的位置，调整素材的大小和位置至画面左侧，“坐标”和“缩放”会自动添加关键帧，如图 13-6 所示。

步骤 03 用同样的方法，为画中画轨道中最后一段素材设置关键帧，使素材从右侧放大移动至画面的中间位置，如图 13-7 所示。

图 13-5　添加关键帧

图 13-6　调整素材的大小和位置

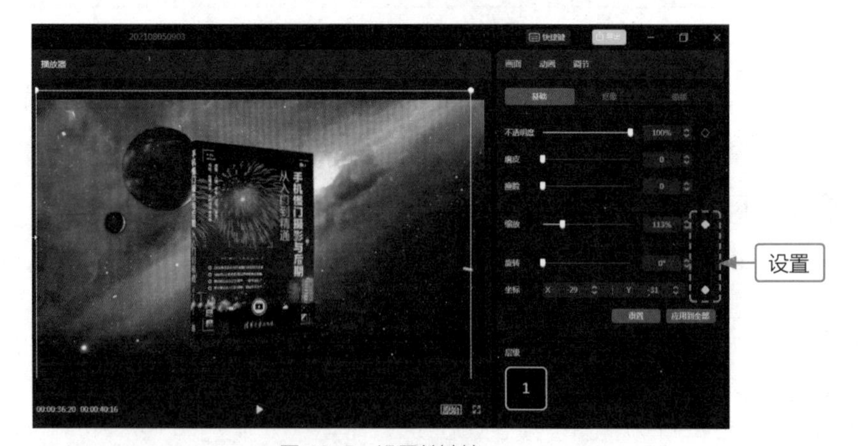

图 13-7　设置关键帧

13.2.2 添加文字和动画

添加文字和动画能丰富视频的内容，下面介绍怎样在剪映中添加文字和动画。

步骤 01 ❶单击“文本”按钮；❷添加“默认文本”，如图 13-8 所示。

步骤 02 调整文本的位置和时长，对齐第二段素材的末尾位置，如图 13-9 所示。

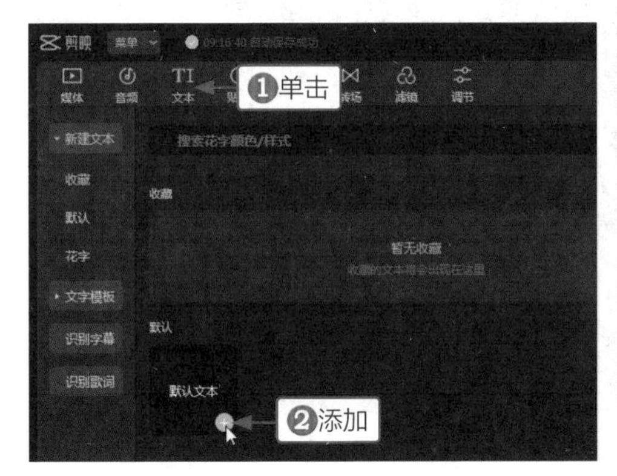

图 13-8　添加文本

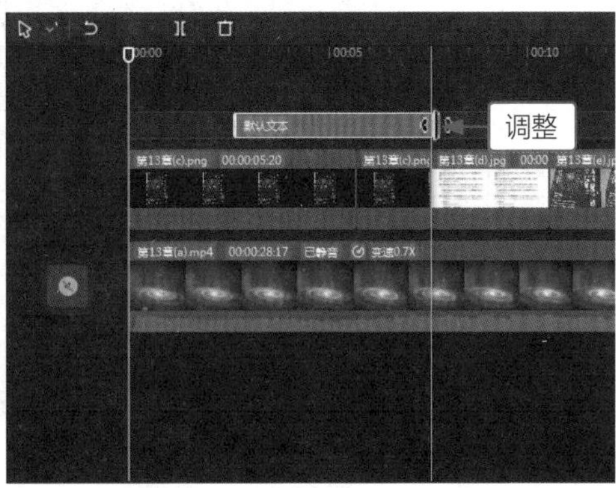

图 13-9　调整文本位置和时长

步骤 03 ❶输入文字；❷选择字体和颜色；❸调整大小和位置，如图 13-10 所示。

图 13-10　输入并调整文字

步骤 04 ❶单击“动画”按钮；❷选择“生长”入场动画；❸设置“动画时长”为 1.6s，如图 13-11 所示。

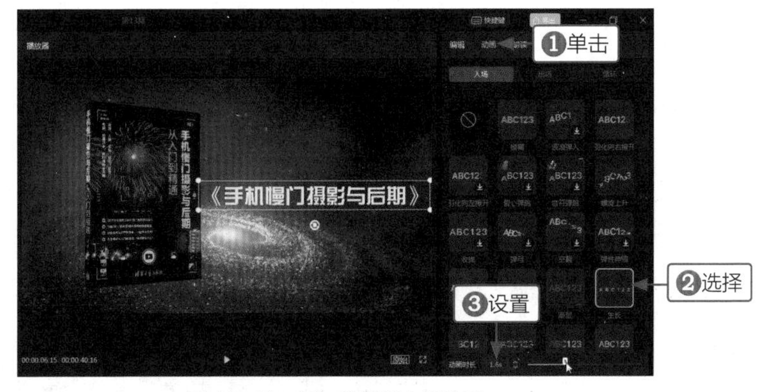

图 13-11　添加并设置入场动画

步骤 05 为画中画轨道中第一段素材添加“旋转伸缩”动画，如图 13-12 所示。

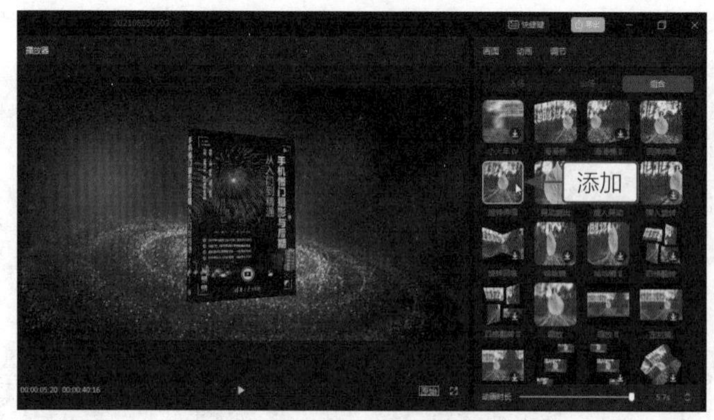

图 13-12　添加“旋转伸缩”动画

步骤 06 为剩下的素材添加文字，设置相应的动画效果，如图 13-13 所示。

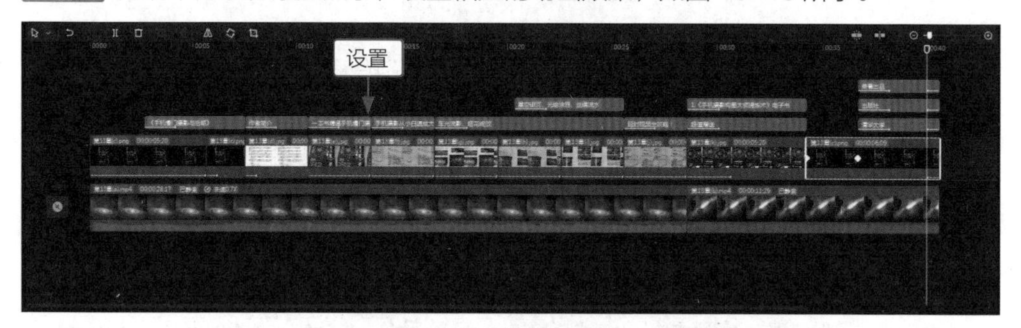

图 13-13　设置动画效果

步骤 07 部分文字效果如图 13-14 所示，具体参数就不一一介绍了。

图 13-14　部分文字效果展示

13.2.3 添加背景音乐

视频中的背景音乐是必不可少的，下面介绍在剪映中添加背景音乐的操作方法。

步骤 01 ❶单击“音频”按钮；❷切换至“音频提取”选项卡；❸单击“导入素材”按钮，如图 13-15 所示。

步骤 02 ❶选择要提取音乐的视频文件；❷单击“打开”按钮，如图 13-16 所示。

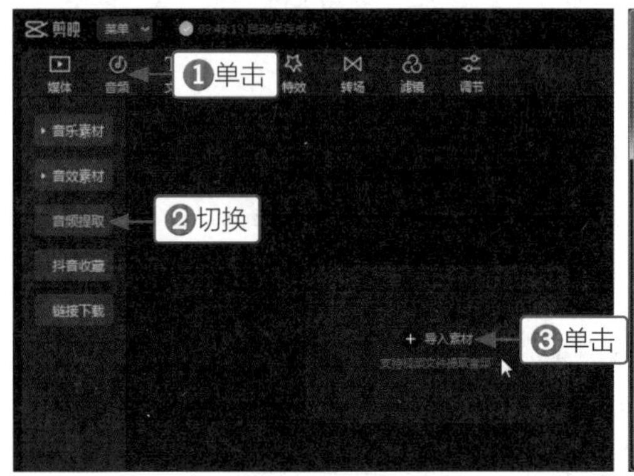

图 13-15　导入音频素材

图 13-16　选择音乐文件

步骤 03 单击“提取音频”右下角的⊕按钮，添加背景音乐，如图 13-17 所示。

步骤 04 调整音频的时长，对齐视频素材的时长，如图 13-18 所示。

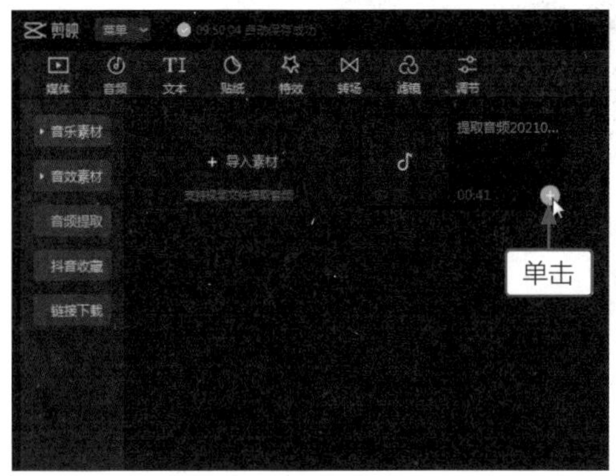

图 13-17　添加背景音乐

图 13-18　调整音频时长

13.2.4 添加贴纸和导出视频

根据视频需要可以添加贴纸，下面介绍在剪映中添加贴纸的操作方法。

步骤 01 ❶单击“贴纸”按钮；❷选择一款“氛围”贴纸，如图 13-19 所示。

步骤 02 调整贴纸的时长，对齐倒数第二段画中画素材，如图 13-20 所示。

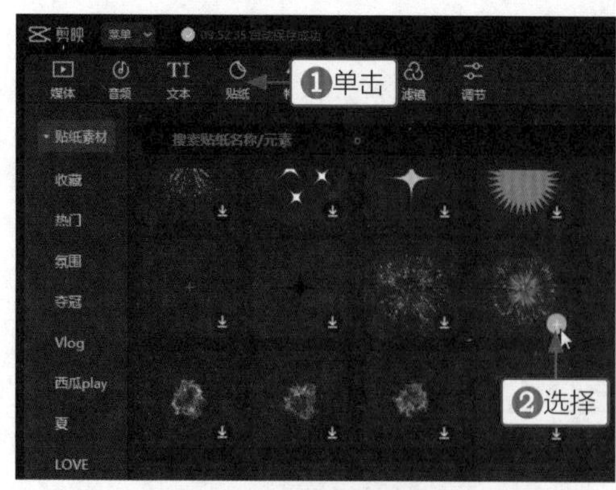

图 13-19　选择贴纸

图 13-20　调整贴纸时长

步骤 03 单击“导出”按钮，导出视频后，单击“关闭”按钮，如图 13-21 所示。

图 13-21　导出视频并关闭

第 14 章

制作年度总结视频：《长沙之美》

剪映电脑版的界面友好、功能强大，布局灵活，为电脑端用户提供了更舒适的创作剪辑条件。在剪映电脑版中制作长视频非常方便，不仅功能简单好用，素材也非常丰富，而且使用难度低，只要用户熟悉手机版剪映的操作方法，就能轻松驾驭专业版，制作出艺术大片。本章主要介绍在剪映中如何制作年度总结视频。

14.1 效果欣赏与导入素材

年度总结视频是由多个视频片段组合在一起的长视频，因此在制作时要挑选素材，定好视频片段。在制作时还要根据视频的逻辑和分类排序，确认效果后再导出。

14.1.1 效果欣赏

这个年度总结视频是由几十个地点延时视频组合在一起的，因此在视频开头要讲解视频的主题，内容主要是讲解每个视频的地点，结尾则是起着承上启下的作用，效果如图 14-1 所示。

案例效果

教学视频

图 14-1　年度总结视频效果展示

14.1.2 导入素材

制作视频的第一步就是导入准备好的照片和视频素材，下面介绍在剪映中导入素材的操作方法。

步骤 01 ❶在剪映中全选“本地”面板中的地点视频素材；❷单击最后一个素材右下角的⊕按钮，如图 14-2 所示。

步骤 02 操作完成后，即可将素材导入视频轨道中，如图 14-3 所示。

图 14-2　添加视频素材

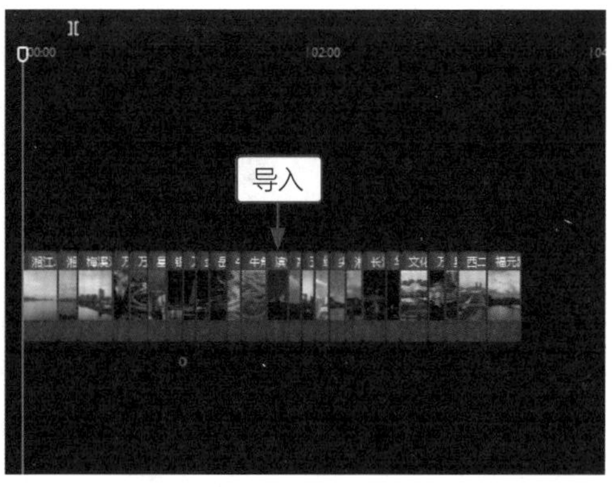

图 14-3　导入素材至视频轨道

14.2 制作效果与导出视频

本节主要介绍年度总结视频的制作过程，如给视频添加转场、音乐、文字和动画等内容，有些方法前面章节已涉及，所以步骤就不详细介绍了。下面主要介绍如何添加转场、音乐、文字、动画和贴纸的操作方法。

14.2.1 添加转场和音乐

为了防止视频片段的过渡过于单调，可以给视频添加多种转场效果，提高视频的观赏性，再根据视频主题添加合适的背景音乐。下面介绍在剪映中添加转场和音乐的操作方法。

步骤 01 拖曳时间指示器至第一段素材和第二段素材之间的位置，❶单击“转场”按钮；❷切换至“运镜转场”选项卡；❸选择“向左”转场，如图 14-4 所示。用同样的方法，为剩下的素材添加自己喜欢的转场效果。

步骤 02 ❶单击“音频”按钮；❷切换至“音频提取”选项卡；❸单击“导入素材”按钮，如图 14-5 所示。

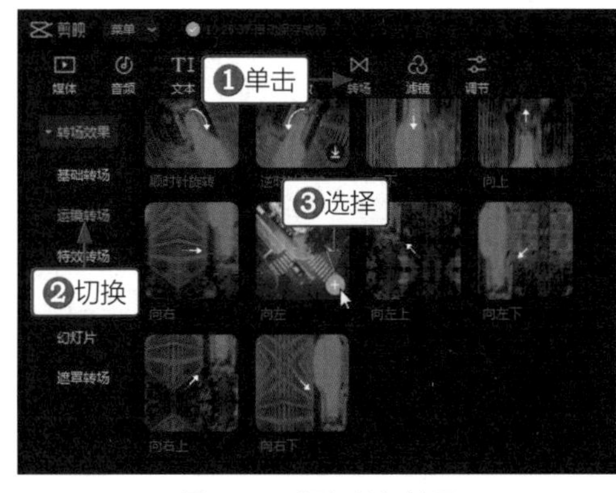

图 14-4　添加转场效果

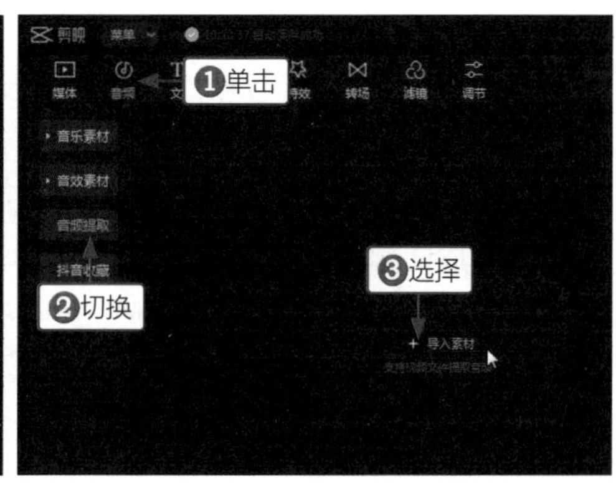

图 14-5　提取音频

步骤 03 ❶选择要提取音乐的视频文件；❷单击“打开”按钮，如图 14-6 所示。

步骤 04 单击“提取音频”右下角的⊕按钮，添加背景音乐，如图 14-7 所示。

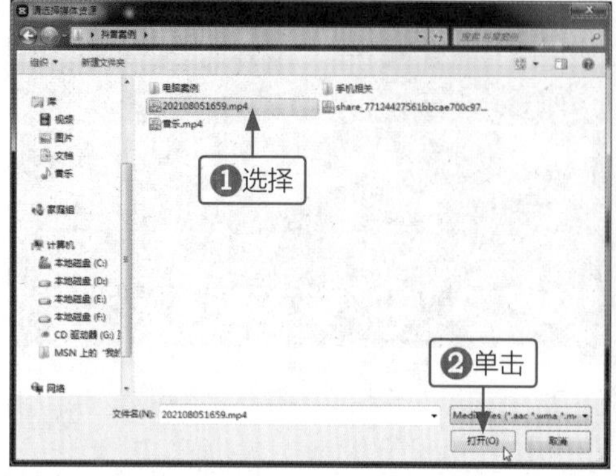

图 14-6　选择音乐文件

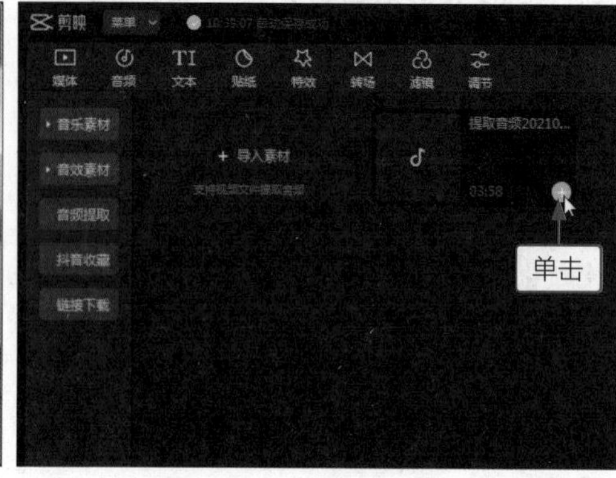

图 14-7　添加背景音乐

步骤 05 调整音频对齐视频轨道中素材的时长，为音频设置 0.9s 的“淡出时长”，如图 14-8 所示。

图 14-8　调整音频时长

14.2.2 添加文字和动画

添加文字和动画能丰富视频的内容，下面介绍怎样在剪映中添加文字和动画。

步骤 01 拖曳时间指示器至视频起始位置，❶单击“文本”按钮；❷添加“默认文本”，如图 14-9 所示。

步骤 02 添加四段文字，调整每段文字的时长，拖曳消散粒子素材至画中画轨道，对齐第一段素材的末尾位置，并设置为“滤色”混合模式，如图 14-10 所示。

步骤 03 ❶为四段文字选择合适的字体，调整其大小和位置；❷为四段文字都添加“溶解”出场动画；❸设置“动画时长”为 2.5s，如图 14-11 所示。

步骤 04 选择“之美”文字，拖曳时间指示器至视频 6s 的位置，单击“坐标”右侧的关键帧按钮◇，添加关键帧，如图 14-12 所示。用同样的方法，为 6s 位置的“长沙”文字添加“坐标”关键帧。

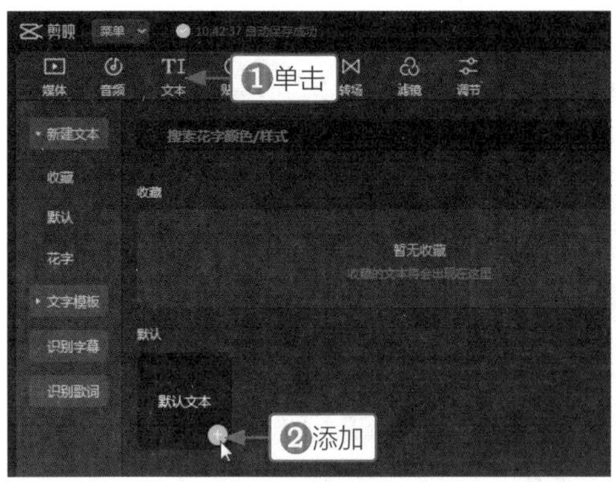

图 14-9　添加文本

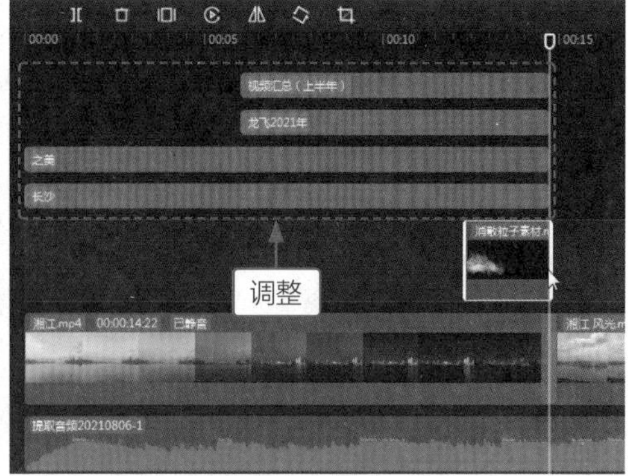

图 14-10　调整时长

图 14-11　添加并设置动画

图 14-12　添加关键帧

步骤 05 拖曳时间指示器至视频起始位置，调整“长沙”和“之美”文字的位置，使其向中间靠拢，“坐标”会自动添加关键帧，如图 14-13 所示。

图 14-13　调整文字位置

步骤 06 为中间的地点视频添加文字，设置合适的字体和动画，如图 14-14 所示。

图 14-14　添加地点文字并设计样式

步骤 07 为最后一段视频添加文字，设置合适的字体和动画，如图 14-15 所示。

图 14-15　添加结束文字并设计样式

步骤 08 部分文字效果如图 14-16 所示，具体参数就不一一介绍了。

图 14-16　部分文字效果展示

14.2.3　添加贴纸和导出视频

添加贴纸能丰富视频的内容，用户可以自己制作贴纸，也可以添加剪映自带的贴纸。下面介绍在剪映中添加贴纸和导出视频的操作方法。

步骤 01 为最后一段文字添加头像照片素材，调整其大小、位置和时长后，单击“智能抠像”按钮，抠出人像，如图 14-17 所示。

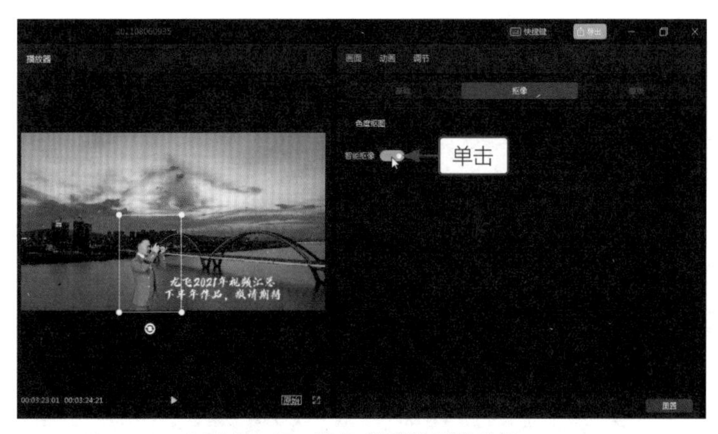

图 14-17　单击“智能抠像”按钮

步骤 02 为画中画轨道中的头像素材添加“荡秋千”组合动画，如图 14-18 所示。

步骤 03 再添加 8s 的头像素材，对齐视频末尾位置，为这 8s 的头像素材和最后一段视频都添加“渐隐”出场动画，如图 14-19 所示。

步骤 04 拖曳时间指示器至视频 6s 的位置，添加氛围贴纸，如图 14-20 所示。

步骤 05 添加贴纸后，视频效果如图 14-21 所示。

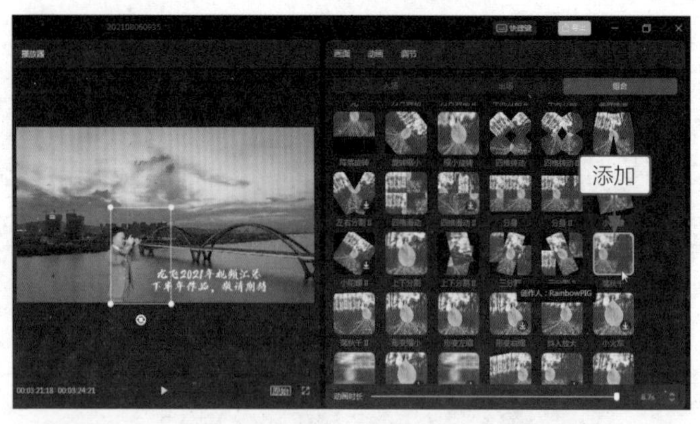

图 14-18　添加组合动画

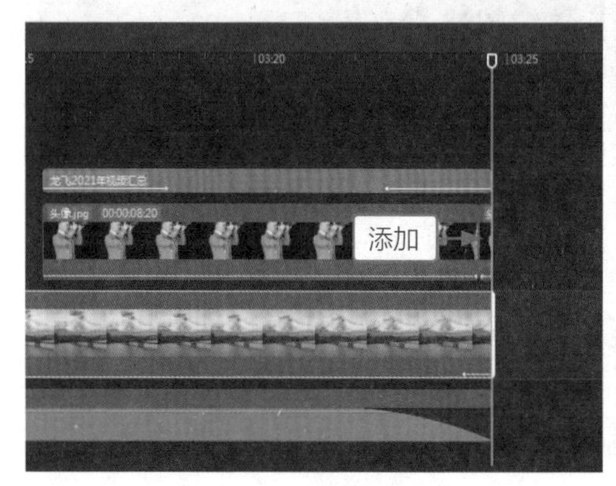

图 14-19　添加头像素材

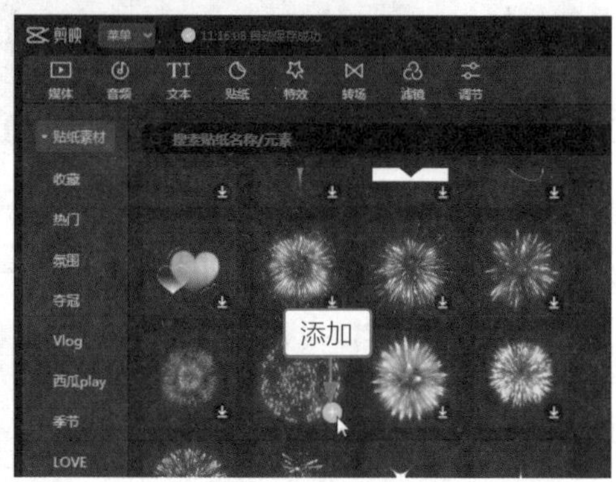

14-20　添加氛围贴纸

图 14-21　视频效果

步骤 06 操作完成后，单击“导出”按钮，❶在弹出的“导出”面板中更改“作品名称”；❷单击“导出”按钮，如图 14-22 所示。

步骤 07 导出视频后，单击“关闭”按钮，即可结束操作，如图 14-23 所示。

图 14-22　更改作品名称并导出

图 14-23　导出视频并关闭